高等职业教育电子信息类贯通制教材（计算机技术专业）

JavaScript 动态网页编程

赵增敏　主编

電子工業出版社
Publishing House of Electronics Industry
北京·BEIJING

内 容 简 介

JavaScript 是用于 Web 开发的主要脚本语言，可以应用于客户端编程、服务器端编程以及 Ajax 应用开发。本书详细地介绍了 JavaScript 动态网页编程技术及其在 Web 开发中的应用。本书共分 11 章，主要内容包括：JavaScript 使用基础、HTML 语言、CSS 样式表、JavaScript 语言基础、流程控制语句、面向对象编程、浏览器对象模型、文档对象模型、事件处理、表单与表单域、XMLHttpRequest 对象。本书结构合理、论述准确、内容翔实，通过大量的实例深入浅出、循序渐进地引导读者学习，每章后面均配有习题和上机实验。

本书既可作为中等、高等职业院校计算机相关专业或 JavaScript 培训班的教材，也可作为 JavaScript 爱好者和动态网站开发维护人员的参考书。

本书还配有电子教学参考资料包（包括教学指南、电子教案和习题答案），详见前言。

图书在版编目（CIP）数据

JavaScript 动态网页编程 / 赵增敏主编. —北京：电子工业出版社，2010.9
高等职业教育电子信息类贯通制教材. 计算机技术专业
ISBN 978-7-121-09642-6

Ⅰ. J… Ⅱ. 赵… Ⅲ. JAVA 语言—程序设计—高等学校：技术学校—教材 Ⅳ. TP312

中国版本图书馆 CIP 数据核字（2009）第 178998 号

策划编辑：施玉新
责任编辑：施玉新　　特约编辑：张荣琴
印　　刷：北京虎彩文化传播有限公司
装　　订：北京虎彩文化传播有限公司
出版发行：电子工业出版社
　　　　　北京市海淀区万寿路 173 信箱　邮编　100036
开　　本：787×1092　1/16　印张：19.5　字数：528 千字
版　　次：2010 年 9 月第 1 版
印　　次：2022 年 1 月第13次印刷
定　　价：32.00 元

凡所购买电子工业出版社图书有缺损问题，请向购买书店调换。若书店售缺，请与本社发行部联系，联系及邮购电话：（010）88254888，88258888。

质量投诉请发邮件至 zlts@phei.com.cn，盗版侵权举报请发邮件至 dbqq@phei.com.cn。

本书咨询联系方式：（010）88254598，syx@phei.com.cn。

前　言

随着计算机网络技术的快速发展，Web 应用开发正在受到人们越来越多的关注。早期的 HTML 文档只能为访问者提供静态内容，而不能生成动态效果和实现交互。JavaScript 语言正是在这种背景下应运而生的。

JavaScript 是一种基于对象和事件驱动并具有安全性能的脚本语言，它是通过嵌入或导入到标准的 HTML 文档中实现的。把 JavaScript 脚本语言与 HTML、CSS 结合起来，可以在一个网页中链接多个对象，实现与网络客户的交互作用。

本书共分 11 章，详细地讲述了使用 JavaScript 动态网页编程技术的基本知识和技巧，并介绍了 JavaScript 在 Ajax 开发中的应用。第 1 章介绍什么是 JavaScript 以及如何在网页中编写 JavaScript 代码；第 2 章讲述 HTML 网页设计，主要包括 HTML 语言概述、设置文本格式、使用图像、添加媒体、创建表格、使用框架、使用超链接以及创建表单等；第 3 章讨论如何使用 CSS 样式表来控制页面元素，首先介绍 CSS 样式表的基本概念，然后详细讲述各种 CSS 属性的设置；第 4 章介绍 JavaScript 语言的基础知识，包括基本语法、数据类型、变量和运算符等；第 5 章介绍 JavaScript 流程控制语句，主要包括条件语句、循环语句以及自定义函数等；第 6 章讨论如何使用 JavaScript 实现面向对象编程，主要包括对象基本概念、内置对象、本地对象以及用户自定义对象等；第 7 章讨论各种 BOM 对象的应用，主要包括 window 对象、document 对象、location 对象、navigagor 对象以及 screen 对象等；第 8 章讨论如何通过 DOM 处理 HTML 文档，主要包括 DOM 概述、访问结点、操作结点以及处理表格等；第 9 章讨论如何在 JavaScript 中进行事件处理，主要包括设置事件属性、Internet Exploer 和 W3C DOM 的事件模型以及常用事件处理等；第 10 章讨论如何使用 JavaScript 处理表单和表单域，主要包括访问表单和表单域、文本框与文本区域、单选按钮与复选框以及列表框等；第 11 章介绍 JavaScript 在 Ajax 开发中的应用，讨论如何通过 XMLHttpRequest 对象以异步方式向服务器发送请求并接收和处理服务器响应，主要包括 HTTP 请求/响应基础、使用 XMLHttpRequest 对象、发送异步请求以及处理服务器响应等。

本书由赵增敏主编。参加本书编写、代码测试和文字录入的还有朱粹丹、赵朱曦、余霞、刘家贵、王静、赵玉霞等，在此一并致谢。

由于作者水平所限，书中疏漏和错误之处在所难免，欢迎广大读者提出宝贵意见。

为了方便教师教学，本书还配有教学指南、电子教案和习题答案（电子版）。请有此需要的教师登录华信教育网（www.hxedu.com.cn）免费注册后进行下载，有问题时请在网站留言板留言或与电子工业出版社联系（E-mail：hxedu@phei.com.cn）。

编　者

目 录

第 1 章 JavaScript 入门

JavaScript 是用于 Web 开发的主要脚本语言，JavaScript 的主要用途包括：通过客户端编程使开发者与网页和 Web 浏览器进行交互，通过 Ajax 编程以异步方式向服务器发送请求并接收和处理服务器响应，通过服务器端 ASP 编程来创建具有数据库访问功能的动态网站。本章首先对 JavaScript 及其特点做简单介绍，然后讨论如何在网页中编写 JavaScript 代码。

1.1 JavaScript 概述

JavaScript 语言是 NetScape 公司为其 Web 浏览器 Navigator 开发的脚本语言，其前身称为 LiveScript。自从 Sun 公司推出 Java 语言之后，Netscape 公司引进了有关 Java 语言的概念，将原有的 LiveScript 重新进行设计并重命名为 JavaScript。

1.1.1 JavaScript 是什么

JavaScript 是一种基于对象和事件驱动并具有安全性能的脚本语言，它是通过嵌入或导入到标准的 HTML 文档中实现的。把 JavaScript 脚本语言与 HTML、CSS 结合起来，可以在一个网页中链接多个对象，实现与网络客户的交互作用。

从名称上看，JavaScript 似乎与 Java 语言有很密切的关系。的确，JavaScript 语言与 Java 语言存在着一定的联系，但它们之间的联系并不是想象中的那样紧密。JavaScript 与 Java 的区别体现在以下两个方面。

（1）它们分别是两个公司开发的不同产品。JavaScript 是 Netscape 公司的产品，其设计的目的旨在扩展 Netscape Navigator 浏览器的功能，是一种可以嵌入网页中的基于对象和事件驱动的解释性语言；而 Java 则是 Sun 公司推出的新一代面向对象的程序设计语言，特别适合于 Internet 应用程序开发。

（2）JavaScript 是一种基于对象的脚本语言，它可以嵌入 HTML 文档中，用来实现用户与浏览器的交互以及浏览器与服务器的异步通信。Java 则是一种真正的面向对象的程序设计语言，即使是开发简单的程序，也必须基于类来创建对象。

ECMA（欧洲计算机制造协会）于 1999 年在 JavaScript 1.5 的基础上制定了 ECMAScript 程序语言规范（ECMA-262 标准），该规范被 ISO（国际标准化组织）采纳并作为浏览器使用的脚本程序的统一标准。

当 NetScape 公司把 JavaScript 成功地应用于 Navigator 浏览器之后，Microsoft 公司推出

了应用于 Internet Explorer 浏览器的脚本语言并将其命名为 JScript。JScript 与 JavaScript 的大部分功能是相同的，不过也有个别内容是不一样的。

当 ECMAScript 标准发布之后，NetScape 公司和 Microsoft 公司都承诺，以后为其浏览器脚本语言开发新的功能时都将遵循该标准。目前 JavaScript 的最新版本为 2.0，JScript 的最新版本为 5.7，两者都遵循尚未最后定稿的 ECMAScript-262 标准版本 4。

1.1.2 JavaScript 的特点

JavaScript 主要用于在 HTML 文档中编写客户端脚本代码。当用户在客户端浏览器中打开 HTML 网页时，浏览器就会执行该网页内嵌或导入的 JavaScript 代码，用户通过交互式操作更改网页的内容和外观，实现了仅用 HTML 和 CSS 所不能实现的效果。

概括地讲，JavaScript 具有以下特点。

（1）简单性。JavaScript 是一种脚本编写语言，它采用小程序段的方式实现程序设计。与其他脚本语言一样，JavaScript 也是一种解释性语言，它提供了一个简单、方便的开发过程。JavaScript 的基本结构形式与 C、C++、Visual Basic、Delphi 十分类似，但不像这些语言一样需要事先进行编译，而是在程序运行过程中一边解释一边执行。JavaScript 与 HTML、CSS 结合在一起，可以实现用户的交互式操作。JavaScript 脚本语句的解释执行由 Web 浏览器负责，不需要额外的开发环境。

（2）动态性。JavaScript 是动态的，它可以直接对用户操作做出响应，不需要经过 Web 服务器程序处理。

（3）跨平台性。JavaScript 语言依赖于 Web 浏览器本身，而与操作环境无关，只要在计算机上能运行支持 JavaScript 的浏览器，就可以正确地执行 JavaScript 程序。

（4）基于对象。在 JavaScript 脚本代码中，可以调用其自身提供的对象或其他语言创建的对象，并采用面向对象的编程方法来设置对象的属性、调用对象的方法，以完成所需功能。

（5）事件驱动。JavaScript 对用户操作的响应是采用以事件驱动的方式进行的。所谓事件，通常是指在网页中执行了某种操作所产生的动作。例如，单击鼠标、移动窗口、选择菜单等都可以视为事件。当事件发生后，可能会引起事件响应，响应的具体内容则需要通过编写事件处理程序来实现。

（6）节省与服务器端的交互时间。随着 Internet 的迅速发展，有许多 Web 服务器提供的服务需要与访问者进行交互，以检验访问者的身份及其可使用的服务内容等，这项工作通常由在服务器端编写相应的接口程序与用户进行交互来完成。很显然，通过网络与用户的交互过程不仅增大了网络的通信量，也影响了服务器的服务性能。JavaScript 是一种基于客户端浏览器的语言，当用户在浏览器中填写表单时，验证的交互过程可以通过浏览器对嵌入或导入 HTML 文档的 JavaScript 代码进行解释执行来完成，即使是必须调用服务器端验证程序，也可以通过 Ajax 技术以异步请求的方式把用户输入并通过验证的信息提交给远程服务器进行处理，从而极大地减小了服务器的开销。

1.2 编写 JavaScript 代码

在 HTML 文档中，JavaScript 代码可以直接包含在<script>与</script>标记之间，也可以作为某个 HTML 元素的事件处理程序属性值，还可以把 JavaScript 代码存储在一个单独的文件（文件扩展名为.js）中并在网页的适当位置引用该文件。

1.2.1 设置脚本语言

编写 HTML 网页时，可以使用 script 标记提供一个容器，用于包含使用任何可由浏览器解释的脚本语言编写的代码行，以创建一个脚本代码块，语法如下：

```
<script language="javascript" type="text/javascript>
  一个或多个脚本语句
</script>
```

其中 language 属性指定 script 标记内代码行所使用的脚本语言，常用的值有 javascript、jscript 和 vbscript。对于 javascript，还可以指定脚本语言的版本如 javascript1.1、javascript1.2、javascript1.3、javascript1.4、javascript1.5。language 属性不再是 HTML 4 规范的一部分，如果编写 JavaScript 代码时需要进行 W3C 验证，则在 HTML 4.01 或 XHTML 1.0 中不验证此属性。

type 指定脚本语句的内容类型，以通知浏览器使用哪个脚本引擎来解释脚本语句。type 属性值为不区分大小写的 MIME 类型，常用值有 text/javascript、text/jscript、text/vbscript。当定义编写脚本语句所使用的脚本语言时，type 属性最终将代替 language 属性。由于早期浏览器忽略 type 属性，为了向前和向后兼容，建议同时包含 language 属性和 type 属性。

使用 script 标记时应注意以下几点。

（1）如果脚本语句未包含在一个函数定义内部，则这些脚本语句将在加载页面时执行。

（2）在脚本块中定义的函数在加载页面时将被加载，但其执行被延迟，直到用户或系统行为（事件）显式地调用该函数。

（3）在一个文档中可以有多个 script 标记，而且这些元素中的代码可以相互访问。

（4）根据需要，可以把 script 标记放在 HTML 文档中的任何位置，既可以放在 head 元素内部，也可以放在 body 元素内部。

（5）在同一个文档中可以包含用不同脚本语言编写的 script 标记。

【例 1.1】 本例说明如何在 HTML 网页中创建一个 JavaScript 脚本块，用于显示“Hello, World!”问候语，网页运行结果如图 1.1 所示。

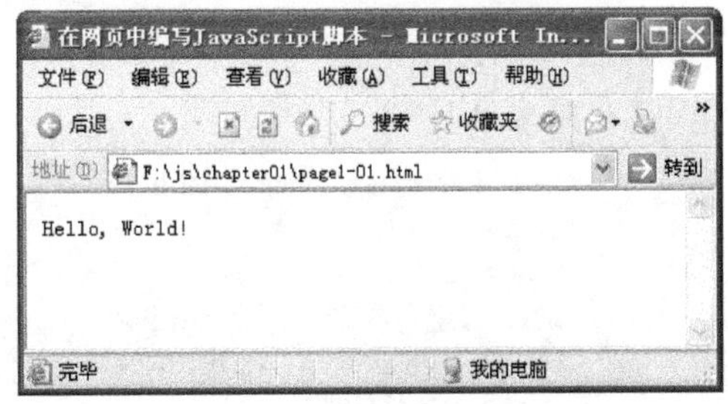

图 1.1 在网页中编写 JavaScript 脚本块

【代码清单】

```
<!-- F:\js\chapter01\page1-01.html -->
<html>
<head>
<title>在网页中编写 JavaScript 脚本</title>
</head>
<body>
<script language="javascript" type="text/javascript">
  document.write("Hello, World!");
</script>
```

```
</body>
</html>
```

在浏览器中查看该网页的运行结果。

1.2.2 绑定对象事件

使用 Internet Explorer 浏览器的事件模型时，允许通过 script 标记的 event、for 属性把某个对象与指定事件绑定起来，语法如下：

```
<script language="javascript" type="text/javascript"
            for="elementID" event="eventName">
  事件处理程序代码
</script>
```

其中 for 属性的值为某个页面元素的 ID，event 属性的值则是该元素的事件名称，该元素必须支持 event 属性指定的事件。

当加载页面时，浏览器注册每个 script 标记并将其 event 属性指定的事件与 for 属性指定的页面元素绑定起来。当页面元素产生该事件时，将执行 script 标记中的脚本语句，不必对该对象编写事件处理程序，或者把脚本语句包括在函数定义中。

注意：

只能在 Internet Explorer 浏览器中使用这种类型的脚本事件。Navigator 浏览器在加载页面时将试图执行脚本语句。

【例 1.2】 本例说明如何通过 for 属性和 event 属性把对象事件绑定到 script 标记。在文本框中输入用户名，当单击“确定”按钮时将对该用户显示问候信息，如图 1.2 所示。

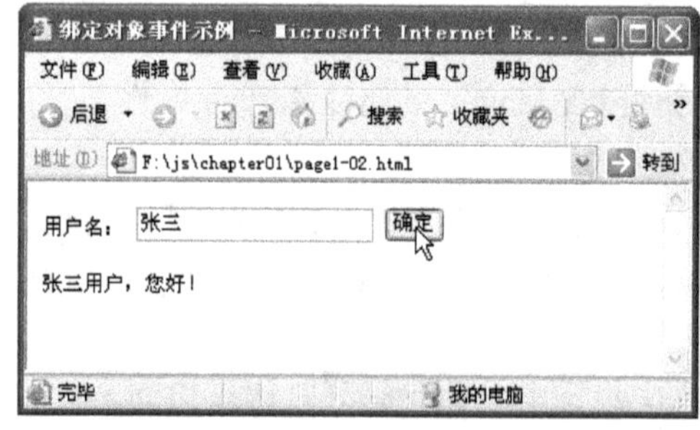

图 1.2 在网页中编写 JavaScript 脚本

【代码清单】

```
<!-- F:\js\chapter01\page1-02.html -->
<html>
<head>
<title>绑定对象事件示例</title>
<script language="javascript" type="text/javascript" for="btnOK" event="onclick">
  // 获取文本框的值
  var username = document.getElementById("txtUsername").value;
  // 获取段落的 ID
  var p1 = document.getElementById("p1");
  // 通过设置段落的 innerHTML 属性显示问候信息
  p1.innerHTML = username + "用户,您好!";
</script>
</head>
<body>
<p>用户名:
  <input type="text" name="txtUsername" id="txtUsername" />
  <input name="btnOK" type="button" id="btnOK" value="确定" />
```

```
</p>
<p id="p1"> </p>
</body>
</html>
```

1.2.3 调用外部脚本库

通过把 script 标记的 src 属性设置为一个扩展名为.js 的外部脚本文件（称为脚本库）的路径，可以从外部文件中导入脚本语句。语法如下：

```
<script language="javascript" type="text/javascript" src="URL">
</script>
```

其中 src 属性指定外部 JavaScript 脚本文件的 URL。一旦加载外部语句，浏览器便对这些语句进行处理，就像把它们嵌入到 HTML 文档中一样。

在实际开发中，常常把一些通用功能编写为 JavaScript 函数，并且保存为扩展名为.js 的脚本库，然后在各个 HTML 文档顶部的 head 元素中导入该脚本库。当需要修改所有 HTML 文档中的函数定义时，对脚本库进行修改即可，十分便于实现网站的模块化设计。

注意：

在 JavaScript 脚本文件中，可以直接编写 JavaScript 语句，不需要把这些语句包含在 script 标记中。此外，当 script 标记包含 src 属性时，不要把其他脚本语句放在首尾标记之间。

【例 1.3】 本例说明如何通过 src 属性导入外部脚本文件。编写一个 JavaScript 脚本文件，然后在 HTML 网页中导入此脚本文件，网页运行结果如图 1.3 所示。

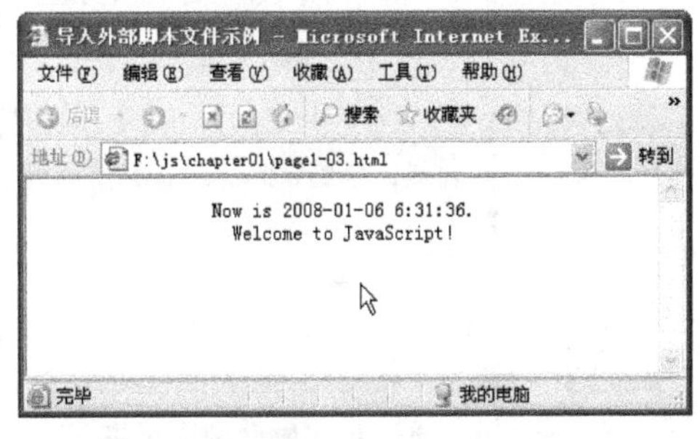

图 1.3 在网页中编写 JavaScript 脚本的运行结果

【代码清单】

```
// F:\js\chapter01\script1-03.js
function welcome(){            // 定义一个名为 welcome 的函数
  document.write("Now is " + new Date().toLocaleString() + ".<br />");
  document.write("Welcome to JavaScript!");
}
<!-- F:\js\chapter01\page1-03.html -->
<html>
<head><title>导入外部脚本文件示例</title>
<script src="script1-01.js" language="javascript" type="text/javascript">
</script>
</head>

<body>
<p align="center">
<script language="javascript" type="text/javascript">
  welcome();                          // 调用外部脚本文件中的函数
```

```
</script>
</p>
</body>
</html>
```

1.2.4 通过属性调用脚本

JavaScript 对标准 HTML 进行了扩展，为 HTML 标记增加了各种事件属性，通过设置这些事件属性可以调用 JavaScript 脚本。例如，对于<input type="button">表单元素，可以将其 onclick 属性设置为一段 JavaScript 代码如一个函数调用或一些 JavaScript 语句。当用户单击该按钮时，浏览器将解释执行由 onclick 属性指定的 JavaScript 代码。

若要通过 a 标记的 href 属性调用 JavaScript 代码，则必须在用做 URL 的 JavaScript 代码之前添加“javascript:”。也可以将 href 属性设置为“#”，而在事件属性 onclick 中设置要执行的 JavaScript 代码，此时不需要在代码之前添加“javascript:”，通过在 JavaScript 代码中添加一个“return false;”语句，则可以取消这个超链接的跳转作用。

【例 1.4】 本例说明如何通过 HTML 属性设置要执行的 JavaScript 代码，网页运行结果如图 1.4 和图 1.5 所示。

图 1.4 通过 href 属性调用脚本

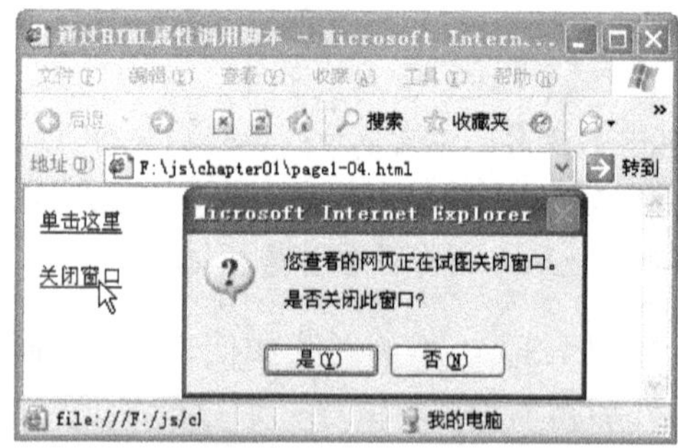

图 1.5 通过 onclick 属性调用脚本

【代码清单】

```
<!-- F:\js\chapter01\page1-04.html -->
<html>
<head>
<title>通过 HTML 属性调用脚本</title>
</head>

<body>
<!-- 单击“单击这里”链接时将弹出一个对话框，用于显示欢迎信息 -->
<p><a href="javascript:alert('欢迎您访问本网站！？');">单击这里</a></p>
<!-- 单击“关闭窗口”链接时将弹出一个对话框，提示关闭当前浏览器窗口 -->
<p><a href="#" onclick="window.close(); return false;">关闭窗口</a></p>
</body>
</html>
```

1.2.5 处理不支持脚本的情况

某些浏览器不能很好地支持 JavaScript，会把 JavaScript 代码与网页中的其他 HTML 内容一起显示在浏览器窗口中。在这种场合，可以使用 HTML 注释标记（<!--和//-->）把脚本块中的 JavaScript 语句括起来，以避免显示这些脚本代码，语法如下：

```
<script language="javascript" type="text/javascript">
<!--
  被屏蔽的 JavaScript 语句
//-->
</script>
```

支持 script 标记的浏览器将忽略包含<script>与</script>之间的 HTML 注释标记，而不会影响脚本语句的解释执行。

对于不支持或禁止运行 JavaScript 脚本的浏览器，可以使用 noscript 标记指定要显示的 HTML 内容，语法如下：

```
<noscript>
  要显示的 HTML 内容
</noscript>
```

如果一个网页中同时包含 script 标记和 noscript 标记，则在支持 JavaScript 的浏览器中加载该网页时，将执行 script 标记中的脚本代码并显示其运行结果；在不支持或阻止脚本的浏览器中加载该网页时，会把 noscript 标记指定的内容显示出来，但 script 标记和 noscript 标记指定的内容不会同时出现。

【例 1.5】 本例说明浏览器如何处理不支持脚本的情况。当在浏览器中加载网页时，在地址栏下方出现了一个提示条，并在浏览器窗口中显示由 noscript 标记指定的内容，如图 1.6 所示；如果单击该提示条并从弹出菜单选择“允许阻止的内容”命令，然后在“安全警告”对话框中单击“是”按钮，如图 1.7 所示，则由 noscript 标记指定的内容被隐藏起来，取而代之的是执行 JavaScript 脚本所生成的内容，如图 1.8 所示。

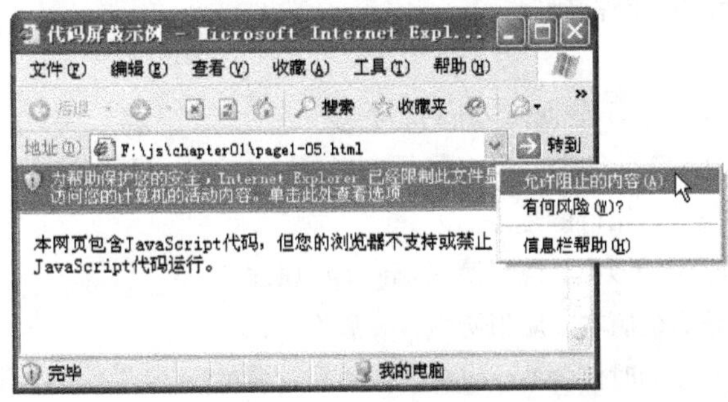

图 1.6　JavaScript 脚本被阻止的情形

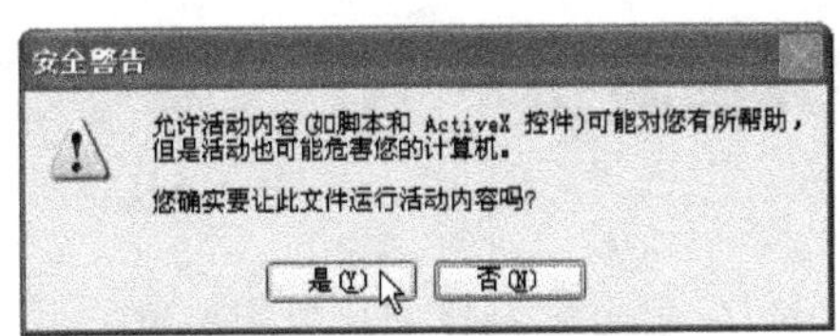

图 1.7　允许浏览器运行脚本

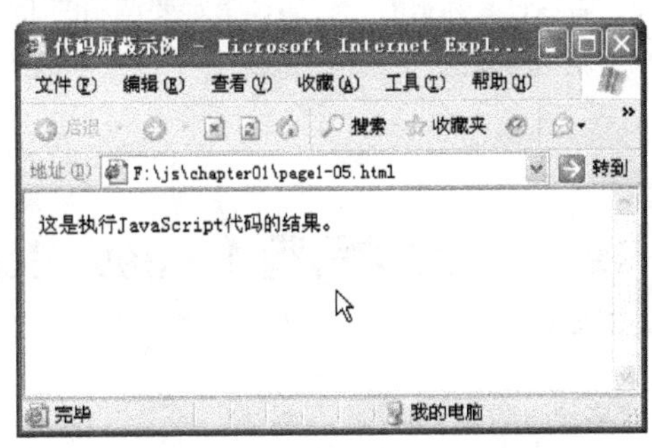

图 1.8　执行脚本的结果

【代码清单】

```
<!-- F:\js\chapter01\page1-04.html -->
<html>
<head><title>代码屏蔽示例</title></head>
<body>
<script language="javascript" type="text/javascript">
  document.write("这是执行 JavaScript 代码的结果");
</script>
<noscript>
  本网页包含 JavaScript 代码，但您的浏览器不支持或禁止 JavaScript 代码运行
</noscript>
</body>
</html>
```

习题 1

一、填空题

1．JavaScript 是一种基于________和________驱动并具有安全性能的脚本语言，它是通过嵌入或导入到标准的_________文档中实现的。

2．在 HTML 文档中，JavaScript 代码可以包含在________和________标记之间。

3．JavaScript 脚本文件的扩展名是____，在 script 标记中通过_____属性指定要导入的脚本文件。

4．使用 Internet Explorer 浏览器的事件模型时，可以在 script 标记中用____属性指定要绑定的页面元素，用______属性指定该元素的事件名称。

二、选择题

1．在下列选项中，（　　）不是 JavaScript 的特点。

A．动态性　　B．跨平台性　　C．面向对象　　D．事件驱动

2．关于 script 标记的描述，错误的是（　　）。

A．为了指定脚本语言的版本，应当使用 language 属性

B．为了指定脚本语言的版本，应当使用 type 属性

C．为了兼容性，必须同时包含 language 属性和 type 属性

D．该标记可以放在 HTML 文档中的任何位置

3．若通过 a 标记的 href 属性指定要调用的 JavaScript 脚本代码，应在代码之前添加（　　）。

A．mailto:　　B．ftp://　　C．http://　　D．javascript:

上机实验 1　JavaScript 使用基础

【实验目的】

1．学会使用 script 标记包含 JavaScript 脚本语句。

2．学会使用 script 标记导入外部 JavaScript 库。

3．学会使用 script 标记绑定页面元素的事件。

4．学会使用 HTML 属性调用 JavaScript 代码。

【实验内容】

1．编写一个 HTML 网页，通过运行 JavaScript 脚本对访问者显示欢迎信息。

2．分别编写一个 JavaScript 脚本文件和一个 HTML 网页，并且在网页中调用脚本文件，用于显示当前系统日期和时间。

3．编写一个 HTML 网页，使用 script 标记的 for 属性和 event 属性绑定按钮的 onclick 事件，当在文本框中输入用户名并单击按钮时，对该用户显示欢迎信息，要求在不同浏览器中测试网页。

4．编写一个 HTML 网页，创建一个超链接和按钮，要求单击超链接时弹出一个对话框，单击按钮时关闭当前浏览器窗口。

第2章 HTML语言

通过第 1 章的介绍可以知道，JavaScript 是通过嵌入或导入到标准的 HTML 网页中实现的，也就是说，HTML 网页承载着 JavaScript 脚本代码。为了更好地在网页中应用 JavaScript 脚本，以在网页中链接多个对象，实现与网络客户的交互作用，就需要掌握用 HTML 语言编写网页的各种知识。本章就来介绍这方面的知识，主要包括 HTML 语言概述、设置文本格式、使用图像、添加媒体、创建表格、使用框架、使用超链接以及创建表单等。

2.1 HTML 语言概述

HTML（Hypertext Markup Language）即超文本标记语言，是 WWW 的描述语言。HTML 语言是 Web 文档的规范，它使用各种 HTML 标记来设置网页显示的格式。JavaScript 脚本语句通常就嵌套在 HTML 代码中。HTML 文档分为静态网页和动态网页，前者的文件扩展名为.html 或.htm，后者的文件扩展名则与所使用的服务器技术有关。

2.1.1 HTML 工作原理

HTML 网页中包含各种 HTML 标记（也称为标签），这些标记是一些嵌入式命令，用以提供网页的结构、外观和内容等信息。Web 浏览器利用这些信息来决定如何显示网页。Web 浏览器按照顺序读取 HTML 网页，然后根据内容附近的 HTML 标记来解释和显示各种页面元素，这个过程称为语法分析。

HTML 标记有以下两种格式：

```
<标记 属性 1="值 1" 属性 2="值 2"...>要控制的内容</标记>
<标记 属性 1="值 1" 属性 2="值 2"... />
```

在 HTML 语言中，所有标记都必须用一对尖括号括起来，这对尖括号由小于号“<”和大于号“>”组成，它们是 HTML 语言的定界符。例如，<html>、<head>、<body>、<div>、<form>等都是 HTML 标记。大多数 HTML 标记都包含一个开始标记和一个结束标记，用于定义该标记所影响的范围，例如，<html>和</html>、<head>和</head>等。也有一些 HTML 标记只要求单一标记，通常应当在这些标记的大于号之前放置一个斜线符号“/”，例如，水平线标记<hr />、换行标记
就是这样。

通过 HTML 标记可以定义一个页面元素，称为 HTML 元素。大多数 HTML 元素都拥有一个属性集，通过这些属性可以对该元素进行更多的控制。在 HTML 语言中，所有属性都放置在开始标记的尖括号内。

例如，当使用 p 标记定义文本段落时，通过 align 属性设置段落的对齐方式；当使用<font>标记设置文本格式时，通过 face 属性来指定文本的字体，通过 size 属性来指定文本的字号，通过 color 属性指定文本的颜色。

请看下面的 HTML 代码：

```
<p align="center">
<font face="楷体_GB2312" size="6" color="red">HTML 网页设计</font>
<br />
<font face="黑体" size="7" color="blue">Ajax 异步交互</font>
</p>
```

大多数 HTML 元素都具有以下通用属性。

（1）id 属性。为 HTML 元素指定一个独一无二的标识符。该属性值以英文字母开头，后面可以跟任意的字母、数字、连字符（-）、下画线（_）、冒号（:）以及句点（.）。在 JavaScript 脚本中可以通过 id 属性来引用网页中的特定 HTML 元素。

（2）class 属性。把一个元素指定为一个或多个类的成员。class 属性在与 CSS 样式表结合时特别有用，在当前页面或外部 CSS 样式表文件中定义一个类样式，并把该类样式的名称设置为 class 属性的值（外部 CSS 样式表文件需要链接到页面），以设置 HTML 元素的外观。与 id 属性不同，一个 class 类可以被任意数量的元素分享。在 JavaScript 脚本代码中通过“objectId.className”形式访问元素的 class 属性。

（3）style 属性。为一个单独出现的元素指定 CSS 样式。通过 style 属性可以通过 CSS 来设置元素的样式。在 JavaScript 脚本中通过“objectId.style.property”形式访问元素的特定 CSS 属性。

（4）title 属性。为元素指定一个标题，通常以工具提示形式显示出来。当用户用鼠标指针指向该元素时，title 属性的内容就会动态地显示出来。在 JavaScript 中通过“objectId.title”形式访问 title 属性。

请看下面的例子：

```
<p id="p1" style="font-family: 华文行楷; font-size: 18pt;" title="这是一个段落">
这是一个文本段落
</p>
```

在这个例子中，把段落的标识符指定为 p1，并通过 style 属性设置了字体（font-family）和字号（font-size），通过 style 属性指定了用鼠标指针指向该段落时显示的提示文字。

2.1.2 HTML 网页基本结构

HTML 网页的基本结构可以描述如下：

```
<html>
<head>
<meta http-equiv="Content-Type" content="text/html;charset=gb2312" />
<title>网页标题</title>
<head>

<body 属性="值" 属性="值"... >
在这里添加网页的内容，包括文本、图像、声音、视频以及动画等
```

```
</body>
</html>
```

一个 HTML 网页包含以下顶级元素。

（1）html 元素。<html>…</html>称为文档标记，可以视为是全部 HTML 文档内容的容器，html 元素包含 HTML 文档。HTML 网页一般是由文档首部和文档主体两个部分组成。<html>标记通常是文档的第一个标记，表示文档由此开始，</html>是文档的最后一个标记，表示文档到此结束，其他所有 HTML 源代码都位于这两个标记之间。Web 浏览器将按照 HTML 语言规则对文档内的各种标记进行语法分析，从<html>标记开始，直至遇到</html>标记。不过，当创建各种动态网页时，也经常在<html>标记之前和</html>标记之后放置服务器端脚本代码，这些代码由相应的应用程序服务器负责处理。

（2）head 元素。<head>…</head>称为文档首部标记，用于提供与文档有关的各种信息。在文档首部中，可以使用<meta... />标记来设置文档的格式和所用的字符集，使用<title>…</title>标记来指定 HTML 文档的标题；使用<script>…</script>标记来添加 JavaScript 脚本代码或者导入外部 JavaScript 脚本文件；使用<style>…</style>标记来定义内嵌 CSS 样式；使用<link... />标记链接到外部 CSS 样式表文件，等等。

（3）body 元素。<body>…</body>称为文档主体标记，指明文档主体的开始和结束，用于定义 HTML 文档的主要部分，给出要在网页上显示的内容及其显示格式。在 Web 浏览器窗口中显示的内容，例如，文本、表格、图像、声音、视频、动画、超链接、表单、JavaScript 脚本以及其他页面元素，均位于<body>与</body>标记之间。通过 body 元素的属性对基本的页面属性进行设置，该元素的常用属性如下。

- bgcolor：指定网页的背景颜色。颜色值用十六进制的#RRGGBB 格式表示，其中 RR、GG 和 BB 分别表示红、绿、蓝三基色的值。例如，红色用"#FF0000"表示，蓝色用"#0000FF"表示。
- text：指定网页中的默认文本颜色。
- link：指定超链接文本的颜色。
- alink：指定活动链接文本的颜色。
- vlink：指定已访问过的链接文本的颜色。
- background：指定网页的背景图像，该属性值为图像文件的路径。
- leftmargin：指定网页的左边距，取值为整数。
- topmargin：指定网页的上边距，取值为整数。

【例 2.1】 通过 body 标记设置 HTML 网页的基本页面属性，效果如图 2.1 所示。

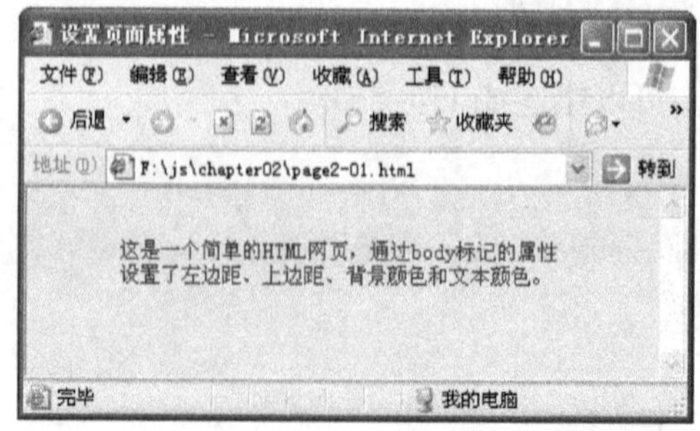

图 2.1 设置 HTML 网页的基本页面属性

【代码清单】

```
<!-- F:\js\chapter02\page2-01.html -->
<html>
<head>
<title>设置页面属性</title>
</head>
<body leftmargin="60" topmargin="32"  bgcolor="#CCEEFF" text="#003333">
这是一个简单的HTML网页，通过body标记的属性设置了左边距、上边距、背景颜色和文本颜色
</body>
</html>
```

2.1.3 添加注释内容

注释是网页设计者自己看的、不希望在浏览器中显示的内容。在 HTML 文档中，可以通过以下语法格式来添加注释内容：

```
<!-- 注释内容 -->
```

适当的注释可以帮助人们更好地了解网页的内容和各模块的划分，也有助于以后对网页代码的检查和维护。

当在 Web 浏览器加载网页时，注释将被忽略，其内容不会呈现出来。

2.2 设置文本格式

文本是网页中的基本元素之一，无论是静态网页还是动态网页，文本信息通常都是不可缺少的组成部分。设置文本格式是设计 HTML 网页时必须掌握的一项内容。

2.2.1 分段与换行

在 HTML 语言中，段落是用<p>标记来定义的。p 元素是一个块级元素，在不同段落的文本之间会以一个空行来分隔。<p>标记的语法格式如下：

```
<p align="对齐方式">段落文本内容</p>
```

除了通用属性之外，p 元素具有 align 属性，用于设置段落的对齐方式，取值可以是 left（默认值）、center、right 或 justify，分别表示左对齐、居中对齐、右对齐和两端对齐。

如果只是想让文本换到下一行显示，而不希望在网页中产生新的段落，可通过添加一个换行标记
来插入一个换行符，语法格式如下：

```
文本内容<br />
```

在 HTML 中，
标记没有结束标记；在 XHTML 中，
标记必须被正确地关闭，应写成
。

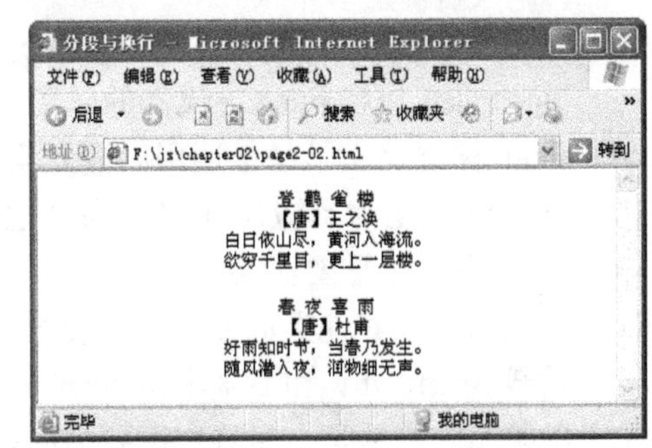

图 2.2　分段与换行效果

【例 2.2】　本例说明如何在网页中分段与换行，效果如图 2.2 所示。

【代码清单】

```
<!-- F:\js\chapter02\page2-02.html -->
<html>
<head>
<title>分段与换行</title>
</head>
<body>
<p align="center">
登 鹳 雀 楼<br />【唐】王之涣<br />
白日依山尽，黄河入海流<br />
欲穷千里目，更上一层楼<br />
</p>
<p align="center">
春 夜 喜 雨<br />【唐】杜甫<br />
好雨知时节，当春乃发生<br />
随风潜入夜，润物细无声<br />
</p>
</body>
</html>
```

2.2.2 div 与 span 标记

div 标记也称为分区标记，它指定一个呈现 HTML 内容的通用块级容器，呈现时另起一行，其内容可以是内嵌元素和块级元素。语法如下：

```
<div id="标识符" align="对齐方式" class="CSS 类样式" style="内嵌 CSS 样式">
要控制的文档内容（文本、段落、表格或图像等）
</div>
```

其中，align 属性有以下取值：center、left、right 和 justify；class 属性值应是一个 CSS 类样式的名称；style 属性用于设置内嵌 CSS 样式，其值是一些用分号分隔的 CSS 属性-值对。

div 标记在网页布局中得到了广泛应用。使用<div>标记实现页面布局的优点在于，加载内容后能够立即显示出来，而使用表格则要等到全部加载完毕才能显示出来。

span 标记用于定义一个内嵌的文本容器，语法如下：

```
<span id="标识符" class="CSS 类样式" style="内嵌 CSS 样式">
文档内容
</span>
```

其中 class 属性和 style 属性的作用，参阅 div 标记中的说明。

span 标记定义了一个通用内嵌元素，它不需要另起一行呈现。span 标记本身并没有结构含义，纯粹是为了应用样式。当其他内嵌元素都不合适时，可以考虑使用 span 标记。span 标记有一个重要而实用的特性，即它什么事情也不会做，其唯一的作用是围绕 HTML 代码中的文本或其他页面元素，以便可以为它们指定 CSS 样式。

比较 span、div 和 p 标记。span 标记定义的是内嵌元素，呈现时不另起一行；div 和 p 定义的都是块级元素，呈现时需要另起一行；两个 div 元素之间不用空行来分隔，两个 p 元素或 p 元素与 div 元素之间通过一个空行来分隔。

【例 2.3】 本例说明如何使用 div 标记和 span 标记来设置文本格式，效果如图 2.3 所示。

图 2.3　div 标记和 span 标记应用示例

【代码清单】

```
<!-- F:\js\chapter02\page2-03.html -->
<html>
<head>
<title>div 标记和 span 标记应用示例</title>
</head>
<body>
<!-- 设置 div 元素的 style 属性，指定边框的宽度、样式和颜色 -->
<div align="center" style="border:1px solid #FF6633">
<!-- 设置 span 元素的 style 属性，指定字体大小和字体粗细 -->
<p><span style="font-size:20px; font-weight:bold">赠汪伦</span>
<span style="font-size:12px;">【唐】李白</span></p>
<p>李白乘舟将欲行，忽闻岸上踏歌声</p>
<p>桃花潭水深千尺，不及汪伦送我情</p>
</div>
</body>
</html>
```

2.2.3　设置字体、字号和颜色

在 HTML 语言中，使用 font 标记来设置文本的字体、字号和颜色，语法如下：

```
<font face="字体 1,字体 2,..." size="数字" color="颜色">文本内容</font>
```

除了通用属性之外，font 元素具有以下属性。

- face：指定一种字体或一个字体列表，字体名称之间用半角逗号分隔，浏览器将使用用户计算机系统上安装的字体组合中的第一种字体；如果该字体未安装，则使用第二种字体，依次类推；如果用户计算机上未安装字体列表中的任何一种，则会使用系统默认字体。
- size：指定字体的大小，取值从 1 到 7，数值越大，字体越大，也可以使用“+”或“-”来指定相对大小。
- color：指定文本的颜色，可以使用颜色名称或十六进制颜色值。

【例 2.4】　本例说明如何使用 font 标记设置文本的字体、字号和颜色，网页效果如图 2.4 所示。

图 2.4　设置字体、字号和颜色的网页效果

【代码清单】

```
<!-- F:\js\chapter02\page2-04.html -->
<html>
<head>
<title>设置字体、字号和颜色</title>
</head>

<body>
<div><font face="华文琥珀" size="3" color="#FF0000">华文琥珀,3,#FF0000</font></div>
<div><font face="华文新魏" size="4" color="#666666">华文新魏,4,#666666</font></div>
<div><font face="华文彩云" size="5" color="#FF66CC">华文彩云,5,#FF66CC</font></div>
<div><font face="华文行楷" size="6" color="#0099FF">华文行楷,6,#0099FF</font></div>
<div><font face="华文隶书" size="7" color="#FF9933">华文隶书,7,#FF9933</font></div>
</body>
</html>
```

2.2.4　设置字符样式

在 HTML 网页中，比较常用的字符样式是粗体、斜体和下画线。此外，还有其他各种样式，例如删除线、代码、变量、范例、键盘、引用定义、上标、下标、大字体以及小字体等。

用于设置字符样式的 HTML 标记在表 2.1 中列出。

表 2.1　字符样式的 HTML 标记

样式名称	标　记	样式名称	标　记
粗体	<strong>…</strong>或<b>…</b>	键盘	<kbd>…</kbd>
斜体	<em>…</em>或<i>…</i>	引用	<cite>…</cite>
下画线	<u>…</u>	定义	<dfn>…</dfn>
删除线	<s>…</s>	已删除	<del>…</del>
打字型	<tt>…</tt>	已插入	<ins>…</ins>
强调	<em>…</em>	上标	[…]
代码	<code>…</code>	下标	_…
变量	<var>…</var>	大字体	<big>…</big>
范例	<samp>…</samp>	小字体	<small>…</small>

【例 2.5】　本例说明如何设置字符样式，网页效果如图 2.5 所示。

【代码清单】

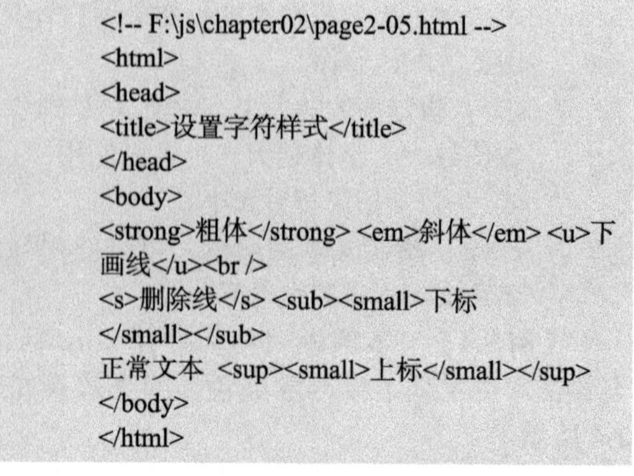

```
<!-- F:\js\chapter02\page2-05.html -->
<html>
<head>
<title>设置字符样式</title>
</head>
<body>
<strong>粗体</strong> <em>斜体</em> <u>下
画线</u><br />
<s>删除线</s> <sub><small>下标
</small></sub>
正常文本 <sup><small>上标</small></sup>
</body>
</html>
```

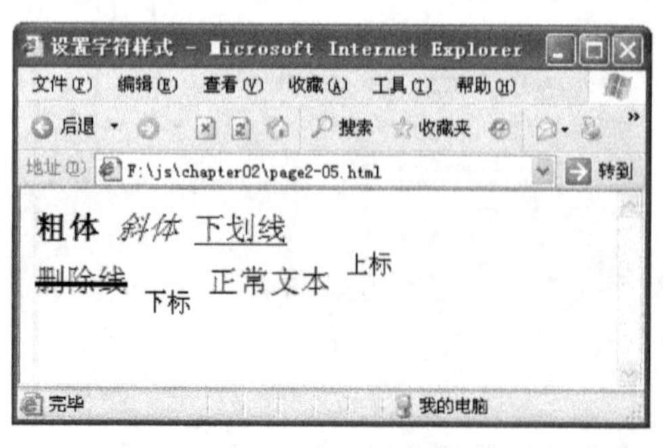

图 2.5　设置字符样式的网页效果

2.2.5　插入特殊字符

某些字符在 HTML 语言中有特别的含义。例如，小于号“<”和大于号“>”分别表示 HTML 标记的开始和结束，而小于号和大于号是不显示在最终呈现的网页中的。如果希望在网页中显示一个小于号或大于号，就需要用到 HTML 字符实体了。

一个字符实体分成三部分：第一部分是一个“&”符号；第二部分是实体名称（区分大小写）或者是#加上实体编号；第三部分是一个分号。用实体名称的优点比较容易理解，例如，小于号用“<”表示，大概可以猜出是 less than 的意思，但是其缺点在于并不是所有的浏览器都支持最新的实体名称，实体编号则可以被各种浏览器处理。

通常情况下，HTML 会自动截去多余的空格。不管插入多少空格，都视为一个空格。例如，在两个字之间加了 10 个空格，HTML 会截去 9 个空格，只保留一个。为了在网页中添加空格，可以使用字符实体“ ”或“ ”表示。

常用字符实体在表 2.2 中列出。

表 2.2　常用字符实体

字　符	说　明	实体名称	实体编号	字　符	说　明	实体名称	实体编号
	空格			¥	货币元	¥	¥
<	小于号	<	<	€	欧元	€	€
>	大于号	>	>	²	上标 2	²	²
&	&符号	&	&	³	上标 3	³	³
"	双引号	"	"	½	二分之一	½	½
©	版权	©	©	¼	四分之一	¼	¼
®	注册商标	®	®	°	度数	°	°
¢	货币分符号	¢	¢	×	乘号	×	×
£	英镑符号	£	£	÷	除号	÷	÷
¤	通用货币符号	¤	¤	±	加或减	±	±

如果要在网页中插入某些特殊中文字符，例如〖 〗【 】☆★○●◎◇◆□■△▲※→←↑↓♀♂等，可以使用中文输入法的软键盘来完成。

此外，通过使用特殊字体也可以在网页中显示某些特殊符号。例如，使用 Webdings 字体可以在网页中显示等特殊字符。

【例 2.6】　本例说明如何在网页中插入特殊字符，网页效果如图 2.6 所示。

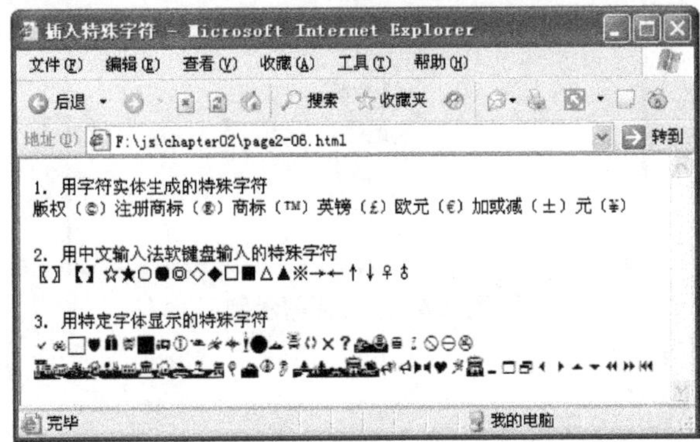

图 2.6　插入特殊字符的网页效果

【代码清单】

```
<!-- F:\js\chapter02\page2-06.html -->
<html>
<head>
<title>插入特殊字符</title>
</head>
<body>
<p>1. 用字符实体生成的特殊字符<br />
版权（&copy;） 注册商标（&reg;） 商标（&#8482） 英镑（&pound;） 欧元（&#8364;） 加
或减（&plusmn;） 元（&yen;）</p>
<p>2. 用中文输入法软键盘输入的特殊字符<br />
〖〗【】☆★○●◎◇◆□■△▲※→←↑↓♀♂</p>
<p>3. 用特定字体显示的特殊字符<br />
<font face="Webdings">abcdefghijklmnopqrstuvwxyz<br />
ABCDEFGHIJKLMNOPQRSTUVWXYZS0123456789</font></p>
</body>
</html>
```

2.2.6　设置标题格式

这里所说的标题是指网页内的文字标题，而不是用<title>标记设置的网页标题。在 HTML 语言中，可以使用 h1～h6 标记在页面中设置各级标题，语法如下：

```
<h1 align="对齐方式">标题文本</h1>
<h2 align="对齐方式">标题文本</h2>
…
<h6 align="对齐方式">标题文本</h6>
```

h1 标记定义最大的标题，h6 标记定义最小的标题。h1～h6 元素均为块级元素。除了通用属性之外，它们都有一个 align 属性，用于指定标题的对齐方式，属性值与 p 标记中相同。默认情况下标题总是用粗体字来显示。

【例 2.7】　本例说明如何在网页中定义各级标题，如图 2.7 所示。

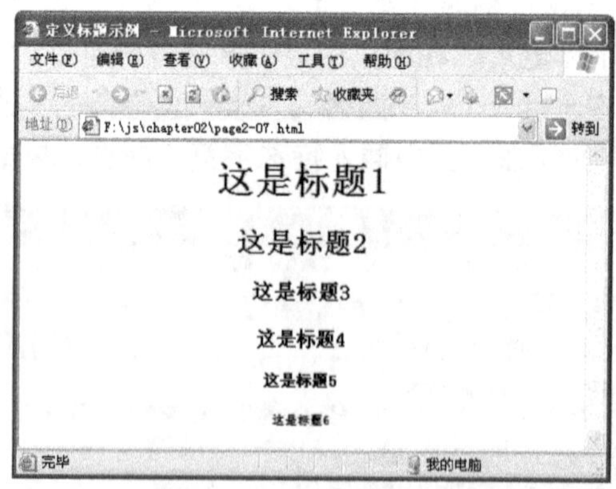

图 2.7　定义标题示例

【代码清单】

```
<!-- F:\js\chapter02\page2-07.html -->
<html>
<head>
```

```
<title>定义标题示例</title>
</head>
<body>
<div align="center">
  <h1>这是标题 1</h1><h2>这是标题 2</h2>
  <h3>这是标题 3</h3><h4>这是标题 4</h4>
  <h5>这是标题 5</h5><h6>这是标题 6</h6>
</div>
</body>
</html>
```

2.2.7　设置列表格式

列表分为有序列表、无序列表和定义列表，有序列表带有序号标记（如数字或字母），无序列表带有项目符号（如●或■），定义列表则包含条目及其定义。

在 HTML 语言中，有序列表用 ol 和 li 标记定义，语法如下：

```
<ol type="1|A|a|I|i" start="int">
  <li>条目 1</li>
  <li>条目 2</li>
  …
</ol>
```

其中，type 属性指定序号的类型，有以下取值："1" 表示数字（默认值），"A" 表示大写字母，"a" 表示小写字母，"I" 表示大写罗马数字，"i" 表示小写罗马数字；start 属性的值是一个整数，用于指定列表条目的起始序号。

无序列表用 ul 和 li 标记定义，语法如下：

```
<ul type="disc|circle|square">
  <li>条目 1</li>
  <li>条目 2</li>
  …
</ul>
```

除了通用属性之外，ul 元素有一个 type 属性，用于指定项目符号的类型，有以下取值："disc" 表示实心圆（●），"circle" 表示空心圆（○），"square" 表示方块（■）。

使用 dl、dt 和 dd 标记可以创建定义列表，其中 dl 标记设置一个定义列表，dt 标记指定列表中的条目（即术语部分），dd 标记在列表中定义条目的定义部分。语法如下：

```
<dl>
  <dt>术语 1</dt>
  <dd>定义 1</dd>
  <dt>术语 2</dt>
  <dd>定义 2</dd>
</dl>
```

【例 2.8】　本例说明如何设置有序列表、无序列表和定义列表，如图 2.8 所示。

【代码清单】

```
<!-- F:\js\chapter02\page2-08.html -->
<html>
<head>
<title>设置列表格式</title>
```

```
</head>
<body>
<ol>
  <li>有序列表
    <ol type="A">
      <li>ASP 动态网站开发</li>
      <li>Dreamweaver CS3 Ajax 网页设计</li>
    </ol>
  </li>
  <li>无序列表
    <ul>
      <li>Access 数据库</li>
      <li>SQL Server 数据库</li>
    </ul>
  </li>
  <li>定义列表
    <dl>
      <dt>什么是 HTML</dt>
      <dd>HTML（Hypertext Markup Language）即超文本标记语言</dd>
      <dt>什么是 XML</dt>
      <dd>XML（Extensible Markup Language）即可扩展标记语言</dd>
    </dl>
  </li>
</ol>
</body>
</html>
```

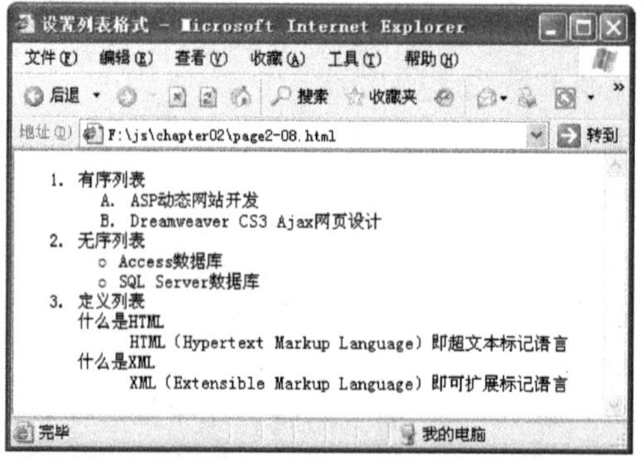

图 2.8　设置列表格式

2.3　使用图像

图像具有形象、生动、直观的特点，在网页设计中恰当地应用各种格式的图像，往往可以起到美化页面的效果。图文并茂的精美网页不仅能够引起访问者的关注，也有助于表现网站的主题。

2.3.1　在网页中插入图像

在 HTML 语言中，<img>标记用于在网页中插入一个图像文件，语法如下：

```
<img src="URL" alt="替换文字" width="像素数或百分数" height="像素数或百分数"
  border="像素数" hspace="像素数" vspace="像素数" align="对齐方式" />
```

img 元素是一个内嵌元素。除了通用属性之外，img 元素还具有以下属性。

- src：指定图像文件的 URL，图像可以是 JPEG、GIF 或 PNG 格式。
- alt：指定替代图像的文本信息，在浏览器不能显示图像或图像加载时间过长时先显示出来。当鼠标指针悬停在图像上时，也会显示文本信息。
- height 和 width：分别指定图像的高度和宽度，以像素或百分比（基于父元素的高度或宽度）为单位。若只给出高度或宽度，则图像将按比例进行缩放。
- border：指定图像的边框宽度，以像素为单位。若将该属性设置为 0，则不显示边框。
- hspace 和 vspace：分别指定图像与文本之间的在水平方向和垂直方向上的间距，以像素为单位。
- align：指定图像与文本的对齐方式或绕排方式。有以下取值："left"表示图像居左、文本居右；"center"表示图像居中；"right"表示图像居右、文本居左；"top"表示图像顶部与文本对齐；"middle"表示图像中央与文本对齐；"bottom"表示图像底部与文本对齐。

【例 2.9】　本例说明如何在网页中实现图文绕排效果，如图 2.9 所示。

图 2.9　图文绕排效果

【代码清单】

```
<!-- F:\js\chapter02\page2-09.html -->
<html>
<head>
<title>在网页中插入图像</title>
</head>
<body>
<p><img src="../images/village.jpg" alt="乡村风光" width="76" hspace="20" align="left" />这是一个包含图像的段落，该图像的左边和右边的空白为 20 像素，把图像的 align 属性设置为"left"，因此图像将浮动到文字的左边</p>
<p><img src="../images/yz.gif" alt="扬州风光(GIF 动画)" width="100" hspace="32" align="right" />这也是一个包含图像的段落，该图像的左边和右边的空白为 32 像素，把图像的 align 属性设置为"right"，因此图像将浮动到文字的右边</p>
</body>
</html>
```

2.3.2　播放视频

在 HTML 语言中，<img>标记通常用于在网页中插入一幅内嵌图像。不过，也可以利用该标记在网页中播放视频，为此把其 dynsrc 属性设置为视频文件的 URL 即可，语法如下：

```
<img dynsrc="URL" loop="int" start="string" ... />
```

用<img>标记播放视频时，需要设置以下三个属性。

➢ dynsrc：设置视频来源的 URL，视频文件可以是 AVI（.avi）、MOV（.mov）或 MPEG（.mpg、.mpeg）格式。

➢ loop：设置视频激活后的循环次数，有三个取值，即-1 表示无限循环；0 表示仅播放一次；正整数表示循环指定的次数。

➢ start：指定何时播放视频文件，其值是一个字符串，有两个取值，即"fileopen"（默认值）表示加载后立即播放，"mouseover" 表示用户用鼠标指向视频时开始播放。

【例 2.10】 本例说明如何用 img 标记播放视频，如图 2.10 所示。

图 2.10 用 img 标记播放视频

【代码清单】

```
<!-- F:\js\chapter02\page2-10.html -->
<html>
<head>
<title>用 img 标记播放视频</title>
</head>
<body>
<p align="center">用 img 标记播放视频</p>
<p align="center">
<img dynsrc="./images/psintrowalk.avi" width="211" height="133" loop="-1" /></p>
</body>
</html>
```

2.3.3 插入水平分隔线

在 HTML 语言中，可以使用<hr>标记在网页中插入一条水平分隔线，并使后面的文本在此处换行，从而可以起到分隔文档内容的作用。<hr>标记的语法格式如下：

```
<hr align="对齐方式" size="数字" width="数字" color="颜色" noshade="noshade" />
```

hr 元素为块级元素。除了通用属性之外，该元素具有以下属性。

➢ align：指定水平线的对齐方式，取值可以是 left、center 或 right，分别表示左对齐、居中对齐和右对齐。默认值为 center。

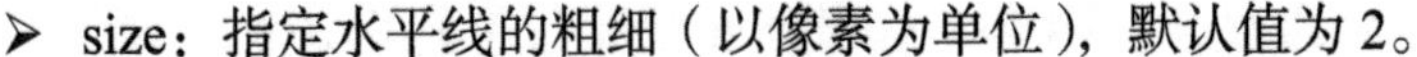

- size：指定水平线的粗细（以像素为单位），默认值为 2。
- width：指定水平线的宽度，单位为像素或百分比（相对于当前窗口），默认值为 100%。
- color：指定水平线的颜色，默认值为灰色。
- noshade：为可选项，用于取消水平线的阴影效果。默认情况下水平线显示阴影。

【例 2.11】　本例说明如何在网页中插入水平分隔线并设置其属性，如图 2.11 所示。

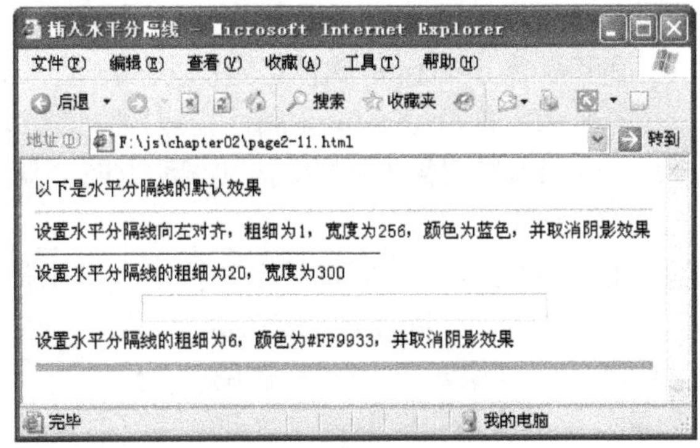

图 2.11　插入水平分隔线

【代码清单】

```
<!-- F:\js\chapter02\page2-11.html -->
<html>
<head>
<title>插入水平分隔线</title>
</head>
<body>
以下是水平分隔线的默认效果
<hr />
设置水平分隔线向左对齐，粗细为 1，宽度为 256，颜色为蓝色，并取消阴影效果
<hr align="left" size="1" width="256" color="#0000FF" noshade="noshade" />
设置水平分隔线的粗细为 20，宽度为 300
<hr size="20" width="300" />
设置水平分隔线的粗细为 6，颜色为#FF9933，并取消阴影效果
<hr size="6" color="#FF9933" noshade="noshade" />
</body>
</html>
```

2.4　添加媒体效果

除了文本和图像之外，还可以在 HTML 网页中添加字幕、音频、视频和 Flash 动画等媒体效果，从而使网页更加引人入胜。

2.4.1　插入滚动字幕

在 HTML 语言中，可以使用 marquee 标记在页面中插入一个字幕，以水平或垂直滚动方式显示文本信息。语法如下：

```
<marquee align="对齐方式" behavior="动画类型" bgcolor="背景颜色"
```

```
  direction="移动方向" height="数字" hspace="数字" loop="数字"
  scrollamount="数字" scrolldealy="数字" vspace="数字">
要滚动显示的内容（可以是文本、表格、图像等）
</marquee>
```

除了通用属性外，marquee 元素还具有以下属性。

- align：指定字幕与周围文本的对齐方式，其值可以是 top、middle 或 bottom。
- behavior：指定字幕中的文本如何滚动，其值是一个字符串，可以是 scroll、slide 和 alternate。scroll 表示字幕沿 direction 属性指定的方向滚动，文本在末端离去，然后从起点处开始；slide 表示字幕沿 direction 属性指定的方向滚动，文本滚动到末端即停止；alternate 表示字幕到达容器边缘时反转其滚动方向。默认值为 scroll。
- bgcolor：指定字幕的背景颜色。
- direction：指定文本的移动方向，其值是一个字符串，可以是 down、left、right 和 up，分别表示向下、向左、向右和向上。默认值为 left。
- height：指定字幕的高度，以像素或百分比为单位。
- hspace：指定字幕的外部边缘与浏览器窗口之间的左、右边距，以像素为单位。
- loop：指定字幕的滚动次数，其取值是一个整数，0 或-1 表示无限循环，正整数表示循环次数。
- scrollamount：指定字幕文本每次移动的距离，以像素为单位。
- crolldealy：指定与前段字幕文本延迟多少毫秒后重新开始移动文本，可用于设置字幕移动的速度。
- vspace：指定字幕的外边缘与浏览器窗口之间的上、下边距，以像素为单位。

【例 2.12】 本例说明如何在网页中插入滚动字幕，当鼠标指针悬停在字幕上时文本停止滚动，当鼠标指针离开字幕时文本继续滚动，效果如图 2.12 所示。

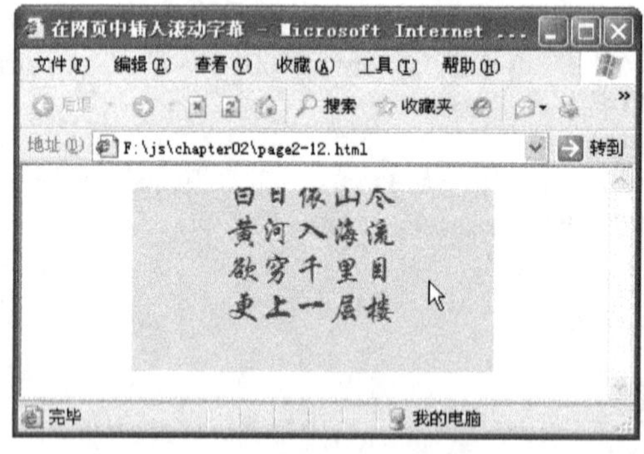

图 2.12 插入滚动字幕

【代码清单】

```
<!-- F:\js\chapter02\page2-12.html -->
<html>
<head>
<title>在网页中插入滚动字幕</title>
</head>
<body>
<div align="center">
<!-- 用鼠标指针指向字幕时发生 onmouseover 事件，鼠标指针离开时发生 onmouseout 事件 -->
```

```
<marquee direction="up" scrolldelay="300" bgcolor="#DEDEDE" width="256"
            height="126" onmouseover="this.stop();" onmouseout="this.start();">
<p align="center">
<font size="5" face="华文行楷" color="#FF0000">
  白日依山尽<br />黄河入海流<br />
  欲穷千里目<br />更上一层楼</font>
</p>
</marquee>
</div>
</body>
</html>
```

2.4.2　插入声音效果

在网页中添加声音可以通过两种方式实现：通过<bgsound>标记添加背景音乐，此时在网页上看不到任何播放器存在；通过播放器插件嵌入声音并通过播放器控制播放过程。

1．利用 bgsound 标记添加声音

在 HTML 语言中，可以使用 bgsound 标记在网页中添加背景音乐，语法如下：

```
<bgsound src="URL" balance="数字" loop="数字" volume="数字">
```

bgsound 标记具有以下属性。

- src：指定要播放的声音文件的 URL。常用声音文件类型有波形文件（.wav）、MIDI 文件（.mid）及 MP3 文件（*.mp3）等。
- loop：指定声音播放的次数。若设置为 0，则播放一次；若设置为大于 0 的整数，则播放指定的次数；若设置为-1，则声音反复播放，直到页面卸载。
- volume：指定音量的高低，取值为-10 000～0，默认值为 0。
- balance：设置把将声音分成左声道和右声道两部分，取值为-10 000～+10 000，默认值为 0。

bgsound 元素是 Microsoft 对 HTML 的一个扩展。该元素可以放在网页的任何位置，在浏览器中加载网页时 bgsound 元素不会呈现出来。

2．通过插件添加声音

除 bgsound 标记外，还可以利用 embed 标记在网页中嵌入声音文件，语法如下：

```
<embed src="URL" autostart="true"|"flase"
  loop="int"|"true"|"false" volume="int" starttime="mm:ss"
  endtime="mm:ss" width="int" height="int" hidden="true"|"flase">
</embed>
```

除了通用属性之外，embed 标记具有以下属性。

- src：指定要播放的声音文件的 URL。
- pluginspage：指定用户可以从中下载插件的网站的完整 URL。若用户未安装该插件，则浏览器尝试从此网站下载它。
- autostart：设置声音文件上传之后是否自动开始播放，默认值为 false。
- loop：指定声音播放的次数。若设置为 true，则反复播放；若设置为 false，则仅播

放一次；若设置为某个正整数，则播放指定的次数。

- volume：指定音量高低，取值为 0～100，默认值为当前系统音量。
- starttime 和 endtime：分别指定声音开始播放和结束播放的时间。例如，starttime="00:20"为从第 20s 开始播放。
- heigh 和 width：分别指定播放器插件的高度和宽度，以像素或百分比为单位（相对于父元素的高度或宽度）。
- hidden：设置是否隐藏播放器插件，默认值为 false。
- type：设置 embed 元素的 MIME 属性，例如，在网页中播放 MIDI 音乐时，可把 type 属性设置为 audio/x-midi。

embed 元素为内嵌元素，必须把它放在文档的 body 元素内部。使用 embed 元素时，用户必须在其计算机上安装播放声音的应用程序，否则声音是无法播放的。

【例 2.13】 本例说明如何使用 embed 标记在网页中嵌入声音文件，如图 2.13 所示。

【代码清单】

```
<!-- F:\js\chapter02\page2-13.html -->
<html>
<head>
<title>在网页中播放音乐</title>
</head>
<body>

<p>下面是用 embed 标记生成的播放器，可用于控制声音播放</p>
<p><embed src="梦里水乡.mid"></embed></p>
</body>
</html>
```

2.4.3 插入视频片段

使用 embed 标记不仅可以在网页中嵌入声音文件，也可以嵌入视频文件，为此应将 src 属性设置为视频文件的 URL，并通过 height 和 width 属性设置视频播放器插件的高度和宽度，根据需要也可以对插件的其他属性进行设置。

【例 2.14】 本例说明如何使用 embed 标记在网页中嵌入视频文件，如图 2.14 所示。

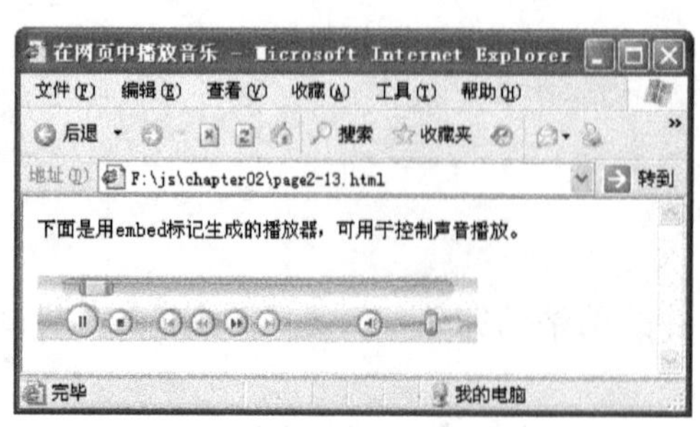

图 2.13 在网页中播放声音文件

图 2.14 在网页中播放视频剪辑

【代码清单】

```
<!-- F:\js\chapter02\page2-14.html -->
<html>
<head>
<title>在网页中播放视频剪辑</title>
</head>
<body>
<div align="center">
<embed src="movie.avi" width="286" height="158"></embed>
</div>
<body>
</html>
```

2.4.4 插入 Flash 动画

使用 embed 标记不仅可以在网页中嵌入声音文件和嵌入视频文件，也可以嵌入 Flash 动画文件（*.swf），为此应将 src 属性设置为视频文件的 URL，并通过 height 属性和 width 属性设置 Flash 插件的高度和宽度。根据需要也可以对插件的其他属性进行设置，例如，通过 quality 属性设置动画的品质，通过 pluginspage 属性设置下载 Flash 播放器插件的网站的完整 URL，通过 type 属性设置 embed 元素的 MIME 类型，等等。

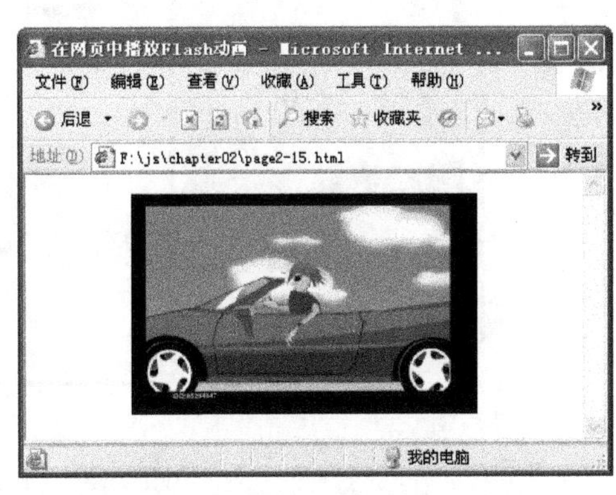

图 2.15 在网页中播放 Flash 动画

【例 2.15】 本例说明如何使用 embed 标记在网页中嵌入 Flash 动画，如图 2.15 所示。

【代码清单】

```
<!-- F:\js\chapter02\page2-15.html -->
<html>
<head>
<title>在网页中播放 Flash 动画</title>
</head>
<body>
<div align="center">
<embed src="benpao.swf" quality="high"
pluginspage="http://www.adobe.com/shockwave/download/download.cgi?
P1_Prod_Version=ShockwaveFlash" type="application/x-shockwave-flash"
width="268" height="165"></embed>
</div>
</body>
</html>
```

2.4.5 插入 Applet

Applet 是用 Java 语言编写的小应用程序。它们可以直接嵌入到网页中，并能够产生特殊的效果。在 HTML 语言中，可以使用 applet 标记在网页中插入 Applet，语法如下：

```
<applet code="URL" height="数字" width="数字">
  <param name="名称" value="值" />
  <param name="名称" value="值" />
  ...
</applet>
```

applet 元素是内嵌元素，用于在页面上放置可执行内容；code 属性指定已编译的 Java 类文件（.class）的 URL，height 和 width 属性分别指定 Applet 组件高度和宽度，以像素为单位。param 元素用于设置向 Applet 传递的参数，name 属性和 value 属性分别指定参数名和参数值。

要使用由 applet 元素指定的可执行内容，用户计算机上必须安装 Java 运行环境（JRE）。

【例 2.16】 本例说明如何用 Applet 实现一组图片的自动翻转，如图 2.16 所示。

图 2.16 用 Applet 实现图片自动翻转

【代码清单】

```
<!-- F:\js\chapter02\page2-16.html -->
<html>
<head>
<title>用 Applet 实现图片自动翻转</title>
</head>

<body>
<applet code="Efficient.class" width="200" height="132">
  <param name="image1" value="../images/yangzhou01.jpg">
  <param name="image2" value="../images/yangzhou02.jpg">
  <param name="image3" value="../images/yangzhou03.jpg">
  <param name="image4" value="../images/yangzhou04.jpg">
  <param name="image5" value="../images/yangzhou05.jpg">
  <!-- delay 参数用于设置每张图片显示的毫秒数 -->
  <param name="delay" value="2000">
  <!-- 对不支持 Java 的浏览器显示以下提示信息 -->
  Sorry, your browser doesn't support Java(tm).
</applet>
</body>
</html>
```

2.5 创建表格

表格由一些行和列组成，表格在网页设计中有着广泛的应用，不仅可以用于有序地排列数据，也可以用于安排文本、图像以及其他元素的页面布局。

2.5.1 创建基本表格

在 HTML 语言中，定义表格的基本语法如下：

```
<table>
  <caption>表格标题</caption>
  <tr>
    <td>数据项</td>
    ...
  </tr>
  ...
</table>
```

其中<table>…</table>标记定义表格；<tr>…</tr>标记定义一行；<td>…</td>或<th>…</th>标记定义一个单元格，<td>…</td>标记用于定义普通数据单元格，<th>…</th>标记用于定义标题单元格，其中的文字用粗体显示并且水平居中；<caption>…</catpion>标记用于定义表格的标题。

【例 2.17】 本例说明如何在网页中创建一个基本表格，如图 2.17 所示。

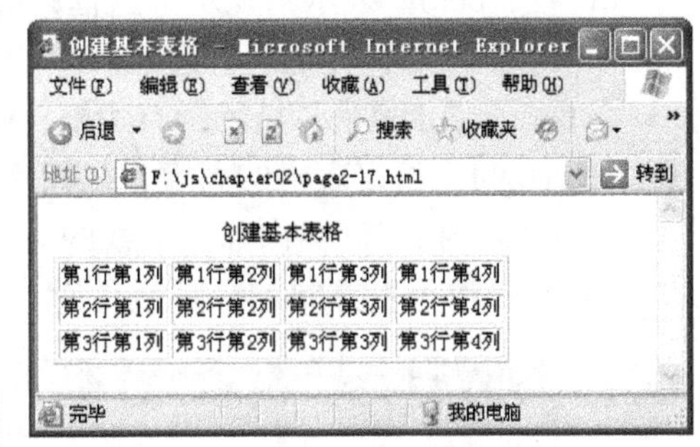

图 2.17 创建基本表格

【代码清单】

```
<!-- F:\js\chapter02\page2-17.html -->
<html>
<head>
<title>创建基本表格</title>
</head>

<body>
<!-- 在 table 标记中，可用 border 属性设置表格边框的粗细 -->
<table border="1">
  <caption>创建基本表格</caption>
  <tr>
    <td>第 1 行第 1 列</td><td>第 1 行第 2 列</td>
    <td>第 1 行第 3 列</td><td>第 1 行第 4 列</td>
  </tr>
  <tr>
    <td>第 2 行第 1 列</td><td>第 2 行第 2 列</td>
    <td>第 2 行第 3 列</td><td>第 2 行第 4 列</td>
  </tr>
  <tr>
    <td>第 3 行第 1 列</td><td>第 3 行第 2 列</td>
    <td>第 3 行第 3 列</td><td>第 3 行第 4 列</td>
  </tr>
</table>
</body>
</html>
```

2.5.2 设置表格的属性

通过 table 标记的属性可从整体上对表格的格式进行设置。table 标记的常用属性如下。

- align：指定表格的对齐方式。有以下取值：left 表示左对齐（默认值）、center 表示居中对齐，right 表示右对齐。
- background：指定用做表格背景图片的 URL 地址。
- bgcolor：指定表格的背景颜色。
- border：指定表格边框的宽度，以像素为单位。默认值为 0，不显示表格边框。
- bordercolor：指定表格边框颜色，此属性与 border 属性一起使用。
- bordercolordark：指定 3D 边框的阴影颜色，此属性与 border 属性一起使用。
- bordercolorlight：指定 3D 边框的高亮显示颜色，此属性与 border 属性一起使用。
- cellpadding：指定单元格内容与单元格边框之间的间距，以像素为单位。
- cellspacing：指定单元格之间的间距，以像素为单位。
- frame：指定表格外框线的显示方式。该属性有以下取值：above 表示只显示上边框；below 表示只显示下边框；border 和 box 都表示显示所有 4 个边框（默认值）；hsides 表示只显示上边框和下边框；lhs 表示只显示左边框；rhs 表示只显示左边框；void 表示不显示所有边框；vsides 表示只显示左边框和右边框。
- height：指定表格的高度，以像素或相对于浏览器窗口高度的百分比为单位。
- rules：指定表格内部分隔线的显示方式。该属性有以下取值：all 表示同时显示水平方向和垂直方向的分隔线（默认值）；cols 表示只显示列与列之间的垂直分隔线；groups 表示显示组与组之间的分隔线；rows 表示只显示行与行之间的水平分隔线；none 表示不显示所有分隔线。
- width 属性：指定表格的宽度，以像素或相对于浏览器窗口宽度的百分比为单位。

【例 2.18】 本例说明如何设置表格的对齐方式、边框颜色、单元格填充、单元格边距以及表格宽度等属性，网页效果如图 2.18 所示。

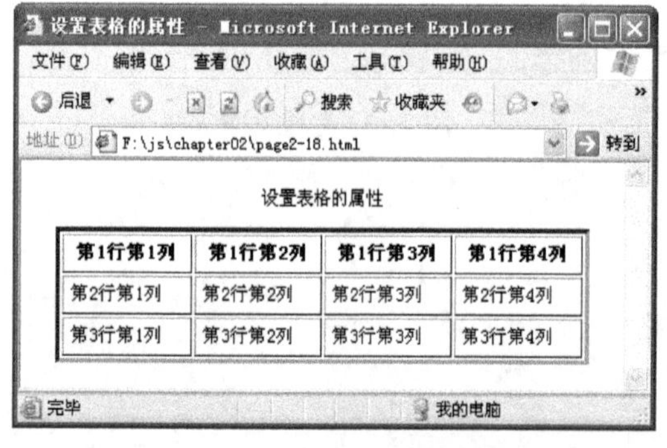

图 2.18 设置表格的属性

【代码清单】

```
<!-- F:\js\chapter02\page2-18.html -->
<html>
<head><title>设置表格的属性</title></head>
<body>
<table align="center" border="3" bordercolordark="#999999"
        bordercolorlight="#0000FF" cellpadding="5" cellspacing="2" width="388">
  <caption>设置表格的属性</caption>
  <tr>
    <th>第 1 行第 1 列</th><th>第 1 行第 2 列</th>
    <th>第 1 行第 3 列</th><th>第 1 行第 4 列</th>
```

```
    </tr>
    <tr>
      <td>第 2 行第 1 列</td><td>第 2 行第 2 列</td>
      <td>第 2 行第 3 列</td><td>第 2 行第 4 列</td>
    </tr>
    <tr>
      <td>第 3 行第 1 列</td><td>第 3 行第 2 列</td>
      <td>第 3 行第 3 列</td><td>第 3 行第 4 列</td>
    </tr>
  </table>
  </body>
  </html>
```

2.5.3 设置行的属性

表格中的行是通过 tr 标记定义的。通过设置<tr>标记的属性值可以对行内包含的所有单元格的格式进行设置。tr 标记的常用属性如下。

- align：指定一行中所有单元格内容的水平对齐方式。该属性有以下取值：left 表示左对齐（默认值）；center 表示居中对齐；right 表示右对齐。
- background：指定图像文件的路径，该图像用做指定行的背景。
- bgcolor：指定行的背景颜色。
- bordercolor：指定行的边框颜色，该属性仅当 table 标记的 border 属性取非零值时才起作用。
- bordercolordark：指定行的 3D 边框的阴影颜色，该属性仅当 table 标记的 border 属性取非零值时才起作用。
- bordercolorlight：指定行的 3D 边框的高亮颜色，该属性仅当 table 标记的 border 属性取非零值时才起作用。
- valign：指定行中所有单元格内容的垂直对齐方式。该属性有以下取值：top 表示顶端对齐；middle 表示居中对齐；bottom 表示底端对齐；baseline 表示基线对齐。

【例 2.19】 本例说明如何为表格中各行设置不同的背景颜色和对齐方式，如图 2.19 所示。

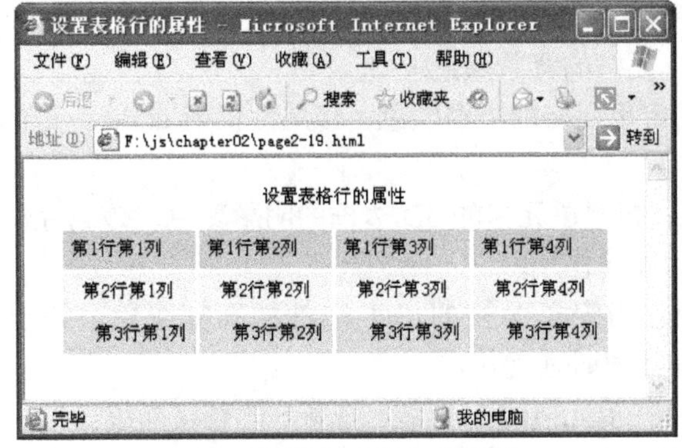

图 2.19 设置表格行的属性

【代码清单】

```
<!-- F:\js\chapter02\page2-19.html -->
<html>
<head>
```

```
<title>设置表格行的属性</title>
</head>

<body>

<table align="center" cellpadding="6" cellspacing="3" width="398">
  <caption>设置表格行的属性</caption>
  <tr bgcolor="#FFCC33">
    <td>第 1 行第 1 列</td><td>第 1 行第 2 列</td>
    <td>第 1 行第 3 列</td><td>第 1 行第 4 列</td>
  </tr>
  <tr align="center" bgcolor="#CCFFFF">
    <td>第 2 行第 1 列</td><td>第 2 行第 2 列</td>
    <td>第 2 行第 3 列</td><td>第 2 行第 4 列</td>
  </tr>
  <tr align="right" bgcolor="#FFCCFF">
    <td>第 3 行第 1 列</td><td>第 3 行第 2 列</td>
    <td>第 3 行第 3 列</td><td>第 3 行第 4 列</td>
  </tr>
</table>
</body>
</html>
```

2.5.4 设置单元格的属性

表格中的各个单元格是通过 td 或 th 标记定义的。通过设置这些标记的属性值可以对选定单元格的格式进行设置。td 标记和 th 标记的常用属性如下。

- align：指定单元格内文本的水平对齐方式。该属性有以下取值：left 表示左对齐（默认值）；center 表示居中对齐；right 表示右对齐。
- background：指定图像文件的路径，该图像用做单元格的背景。
- bgcolor：指定单元格的背景颜色。
- bordercolor：指定单元格的边框颜色，该属性仅当 table 标记的 border 属性取非零值时才起作用。
- bordercolordark：指定单元格的 3D 边框的阴影颜色，该属性仅当 table 标记的 border 属性取非零值时才起作用。
- bordercolorlight：指定单元格的 3D 边框的高亮颜色，该属性仅当 table 标记的 border 属性取非零值时才起作用。
- colspan：指定合并单元格时一个单元格跨越的表格列数。
- nowrap：若指定该属性，则避免 Web 浏览器将单元格里的文本换行。
- rowspan：指定合并单元格时一个单元格跨越的表格行数。
- valign：指定单元格中文本的垂直对齐 方式。该属性有以下取值：top 表示顶 端对齐；middle 表示居中对齐；bottom 表示底端对齐；baseline 表示基线对齐。

当对表格、行和单元格属性设置时，若对同名属性设置了不同值，则按以下优先顺序发生作用：单元格属性设置优先级别最高，行属性设置次之，表格属性设置最低。

【例 2.20】　本例说明如何为各单元格设置单元格的属性，如图 2.20 所示。

【代码清单】

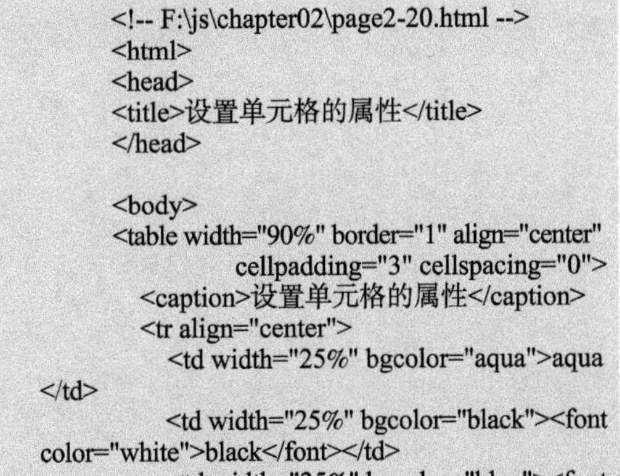

```
<!-- F:\js\chapter02\page2-20.html -->
<html>
<head>
<title>设置单元格的属性</title>
</head>

<body>
<table width="90%" border="1" align="center"
          cellpadding="3" cellspacing="0">
  <caption>设置单元格的属性</caption>
  <tr align="center">
    <td width="25%" bgcolor="aqua">aqua</td>
    <td width="25%" bgcolor="black"><font color="white">black</font></td>
    <td width="25%" bgcolor="blue"><font color="yellow">blue</font></td>
    <td width="25%" bgcolor="fuchsia">fuchsia</td>
  </tr>
  <tr align="center">
    <td bgcolor="gray"><font color="white">gray</font></td>
    <td bgcolor="green"><font color="white">green</font></td>
    <td bgcolor="lime">lime</td>
    <td bgcolor="maroon"><font color="white">maroon</font></td>
  </tr>
  <tr align="center">
    <td bgcolor="navy"><font color="white">navy</font></td>
    <td bgcolor="olive"><font color="white">olive</font></td>
    <td bgcolor="purple"><font color="white">purple</font></td>
    <td bgcolor="red">red</td>
  </tr>
  <tr align="center">
    <td bgcolor="silver">silver</td>
    <td bgcolor="teal"><font color="white">teal</font></td>
    <td bgcolor="white">white</td>
    <td bgcolor="yellow">yellow</td>
  </tr>
</table>
</body>
</html>
```

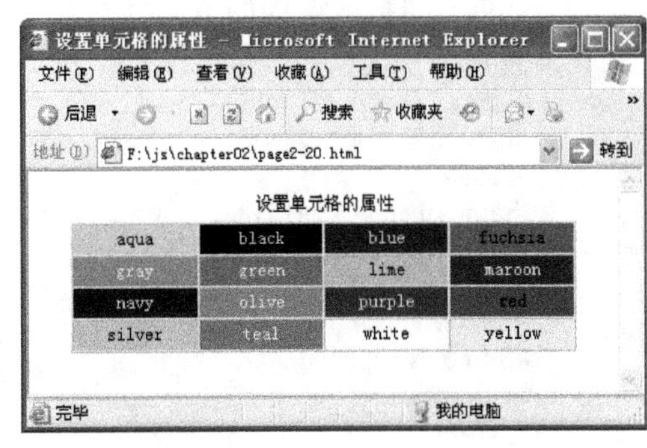

图 2.20　设置单元格的属性

2.6　用框架分割窗口

一个浏览器窗口通常只能显示一个网页的内容。但是，通过框架可以将浏览器窗口划分若干个窗格，在每个窗格中都可以显示一个网页，从而获得在一个浏览器窗口同时显示多个网页的特殊效果。

2.6.1　框架网页的基本结构

框架网页又称为框架集，它是一种特殊的 HTML 网页，可以用来将浏览器视窗分割成不同的区域，这些区域称为框架，每一个框架都可以独立地显示一个不同的 HTML 网页。

在 HTML 语言中，框架集用 frmaeset 标记定义，组成框架集的每个框架用 frame 标记定义。框架网页的基本结构如下：

```
<html>
<head>
<title>框架网页标题</title>
</head>
<frameset cols="col1,col2,..." rows="row1,row2..." >
<frame src="URL"... />
<frame src="URL"... />
……
</frameset>
<noframes>
<body>
<p>此网页使用了框架，但您的浏览器不支持框架</p>
</body>
</noframes>
</html>
```

其中，frameset 标记定义一个框架集，用于组织多个框架和嵌套框架集。在框架网页中，应将 frameset 标记置于 head 标记之后，以取代 body 标记的位置。

frameset 标记的 cols 属性和 rows 属性指定如何将浏览器窗口分割成不同的框架，这些属性的取值可以是像素数（n）、相对于浏览器窗口的百分比（n%）和相对尺寸（n*）。rows 属性不能与 cols 属性同时使用。

例如，若要通过框架将浏览器窗口划分为 3 列，其中第一列为浏览器窗口宽度的 30%，第二列为 200 像素，第三列为浏览器窗口的剩余部分，应将 cols 属性设置为“30%, 200, *”。

若将 cols 属性设置为“*, *, *”，则表示将窗口划分成 3 个等宽的框架。若将 cols 属性设置为“*, 2*, 3*”，则表示左边的框架占窗口宽度的 1/6，中间的框架占窗口宽度的 1/3，右边的框架占窗口宽度的 1/2。若将 rows 属性设置为“60, *”，则表示上面的框架高度为 60 像素，下面的框架为浏览器窗口的剩余部分。

frame 标记在 frameset 元素内表示单个框架，其 src 属性指定在该框架中显示的网页的 URL。若要创建同时包含纵向分割框架和横向分割框架，则应使用嵌套框架。

noframes 标记用于包含那些不支持 frameset 元素的浏览器使用的 HTML 内容。

【例 2.21】 本例说明如何通过框架把浏览器窗口分割成 4 部分（对每部分未指定要显示的网页），框架网页效果如图 2.21 所示。

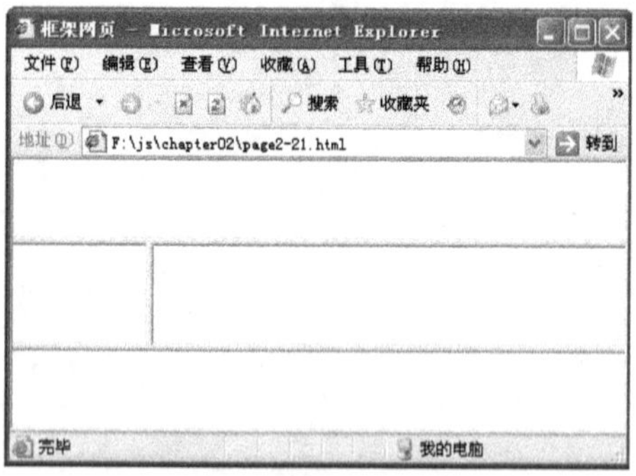

图 2.21 框架网页效果

【代码清单】

```
<!-- F:\js\chapter02\page2-21.html -->
<html>
<head><title>框架网页</title></head>
<!-- 把窗口分成 3 行 -->
<frameset rows="58,*,58">
  <frame />
```

```
    <!-- 嵌套框架开始，把框架分成 2 列 -->
    <frameset cols="100,*">
      <frame />
      <frame />
    <!-- 嵌套框架结束 -->
    </frameset>
    <frame />
</frameset>
<!-- noframes 标记包含那些不支持 frameset 元素的浏览器使用的 HTML 内容 -->
<noframes>
<body>
    <p>本网页使用了框架，但您的浏览器不支持框架</p>
</body>
</noframes>
</html>
```

2.6.2 设置框架集和框架的属性

如上所述，frameset 标记用于定义如何划分浏览器窗口，通过设置该标记的 rows 和 cols 属性框架集包含的行数和列数。除此之外，frameset 标记还有以下属性。

- border：指定边框的宽度，以像素为单位。
- bordercolor 属性：指定边框的颜色。
- frameborder：指定框架周围是否显示三维边框，可取的值有：1、0、no、yes；如果设置为 1 或 yes，则在框架周围显示边框；如果设置为 0 或 no，则不在框架周围显示边框；默认值为 1。
- framespacing：指定各框架之间的间距。

通过设置 frame 标记的属性不仅可以指定要在框架内显示的页面，也可以控制该框架的显示效果。frame 标记的常用属性如下。

- src：指定在框架中显示的网页。
- name：指定框架的名称。
- border：指定框架边框的宽度。
- bordercolor：指定框架边框的颜色。
- frameborder：指定框架周围是否显示边框，其取值可以是，1 或 yes（显示边框）、0 或 no（不显示边框）。
- frameheight：指定框架内容与上、下边框的间距。
- framewidth：指定框架内容与左、右边框的间距。
- scrolling：指定是否为框架添加滚动条，其取值可以是，yes（添加）、no（不添加）或 auto（需要时自动添加）。
- norisize：若指定了该选项，则不能调整框架的大小。

【例 2.22】　本例说明如何通过框架把浏览器窗口分割成 3 部分并分别显示一个网页，框架网页效果如图 2.22 所示。

【代码清单】

```
<!-- F:\js\chapter02\page2-22.html -->
<html>
<head><title>框架网页应用示例</title></head>
```

```
<frameset rows="58,*">
  <frame src="page2-22-top.html" />
  <frameset cols="120,*">
    <frame src="page2-22-left.html" />
    <frame src="page2-22-right.html" />
  </frameset>
</frameset>
<noframes>
<body><p>本网页中使用了框架，但您的浏览器不支持框架</p></body>
</noframes>
</html>
<!-- F:\js\chapter02\page2-22-top.html -->
<html>
<head><title>顶部框架文档</title></head>
<body bgcolor="#BBDDFF">
<p align="center">这是顶部框架</p>
</body>
</html>
<!-- F:\js\chapter02\page2-22-left.html -->
<html>
<head><title>左侧框架文档</title></head>
<body bgcolor="#FFCC33">
<p align="center">这是左侧框架</p>
</body>
</html>
<!-- F:\js\chapter02\page2-22-right.html -->
<html>
<head><title>右侧框架文档</title></head>
<body bgcolor="#FFCCFF">
<p align="center">这是右侧框架</p>
</body>
</html>
```

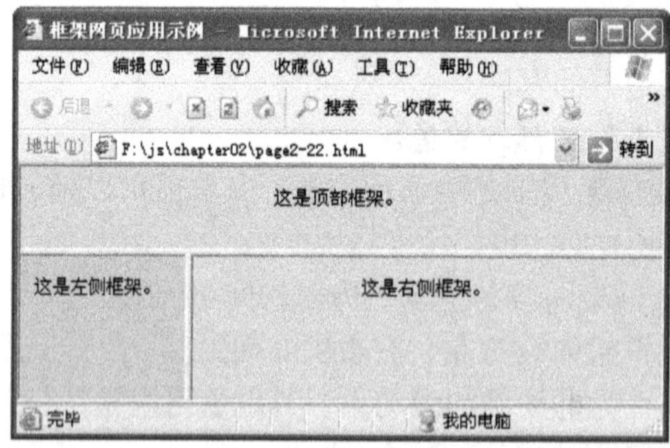

图 2.22 框架网页效果

2.7 用超链接实现导航

超链接是网页的灵魂。人们可以通过超链接从一个网页进入另一个网页，从一个网站进入另一个网站，从而充分体验到网上冲浪的乐趣。

2.7.1　超链接概述

超链接通常是指从一个网页指向一个目标文档的连接关系，该目标文档可以是另一个网页，也可以是同一网页上的不同位置，还可以是一个图片、一个电子邮件地址、一个 Word 文档、一段视频剪辑或一个 Flash 动画文件等，甚至可以是一个应用程序。目标文档与源网页既可以位于同一个网站中，也可以分别位于不同网站中。

在一个网页中用做超链接的对象，可以是一段文本或者是一个图片，也可以是一个 Flash 文本或 Flash 按钮等。当访问者单击包含超链接的文本或图片时，将在浏览器窗口中打开目标文档，并根据文档类型来显示或运行目标文档。

链接路径是指作为链接起点的文档到作为链接目标的文档之间的文件路径，可分为绝对路径和文档相对路径。

（1）绝对路径。绝对路径给出要链接的目标文档的完整 URL，而且包括访问该文档所使用的协议，对于网页通常使用 http://。例如，http://server/chapter02/page2-18.html 就是一个绝对路径。如果要链接到位于其他 Web 服务器上的文档，就必须使用绝对路径。

（2）文档相对路径。文档相对路径的基本思想是省略掉对于当前文档和所链接的文档都相同的绝对 URL 部分，而只提供不同的路径部分。通常有以下几种情况。

- 若要链接的目标文档与当前文档位于同一文件夹中，可直接输入文件名。
- 若要链接的目标文档位于子文件夹中，则应提供子文件夹的名称，后跟正斜杠“/”，然后输入文件名。
- 若要链接的目标文件位于父文件夹中，可在文件名前添加“../”，其中“..”表示文件夹层次结构中向上提升一级。例如，../image/bg.gif。

（3）站点相对路径。站点相对路径提供从站点的根文件夹到文档的路径，这种路径以一个斜线符号（/）开始，该符号表示当前站点的根文件夹。例如，/chapter02/page2-18.html。

除了使用绝对路径或文档相对路径创建文件链接外，还可以通过创建超链接来向指定地址发送电子邮件或执行 JavaScript 语句。在后面两种场合，分别需要在路径中包含协议名称“mailto:”或“javascript:”。

2.7.2　创建超链接

在 HTML 语言中，a 标记用于在网页中创建超链接，语法如下：

```
<a href="URL" name="string" target="string " title="string">文本或图像等</a>
```

a 元素是一个内嵌元素。除通用属性外，a 元素还具有以下属性。

- href：指定要连接的目标资源的 URL 地址，可以使用绝对路径、文档相对路径或电子邮件地址等。
- name：指定 a 元素的名称，可用于标识网页中的某个位置（锚点）。
- target：指定一个窗口或框架的名称，目标文档将在该窗口或框架中打开。
- title：指定指向链接时所显示的提示文本。

1. 创建各种形式的链接

使用 a 标记可以创建以下几种形式的链接。

（1）创建到文件链接，可分为以下两种情况。

➢ 若要链接到站点内的文件，应当把 a 元素的 href 属性设置为目标文件的文件相对路径或站点相对路径。

➢ 若要链接到站点外的文件，应当把 a 元素的 href 属性设置为目标文件的绝对路径（包含协议），例如，http://www.microsoft.com/china/community/default.mspx。

（2）创建命名锚记链接，应把 a 元素的 href 属性设置为“path#anchor_name”，其中 path 表示目标文档的路径，anchor_name 表示用 a 标记定义的锚记的名称（由 name 属性指定）。若命名锚记位于当前文档内，则 path 可以省略。

（3）创建邮件链接，应把 a 元素的 href 属性设置为“mailto:email?subject=主题&body=内容”，其中，email 表示电子邮件地址，subject 和 body 分别指定邮件的主题和内容。

（4）创建脚本链接，应把 a 元素的 href 属性设置为“javascript:”，并在后面附上 JavaScript 语句或函数调用，例如，“javascript:window.close();”。

（5）创建空链接，应把 a 元素的 href 属性设置为“#”、“javascript:;”或“vbscript:”，并根据需要把 a 元素的 onclick 属性设置为要执行的 JavaScript 语句，例如，“alert('hello!'); return false;”。

2. 指定在何处加载文档

创建文件链接时，通常需要通过 target 属性来指定将所链接的目标文档加载到哪个框架或窗口。该属性可以设置为一个窗口或框架的名称，也可以设置为以下保留目标名称。

➢ _blank：将目标文档加载到一个新的、未命名的浏览器窗口。

➢ _parent：将目标文档加载到该链接所在框架的父框架集或父窗口中。如果包含链接的框架不是嵌套的，则目标文档加载到整个浏览器窗口中。

➢ _self：将目标文档加载到该链接所在的同一框架或窗口中。这是默认值，通常不需要指定它。

➢ _top：将目标文档加载到整个浏览器窗口，从而删除所有框架。

【例 2.23】 本例说明如何在网页中创建各种形式的超链接，网页效果如图 2.23 所示。

图 2.23 创建超链接

【代码清单】

```
<!-- F:\js\chapter02\page2-23.html -->
<html>
<head>
```

```
<title>创建超链接</title>
</head>
<body>
<p><a href="http://www.hxedu.com.cn/" target="_blank">
<img src="../images/hx.jpg" alt="华信教育资源网" width="179" height="58"
border="0" /></a></p>
<p><a href="page2-14.html" target="_blank">欣赏视频</a>  
<a href="page2-15.html" target="_blank">欣赏 Flash 动画</a>  
<a href="mailto:editor@phei.com.cn">联系我们</a>  
<a href="javascript:window.close();">关闭窗口</a></p>
</body>
</html>
```

2.8　用表单实现交互

表单用于实现站点访问者与 Web 服务器的交互。访问者利用文本框、列表框、复选框以及单选按钮之类的表单域输入信息，通过单击提交按钮把这些信息提交给服务器进行处理，在交互过程中还可以通过客户端 JavaScript 脚本对表单信息进行检查和处理。

2.8.1　创建表单

在 HTML 语言中，使用 form 标记在网页中定义一个交互式表单。语法如下：

```
<form name="名称" method="HTTP 方法" action="URL" target="目标框架">
  在这里添加各种表单域
</form>
```

在一个网页中可以创建多个表单，每个表单都可以包含各种各样的表单域，例如，文本框、单选按钮、复选框、下拉菜单以及按钮等。站点访问者通过表单和表单域向服务器传递信息。除了通用属性外，form 元素还具有以下属性。

- name：指定表单的名称，在客户端脚本中通过该名称引用表单。
- method：指定发送表单的 HTTP 方法，其取值为 post 或 get，post 表示在 HTTP 请求中嵌入表单数据，get 表示将表单数据附加到请求页的 URL。
- action：指定处理表单的服务器端程序或动态网页的 URL 地址。
- enctype：指定发送表单的内容属性。
- target：指定用来显示表单处理结果的目标框架。
- onsubmit：指定提交表单时执行的客户端事件处理函数。通过“return funname()”形式指定要执行的客户端 JavaScript 函数，可以对将要提交的表单数据进行验证，如果该函数返回 false 值，则取消表单提交。
- onreset：指定重置表单时执行的客户端函数。

注意：

由于 URL 的长度限制在 8 192 个字符以内，所以不能使用 GET 方法发送大量的表单数据。如果发送的数据量太大，数据可能被截断，将无法得到预期的处理结果。

2.8.2 创建输入型表单域

为了让用户通过网页输入数据，可以使用 input 标记在表单内部添加各种输入型表单域，通过把 input 标记的 type 属性设置为不同的值，可以创建不同类型的表单域，包括文本框、密码框、单选按钮、复选框、文件域以及按钮等。input 标记的语法格式如下：

```
<input type="控件类型" name="控件名称" value="值" ... />
```

其中 type 属性指定表单域的类型，name 属性指定表单域的名称，value 属性指定表单域的值。下面根据 input 标记的 type 属性值对所生成的表单域进行讨论。

（1）当 type="text" 时，将创建一个单行文本框。此时可用 value 属性指定文本框的初始内容，在浏览器中加载网页时访问者可以在文本框中输入新的内容。提交表单时该文本框的名称和内容都将发送到服务器端。文本框还包含以下属性。

- size：指定文本框的宽度。
- maxlength：指定允许在文本框中输入的最大字符数。
- onblur：指定当文本框失去焦点时执行的脚本。

（2）当 type="password" 时，将创建一个密码框。密码框与文本框基本相同，所不同的是，当用户在密码框输入密码时通常会显示星号或圆点符号，以屏蔽输入的内容。

（3）当 type="radio" 时，将创建一个单选按钮。通常对若干个单选按钮设置相同的 name 属性，使用这些单选按钮可以构成一个单选按钮组。用户只能在单选按钮组中选择一个选项；当选择一个选项时，将自动取消对同一组中其他选项的选择。当提交表单时，单选按钮的 name 属性值和所选取的单选按钮的 value 属性值将被发送到服务器。如果对一个单选按钮设置了 checked 属性，则在浏览器中加载网页时该单选按钮处于选中状态。

（4）当 type="checkbox" 时，将创建一个复选框。如果访问者在网页中选择了某个复选框，则当提交表单时该复选框的 name 属性值和 value 属性值将被发送到服务器。如果对一个复选框设置了 checked 属性，则在浏览器中加载网页时该复选框处于选中状态。

（5）当 type="submit" 时，将创建一个提交按钮。此时 value 属性值用于指定显示在提交按钮上的标题文字。当单击一个提交按钮时，该提交按钮的 name 属性和 value 属性连同表单内的其他控件的值（不包括重置按钮）都将被发送到服务器上由表单的 aciton 属性指定的表单处理程序。

（6）当 type="reset" 时，将创建一个重置按钮。此时 value 属性值用于指定显示在重置按钮上的标题文字。当单击重置按钮时，表单内所有控件都将恢复其初始值。

（7）当 type="button" 时，将创建一个按钮。此时 value 属性值用于指定显示在重置按钮上的标题文字。通过 onclick 属性可以指定单击该按钮时执行的 JavaScript 语句。

（8）当 type="image" 时，将创建一个图像按钮，其作用与提交按钮类似。此时可以用 src 属性指定所使用图像的 URL 地址，还可以用 alt 属性为图像按钮指定提示文字。

（9）当 type="hidden" 时，将创建一个隐藏域。当在浏览器中加载网页时，隐藏域是不可见的，但提交表单时，会把隐藏域的 name 属性和 value 属性的值发送到服务器。

（10）当 type="file" 时，将创建一个文件域，文件域由一个文本框和一个“浏览”按钮组成，可用于从磁盘上查找和选择文件。此时可以用 size 属性指定文本框的宽度。如果一个表单中包含文件域，则要求把该表单的 enctype 属性设置为"multipart/form-data"。

【例 2.24】　本例说明如何在网页中创建一个注册表单，如图 2.24 所示。

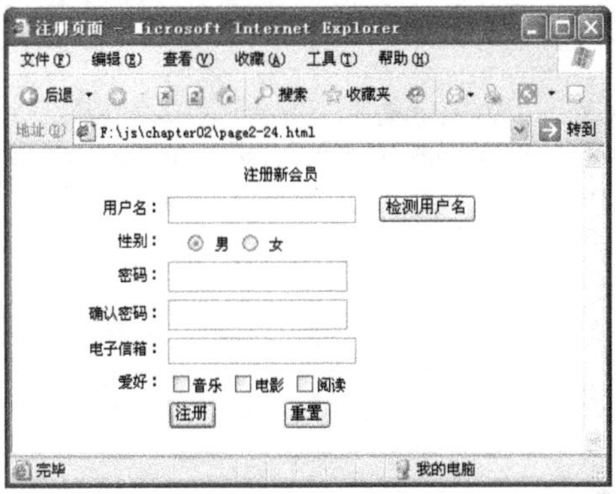

图 2.24　注册表单

【代码清单】

```
<!-- F:\js\chapter02\page2-24.html -->
<html>
<head>
<title>注册页面</title>
</head>
<body>
<form action="" method="post" name="form1">
  <table width="418">
    <caption>注册新会员</caption>
    <tr>
      <td width="110" align="right">用户名:</td>
      <td><input type="text" name="txtUsername" /> 
      <input type="button" name="btnCheckUsername" value="检测用户名" /></td>
    </tr>
    <tr>
      <td align="right">性别:</td>
      <td><input name="radGender" type="radio" value="男" checked="checked" />男
        <input type="radio" name="radGender" value="女" />女</td>
    </tr>
    <tr>
      <td align="right">密码:</td>
      <td><input type="password" name="txtPassword" /></td>
    </tr>
    <tr>
      <td align="right">确认密码:</td>
      <td><input type="password" name="txtConfirmPassword" /></td>
    </tr>
    <tr>
      <td align="right">电子信箱:</td>
      <td><input type="text" name="txtEmail" /></td>
    </tr>
    <tr>
      <td align="right">爱好:</td>
      <td><input name="chkHobby" type="checkbox" value="音乐" />音乐
          <input name="chkHobby" type="checkbox" value="电影" />电影
```

```
            <input name="chkHobby" type="checkbox" value="阅读" />阅读</td>
        </tr>
        <tr>
          <td align="right"> </td>
          <td><input type="submit" name="btnSubmit" value="提交" />
                 
          <input type="reset" name="btnReset" value="重置" /></td>
        </tr>
      </table>
    </form>
    </body>
    </html>
```

2.8.3 创建其他表单域

如前所述，使用 input 标记可以创建文本框、单选按钮、复选框以及按钮等表单域，允许访问者通过表单向服务器发送数据。除此之外，还可以使用以下几种表单域。

1．创建文本区域

在 HTML 语言中，textarea 标记用于创建文本区域，可以接受访问者输入多于一行的文本，语法如下：

```
<textarea name="名称" rows="高度" cols="宽度" readonly="readonly">初始内容
</textarea>
```

除了通用属性外，文本区域还具有以下属性。

- name：指定文本区域的名称。
- rows：指定文本区域的高度，以行为单位。
- cols：指定文本区域的宽度，以字符为单位。
- readonly：若设置此属性，则文本区域的内容为只读，不能被用户修改。

当提交表单时，文本区域的名称和内容将被发送到服务器。

2．创建列表框

列表框分为普通列表框和下拉式列表框。普通列表框可以同时显示多个选项并允许进行多重选择，当包含的选项比较多时，会自动出现一个滚动条；下拉式列表框也可以包含许多选项，但在浏览器中显示时仅显示一个选项，通过单击向下箭头可以弹出一个列表框以显示其他选项，只能从该列表框中选择一个选项。

在 HTML 语言中，可以使用<select>和<option>标记创建列表框，语法如下：

```
<select name="名称" size="数字" multiple="multiple">
  <option value="选项值" [selected="selected"]>选项文本</option>
  <option value="选项值" [selected="selected"]>选项文本</option>
  ...
</select>
```

除了通用属性外，select 元素还具有以下常用属性：

- name：指定列表框的名称。
- size：指定在列表框中显示的选项数目。若不设置 size 属性，将得到下拉式列表框；若把该属性设置为大于 1 的整数，则得到普通列表框。

- multiple：仅适用于普通列表框。若设置该属性，则列表框允许做多重选择。
- onchange：指定选定项发生变化时执行的事件处理程序。

option 元素具有以下常用属性。

- value：指定列表项的值。
- checked：若设置该属性，则在浏览器中加载网页时该选项处于选中状态。

当提交表单时，列表框的名称（select 元素的 name 属性）和所有选定项的值将被发送到服务器。

3. 创建字段集

在 HTML 语言中，可以使用 fieldset 标记对表单域进行分组，从而把表单细分为更小、更易于管理的字段集。fieldset 标记以 legend 标记开始，用于指定字段集的标题，在 legend 标记之后可以包含其他表单域，也可以嵌套 fieldset 元素。语法如下：

```
<fieldset>
  <legend>字段集标题</legend>
  字段集包含的表单域
</fieldset>
```

【例 2.25】　创建一个网页，其中包含一个用于填写用户资料的表单，如图 2.25 所示。

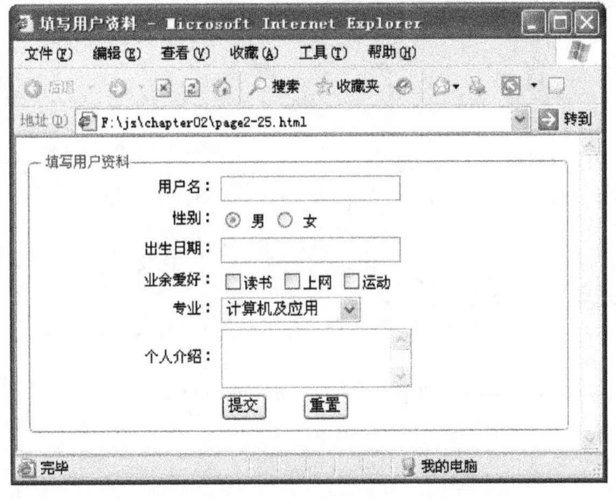

图 2.25　填写用户资料的表单

【代码清单】

```
<!-- F:\js\chapter02\page2-25.html -->
<html>
<head><title>填写用户资料</title></head>
<body>
<form id="form1" name="form1" method="post" action="">
  <fieldset>
  <legend>填写用户资料</legend>
  <table width="400">
  <tr>
    <td width="150" align="right">用户名:</td>
```

```
            <td><input type="text" name="txtUsername" id="txtUsername" /></td>
        </tr>
        <tr>
            <td align="right">性别:</td>
            <td><input name="radGender" type="radio" value="男" checked="checked" />男
                <input type="radio" name="radGender" value="女" />女</td>
        </tr>
        <tr>
            <td align="right">出生日期:</td>
            <td><input type="text" name="txtBirthDate" id="txtBirthDate" /></td>
        </tr>
        <tr>
            <td align="right">业余爱好:</td>
            <td><input type="checkbox" name="chkHobby" value="读书" />读书
                <input type="checkbox" name="chkHobby" value="上网" />上网
                <input type="checkbox" name="chkHobby" value="运动" />运动</td>
        </tr>
        <tr>
            <td align="right">专业:</td>
            <td><select name="lstMajor">
                <option value="计算机及应用">计算机及应用</option>
                <option value="计算机网络技术">计算机网络技术</option>
                <option value="多媒体技术应用">多媒体技术应用</option>
                <option value="电子商务">电子商务</option>
            </select>
            </td>
        </tr>
        <tr>
            <td align="right">个人介绍:</td>
            <td><textarea name="txtIntroduce" rows="3"></textarea></td>
        </tr>
        <tr>
            <td align="right"> </td>
            <td><input type="submit" name="btnSubmit" value="提交" />
                   
                <input type="reset" name="btnReset" value="重置" /></td>
        </tr>
        </table>
        </fieldset>
    </form>
    </body>
    </html>
```

习题 2

一、填空题

1. HTML 元素具有以下通用属性：_________，_________，_________，_________。

2. body 元素的属性：_________指定网页的背景颜色；_________指定网页中的默认文本颜色；

指定超链接文本的颜色；________指定网页的背景图像。

3. p 元素的 align 属性有以下取值：________，________，________，________。

4. 使用 font 标记时，_______属性指定文本的字体名称，_______属性指定字体大小，_______属性指定文本的颜色。

5. 设置字符样式的 HTML 标记：______设置粗体，______设置斜体，______设置下画线。

6. 在网页中创建表格时，_______标记用于定义表格整体，____标记定义一行，____标记定义一个普通数据单元格，____标记定义一个标题单元格。

7. 使用 form 标记创建表单时，________属性指定表单的名称，________属性指定发送表单的 HTTP 方法，_____属性指定处理表单的服务器程序的 URL，_____属性指定用来显示表单处理结果的目标框架。

8. 使用 input 标记创建表单域时，type 属性值决定控件的类型，_____表示创建文本框，_____表示创建单选按钮，_____表示创建复选框，_____表示创建提交按钮，_____表示创建重置按钮，_____表示创建隐藏域，_____表示创建文件域。

二、选择题

1. 关于列表格式的 HTML 标记，错误的是（　　）。

A. 用 ol 和 li 定义有序列表

B. 用 ul 和 li 定义无序列表

C. 用 ol 和 li 定义无序列表

D. 用 dl 和 dt 设置定义列表

2. 关于 img 标记，错误的是（　　）。

A. src 属性指定图像文件的 URL

B. height 属性和 width 属性的单位为像素或百分比（相对于当前浏览器窗口）

C. dynsrc 属性用于设置视频来源的 URL

D. loop 属性值为-1 表示无限循环

3. 关于添加媒体效果的 HTML 标记，错误的是（　　）。

A. marquee 标记在网页中插入一个滚动字幕

B. bgsound 标记用于在网页中添加背景音乐

C. embed 标记仅用于在网页中嵌入声音文件

D. applet 标记在网页中插入 Applet

4. 设置 table、tr 和 td 的属性时，若对同名属性设置了不同值，则优先顺序为（　　）。

A. table→tr→td　　B. table→td→tr

C. td→table→tr　　D. td→tr→table

5. 关于框架网页，错误的是（　　）。

A. frameset 标记用于定义一个框架集

B. 应将 frameset 标记置于 head 标记之后

C. rows 属性和 cols 属性可同时使用

D. frame 标记的 src 属性用于指定要显示的网页的 URL

6. 关于超链接，错误的是（　　）。

A. 创建文件链接时，应把 a 元素的 href 属性设置为目标文件的路径

B. 创建邮件链接时，a 元素的 href 属性应以“mailto:”开头

C. 创建脚本链接时，a 元素的 href 属性应以“javascript:”开头

D. 创建空链接时，a 元素的 href 属性应为空字符串（""）

7. 关于列表框，错误的是（　　）。

A. 对于 select 标记，若设置 size 属性，则得到普通列表框，否则得到下拉式列表框

B. multiple 属性仅适用于普通列表

C. 若对 option 元素设置 checked 属性，则该选项在加载网页时成为选中项

D. 对于 select 标记，onchang 属性指定单击某个选项时要执行的事件处理程序

上机实验 2　HTML 网页制作

【实验目的】

1. 掌握 HTML 语言基本原理，学会设置文本格式。
2. 掌握在网页中使用图像和各种媒体效果的方法。
3. 掌握在网页中制作表格和用框架分割窗口的方法。
4. 掌握用超链接实现导航和设计表单的方法。

【实验内容】

1. 编写一个 HTML 网页，用于实现图文绕排效果。
2. 编写一个 HTML 网页，要求添加背景音乐效果并插入一个滚动字幕。
3. 编写一个 HTML 网页，用于播放视频剪辑。
4. 编写一个 HTML 网页，要求添加一个表格并对单元格的属性进行设置。
5. 编写一个框架网页，要求在顶部、左侧和右侧三个框架中分别显示一个网页。
6. 编写一个 HTML 网页，添加一个用于填写用户资料的表单，要求包含文本框、单选按钮、复选框、文本区域、列表框、提交按钮和重置按钮。

第 3 章　CSS 样式表

通过第 2 章的介绍可以知道，超文本标记语言 HTML 是 Web 文档的规范，通过 HTML 标记可以定义各种页面元素，并通过 HTML 标记的属性对这些页面元素的格式进行设置。为了更精确地控制页面元素的样式并实现样式信息与页面内容的分离，还需要引入 CSS 层叠样式表。HTML、CSS 和 JavaScript 脚本语言一起组成了动态 HTML（DHTML），用于创建具有交互性的动态网页。本章讨论如何使用 CSS 样式表来控制页面元素，首先介绍 CSS 样式表的基本概念，然后详细讲述各种 CSS 属性的设置。

3.1　CSS 样式表概述

CSS 的全称为 Cascading Style Sheet，通常译为层叠样式表。CSS 是一种用于控制网页样式的标记性语言，通过 CSS 不仅可以将样式信息与页面内容分离，还可以控制许多仅使用 HTML 无法控制的属性。

3.1.1　什么是 CSS

CSS 是一组格式设置规则，用于控制网页元素的外观。通过使用 CSS 样式设置页面元素的格式，可以把页面内容与表示形式分离开。页面内容（即 HTML 代码）存放在 HTML 文件中，而用于定义代码表示形式的 CSS 规则存放在另一个文件（外部样式表）中，或存放在 HTML 文件的另一部分（通常为网页首部）。内容与表示形式分离使得从一个位置集中维护站点外观变得更加容易，因为进行更改时无须对每个页面上的每个属性都进行更新。内容与表示形式分离还会可以得到更加简练的 HTML 代码，从而缩短页面的加载时间。

使用 CSS 可以更精确地控制页面元素的外观。使用 CSS 可以控制许多文本属性，包括特定字体和字号，粗体、斜体、下画线和文本阴影，文本颜色和背景颜色以及链接颜色和链接下画线等。通过使用 CSS 控制页面字体，还可以确保在多个浏览器中以更一致的方式处理页面布局和外观。

除设置文本格式外，还可以使用 CSS 控制网页中块级元素的格式和定位。块级元素是一段独立的内容，在 HTML 中通常由一个新行分隔，并在视觉上设置为块的格式。例如，h1 标记、p 标记和 div 标记都在网页上生成块级元素。对块级元素可以执行以下操作：为它们设置边距和边框、将它们放置在特定位置、对它们设置背景颜色、在它们周围设置浮动文本等。对块级元素进行操作的方法实际上就是使用 CSS 进行页面布局设置的方法。

术语“层叠”表示对同一个页面元素应用多种样式的能力。例如，可以创建一个 CSS 规则来应用颜色，创建另一个 CSS 规则来应用边距，然后将两者应用于页面上的同一个文本。所定义的样式向下“层叠”到页面元素，并最终实现想要的设计。

CSS 的主要优点在于它提供了便利的更新功能。设计网站时，可以创建一些 CSS 样式表文件，然后将网站中的所有网页都连接到该样式表文件，这样很容易为网站内的所有网页提供一致的外观和风格。当更新某一样式属性时，使用该样式的所有网页的格式都会自动更新为新样式，而不必逐页进行修改。此外，在浏览器中加载网页之后，还可以通过 JavaScript 脚本对 CSS 属性进行设置，以实现页面元素的更新，从而使网页具有动感效果。

CSS 样式表由一些规则组成，每个规则由选择符和属性声明两个部分组成，其中选择符用于标识格式元素（如 p、h3、类名或 id），属性声明则用于定义元素的样式。定义 CSS 规则的语法如下：

```
选择符{属性:值;属性:值;...}
```

属性声明用花括号括起来，其内容由一些属性-值对组成，属性名称与属性值用冒号（:）分隔，不同属性-对用分号（;）分隔。

当在 HTML 网页中定义 CSS 规则时，应把规则定义放在<style>与</style>标记之间；如果使用单独的 CSS 文件中，则可以直接定义规则，而不必使用<style>标记。

例如，下面的 CSS 规则用于定义 div 元素的字体、字号和颜色样式：

```
div{font-family:"华文行楷";font-size:16px;color:#FF0000;}
```

在上述例子中，使用 HTML 标记名称 div 作为选择符，位于花括号中的内容都是 CSS 规则声明。上述 CSS 规则为 div 标记创建了一个特定的样式，网页中的所有 div 元素自动应用此样式，文本都使用华文行楷字体显示，字号为 16 像素，文本颜色为红色。

【例 3.1】 本例说明如何使用 CSS 样式设置网页文本的格式，效果如图 3.1 所示。

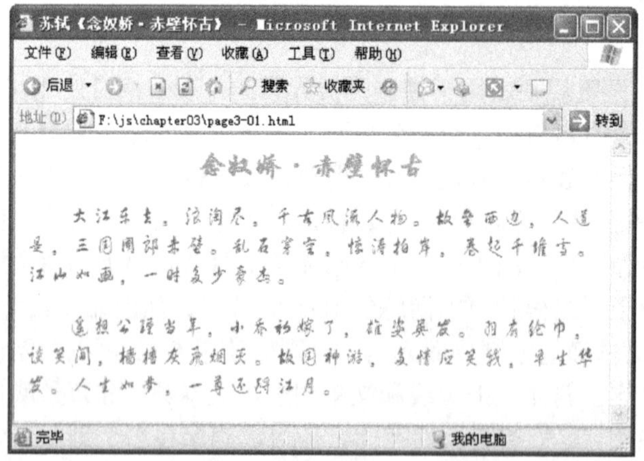

图 3.1 用 CSS 样式设置网页文本的格式

【代码清单】

```
<!-- F:\js\chapter03\page3-01.html -->
<html>
<head>
<title>苏轼《念奴娇·赤壁怀古》</title>
```

```
<!-- 在网页首部创建 CSS 样式表 -->
<style type="text/css">
<!--
  h3{font-family:"华文行楷"; font-size:18pt; text-align:center; color:#FF9900;}
  p{font-family:"方正黄草"; text-indent:2em; font-size:14pt; color:#0066FF;}
-->
</style>
</head>
<body>
<!-- h3 和 p 元素将自动应用上面定义的 CSS 样式 -->
<h3>念奴娇 · 赤壁怀古</h3>
<p>大江东去，浪淘尽，千古风流人物。故垒西边，人道是，三国周郎赤壁。乱石穿空，惊涛拍岸，卷起千堆雪。江山如画，一时多少豪杰</p>
<p>遥想公瑾当年，小乔初嫁了，雄姿英发。羽扇纶巾，谈笑间，樯橹灰飞烟灭。故国神游，多情应笑我，早生华发。人生如梦，一尊还酹江月 </p>
</body>
</html>
```

3.1.2　CSS 选择符

定义 CSS 样式时，可以使用各种类型的选择符。选择符主要有以下几种类型。

1．类型选择符

类型选择符用于选择以特定 HTML 标记定义的页面元素。使用类型选择符定义 CSS 规则的语法如下：

```
tagName{属性:值; 属性:值; ...}
```

其中，tagName 表示某个 HTML 标记的名称。使用特定的 HTML 标记作为选择符，可以对这个 HTML 标记的外观样式进行重新定义，由此定义的 CSS 样式将自动应用于页面中所有通过该标记定义的元素。

在下面的例子，通过创建 CSS 规则对 input 标记的外观样式进行重新定义，网页中所有用 input 标记定义的表单控件都将被自动更新。

```
input{font-family:"宋体"; font-size:9pt;}
```

2．类选择符

类选择符用于选择具有特定 class 属性的页面元素。使用类选择符定义 CSS 规则时，有以下两种语法格式：

```
*.className{属性:值; 属性:值;...}
tagName.className{属性:值; 属性:值;...}
```

其中，className 指定类选择符的名称，tagName 表示某个 HTML 标记名称。

当使用“*”作为类选择符的前缀时，若要应用所定义的类样式，把元素的 class 属性设置为此选择符的名称即可。此类样式可以应用于所有页面元素。此处的星号也可以省略。

当使用某个 HTML 标记作为类选择符的前缀时，若要应用所定义的类样式，把元素的 class 属性设置为此选择符的名称即可；不过，此类样式只能应用于页面上的特定 HTML 元素（由 tagName 指定）。

例如，在 CSS 样式表中定义以下两个类样式：

```
.style1{color:#FF0000;}
div.style2{color:#0000FF;}
```

样式 style1 可以应用于所有 HTML 元素，样式 style2 则只能应用于 div 元素。例如：

```
<h3 class="style1">应用 style1 样式的标题文字</h3>
<div class="style2">应用 style2 样式的文字</div>
```

3. id 选择符

id 选择符用于选择具有特定 id 属性的元素。使用 id 选择符定义 CSS 规则的语法如下：

```
#className{属性:值;属性:值;...}
tagName#className{属性:值;属性:值;...}
```

其中，className 指定 id 选择符的名称，tagName 表示某个 HTML 标记名称。

若要应用第一种语法格式所定义的样式，把页面元素的 id 属性设置为此选择符名称即可；对于第二种语法格式所定义的样式，也是通过 id 属性应用于页面元素，但此样式只能应用于特定标记定义的元素（由 tagName 指定）。

例如，在 CSS 样式表中定义以下两个类：

```
#style1{font-size:12px;}
p#style2{font-family:"华文行楷";}
```

样式 style1 可以应用于所有 HTML 元素，样式 style2 则只能应用于 div 元素。例如：

```
<span id="style1">应用 style1 样式的文字</span>
<p id="style2">应用 style2 样式的文字</p>
```

4. 包含选择符

包含选择符由 E1 和 E2 两个选择符组成，用于选择所有被 E1 包含的 E2。使用包含选择符定义 CSS 规则时，语法如下：

```
E1 E2{属性:值;属性:值;...}
```

其中 E1 和 E2 可以是 HTML 标记名称、类选择符或 id 选择符。

例如，若只想让 h1 元素中的斜体文字变成蓝色，可以在 CSS 样式表中定义以下规则：

```
h1 em{color:blue;}
```

在这个例子中，包含选择符由 h1 和 em 两个 HTML 标记组成，此选择符用于包含在 h1 标题中的 em 元素，而不是 h1 元素本身。

下面给出使用包含选择符的另一些例子。

```
div p{font-family:"Courier New"; font-size:small;}
.reddish h3{color:red;}
#style1 span{background:blue;}
div.side h1{font-size:large;}
```

5. 选择符分组

定义 CSS 规则时，可以把相同的定义应用于多个选择符，此时应以逗号分隔的方式把这些选择符合并为一组，语法如下：

```
E1, E2, E3{属性:值;属性:值;...}
```

例如，下面的 CSS 规则把 body、td、th、input 等元素的字号一并设置为 9 磅：

```
body, td, th, input, textarea, select{font-family:"宋体"; font-size:9pt;}
```

6．伪类选择符

为了延伸 CSS 样式的表现形式，在 CSS 中引入了伪类的概念。伪类与其他选择符一起构成 CSS 选择符，称为伪类选择符。下面介绍一组由 a 标记和伪类组成的伪类选择符。

```
a:link{属性:值; 属性:值; ...}        /* 设置 a 元素在未被访问前的 CSS 属性 */
a:hover{属性:值; 属性:值; ...}       /* 设置 a 元素在其鼠标指针悬停时的 CSS 属性 */
a:active{属性:值; 属性:值; ...}      /* 设置 a 元素在被激活时的 CSS 属性 */
a:visited{属性:值; 属性:值; ...}     /* 设置 a 元素在其链接地址被访问过时的 CSS 属性 */
```

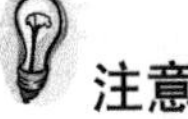

注意：

激活是指在鼠标单击与释放之间发生的事件。

例如，为了设置超链接的外观，可以在网页首部定义以下 CSS 样式。

```
/* 未访问链接文本不带下画线 */
a:link{text-decoration:none;}
/* 用鼠标指针指向链接时，其文本呈蓝色，带下画线 */
a:hover{text-decoration:underline; color:blue;}
/* 用鼠标单击链接但未释放鼠标时，其文本呈红色 */
a:active{color:red;}
/* 已访问链接文本不带下画线，呈深灰色 */
a:visited{text-decoration:none; color:#666666;}
```

3.1.3　CSS 单位

在定义 CSS 规则时，经常遇到对 CSS 属性值选择单位的问题。在设置各种 CSS 属性之前，需要对 CSS 中常用的长度、百分数和颜色单位有所了解。

长度单位是网页设计中最常用的单位。通过 CSS 可以精确地设置页面元素的高度、宽度、上边距、下边距、左边距、右边距、边框粗细、字号大小，所有这些都离不开长度单位的应用。长度单位可以分为绝对长度单位和相对长度单位两种。

（1）绝对长度单位。CSS 中常用的绝对单位：cm（厘米）、mm（毫米）、in（英寸）、点（pt）、pc（派卡）。这些单位之间的换算关系如下。

1in＝2.54cm

1cm＝0.3937in

1mm＝0.1cm

1pt＝1/72in＝0.3478mm

1pc＝12pt＝1/6in

（2）相对长度单位。CSS 中的相对长度单位：px（像素）、em 和 ex。

- px：表示像素。像素是相对于显示器屏幕分辨率而言的。例如，Windows 用户所使用的分辨率一般是 96px/in，而 Mac 的用户所使用的分辨率一般是 72px/in。

- em：表示字体高。em 单位相对于当前元素内文本的字体大小，具体来说 em 代表的高度就是大写字母 M 或 H 的高度。若当前未设置行内文本的字体大小，则相对于浏览器的默认字体大小。假设 h1 元素的字体大小为 1.5em，若把页面默认字体大小为 9pt，则显示 h1 元素时所用的字体大小为 9pt×1.5＝13.5pt；若把页面默认字体大小为 12pt，则显示 h1 元素时所用的字体大小为 12pt×1.5＝18pt。
- ex：表示字母 x 的高度。此高度通常为字体大小的一半。若当前未设置行内文本的字体大小，则相对于浏览器的默认字体大小。

（3）百分数单位。百分数单位百分号“%”表示。百分数值总是相对于另一个值而言的，这个参照值可以是长度单位或其他单位。对于每个可以使用百分数单位的属性，这个参照值通常就是该元素的字体大小。

例如，下面的 CSS 规则通过 line-height 属性来指定段落文本的行高。

```
p{line-height:150%}
```

若段落文本的字体大小为 12pt，则行高就是 12pt×150%＝18pt。

（4）颜色单位。在 CSS 中，有以下三种颜色单位。

- #RRGGBB：3 个两位十六进制正整数。这些正整数的取值范围为 00～FF。
- rgb (R, G, B)：其中 R、G、B 分别表示红、绿、蓝的正整数或百分数。以上 3 个参数，正整数值的取值范围为 0～255；百分数值的取值范围为 0.0%～100.0%。超出范围的数值将被截至其最接近的取值极限。并非所有浏览器都支持使用百分数值。
- 颜色名称：例如，红、绿、蓝分别用 red、green 和 blue 表示。不同的浏览器有不同的预定义颜色名称。

3.1.4 CSS 的应用

按照存储位置，CSS 样式表分为内嵌样式表和外部样式表，前者包含在网页首部，后者存储在单独的样式表文件（.css）中，此外还可以在 HTML 元素中通过 style 属性直接设置各种 CSS 属性。

1．应用内嵌 CSS 样式表

内嵌 CSS 样式表是一系列包含在 HTML 文档首部的<style>与</style>标记之间的 CSS 规则。style 元素用于定义页面的样式表，语法如下：

```
<style type="text/css">
<!--
  样式表内容
-->
</style>
```

style 元素只能在 HTML 文档的首部使用。Internet Explorer 4.0 及以后版本允许多个样式块。在一个网页中定义的样式表，只能应用于当前网页内的元素。

2．外部 CSS 样式表

CSS 样式表的内容也可以存储在独立的文件中，其文件扩展名为.css。使用外部样式表文件的最大优点在于可以把 CSS 规则应用于站点内的多个网页，从而确保站点网页外观的一致性。当编辑外部样式表时，链接到该样式表的所有文档会全部更新以反映所做的更改。

若要在一个网页中应用外部样式表，可以在页面首部使用 link 标记链接到外部样式表，语法如下：

```
<link href="URL" rel="stylesheet" type="text/css" />
```

其中，href 属性指定要链接的外部样式表文件的路径。

不论是内嵌样式表还是附加到网页上的外部样式表，对页面元素应用 CSS 规则的方法都是一样的。

- 若以类选择符定义 CSS 规则，则该规则通过设置 class 属性应用于页面元素。
- 若以 id 选择符定义 CSS 规则，则该规则通过设置 id 标识符应用于页面元素。
- 若以 HTML 标记或 a:link 等伪类作为选择符定义 CSS 规则，则该规则自动应用于所有通过此标记定义的元素。

3. 内联 CSS 样式

内联 CSS 样式是通过 style 属性在 HTML 标记的特定实例中定义的，可以出现在整个 HTML 文档内。语法如下：

```
<tagName style="属性:值; 属性:值; ..."></tagName>
<tagName style="属性:值; 属性:值; ..." />
```

例如，下面的<input>标记通过 style 属性设置了提交按钮的字体、字号和文字颜色：

```
<input type="submit" name="btnSubmit"
  value="提交" style="font-family:宋体; font-size:9pt; color:#0000FF" />
```

对于同一个页面元素，如果同时通过设置 id、class 和 style 属性应用了不同的 CSS 样式规则，则作用的优先顺序：style 属性最高，id 属性次之，class 属性更次之。如果外部样式表和内嵌样式表定义了相同选择符的 CSS 规则，则内嵌样式表优先于外部样式表。

3.2　设置 CSS 属性

要通过 CSS 样式规则来控制网页的外观，就需要对各种各样的 CSS 属性进行设置。按照功能，CSS 属性可以分为字体、背景、区块、方框、边框、列表、定位和扩展等类别。下面对这些属性及其设置方法加以介绍。

3.2.1　设置字体属性

与字体相关的常用 CSS 属性包括：font-family（字体名称），font-size（字体大小），color（文本颜色），font-style（字体样式），line-height（行高），font-weight（字体粗细），text-transform（字母大小写），text-decoration（文本修饰）。

1. 设置字体名称

font-family 属性用于设置或检索用于元素中文本的字体名称序列，可以指定一组字体名称，字体名称按优先顺序排列，以逗号分隔。若字体名称包含空格，则应使用引号括起来。

font-family 属性的脚本特性为 fontFamily。也就是说，在 JavaScript 脚本代码中，可以通过“document.getElementById(id).style.fontFamily”形式来设置或获取 font-family 属性的值。

示例：

```
span{font-family:楷体_GB2312, 宋体, Courier, "Courier New", "Times New Roman";}
```

2．设置字体大小

font-size 属性用于设置或检索元素中的字体大小，可以使用 px、pt、cm、em 等为单位的长度值或百分数（基于父元素中字体的大小），也可以使用 xx-small、x-small、smaller、small、medium、large、larger、x-large 或 xx-large。font-size 属性的脚本特性为 fontSize。

示例：

```
p{font-size:9pt;}
p.sub{font-size:20%;}
```

3．设置字体样式

font-style 属性用于设置或检索元素中的字体样式，取值如下。

- normal：正常显示，这是默认值。
- italic：斜体显示。
- oblique：斜体显示。

font-style 属性的脚本特性为 fontStyle。

示例：

```
p{font-style:normal;}
.italicText{font-style:italic;}
```

4．设置文本颜色

color 属性用于设置或检索元素的文本颜色，可以通过#RRGGBB、rgb(R, G, B)或颜色名称指定。color 属性的脚本特性为 color。

示例：

```
div{color:#345456;}
p{color:rgb(100, 121, 200);}
span{color:blue;}
```

【例 3.2】 本例说明如何使用 CSS 属性设置文本的字体、字体大小、字体样式和文本颜色，如图 3.2 所示。

【代码清单】

```
<!-- F:\js\chapter03\page3-02.html -->
<html>
<head>
<title>用 CSS 属性设置字体</title>
<style type="text/css">
<!--
  .text1{font-family:"华文行楷", "楷体_GB2312";
              font-size:20pt; color:#99CC00;}
  .text2{font-family:"方正静蕾简体","宋体";
```

```
                font-size:22px; color:#6699FF; font-style:italic;}
    .text3{font-family:"华文隶书","方正黄草_GBK";
                font-size:26px; color:#CC99CC;}
    .text4{font-family:Webdings, "Times New Roman";
                font-size:1.2cm; color:#9DACBF;}
-->
</style>
</head>
<body>
<div align="center">
<p class="text1">华文行楷,楷体_GB2312</p>
<p class="text2">方正静蕾简体,宋体</p>
<p class="text3">华文隶书,方正黄草_GBK</p>
<p class="text4">ABCDEFGHI</p>
</div>
</body>
</html>
```

5．设置行高

line-height 属性用于设置或检索元素的行高，即字体最底端与字体内部顶端之间的距离。该属性值可以是 normal（默认行高），也可以是长度值或百分数（基于字体的高度），并允许取负值。line-height 属性的脚本特性为 lineHeight。

示例：

```
p{font-size:9pt; line-height:2em;}
div{line-height:16pt;}
div.pp{font-size:9pt; line-height:200%;}
```

【例 3.3】　本例说明如何使用 CSS 属性设置行高，如图 3.3 所示。

图 3.2　设置文本的字体、字体大小、字体样式和文本颜色

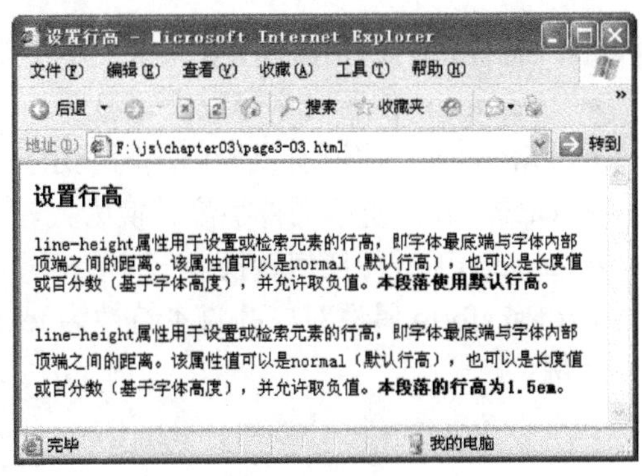

图 3.3　设置行高

【代码清单】

```
<!-- F:\js\chapter03\page3-03.html -->
<html>
<head>
<title>设置行高</title>
<style type="text/css">
  .lh1{line-height:normal;}
  .lh2{line-height:1.5em;}
```

```
</style>
</head>
<body>
<h3>设置行高</h3>
<p class="lh1">line-height 属性用于设置或检索元素的行高，即字体最底端与字体内部顶端之间的距离。该属性值可以是 normal（默认行高），也可以是长度值或百分数（基于字体高度），并允许取负值。<strong>本段落使用默认行高</strong></p>
<p class="lh2">line-height 属性用于设置或检索元素的行高，即字体最底端与字体内部顶端之间的距离。该属性值可以是 normal（默认行高），也可以是长度值或百分数（基于字体高度），并允许取负值。<strong>本段落的行高为 1.5em</strong></p>
</body>
</html>
```

6．设置字体粗细

font-weight 属性用于设置或检索元素中文本字体的粗细，取值如下。

- normal：正常字体，相当于数字 400。
- bold：粗体，相当于数字 700，与 strong 标记作用相同。
- bolder：特粗体。
- lighter（细体）。

此外，也可以使用数字设置字体粗细，可以是 100、200、300、400、500、600、700、800 或 900；数字越大，字体越粗。

font-weight 属性的脚本特性为 fontWeight。

示例：

```
span{font-weight:800;}
```

7．设置字母大小写

text-transform 属性用于设置元素文本中字母的大小写，取值如下。

- upercase：使所有字母以大写显示。
- lowercase：使所有字母以小写显示。
- capitalize：使单词首字母转换为大写。
- none：不进行任何转换。

text-transform 属性对应的脚本特性为 textTransform。

示例：

```
div{text-transform:uppercase;}
```

8．修饰文本

text-decoration 属性用于设置或检索元素中文本的修饰，取值如下。

- underline：对文本添加下画线。
- overline：对文本添加上画线。
- line-throungh：对文本添加删除线。
- blink：文本闪烁。
- none：前面几种效果均不产生。

除 none 外，其他几种值可以同时使用，值之间用空格分隔。

text-decoration 属性的脚本特性为 textDecoration。

示例：

```
a:hover{text-decoration:underline overline;}
/* 指向链接时添加下画线和上画线 */
```

【例 3.4】　本例说明如何使用 CSS 属性设置字母大小写和文本修饰，如图 3.4 所示。

图 3.4　设置字母大小写和文本修饰

【代码清单】

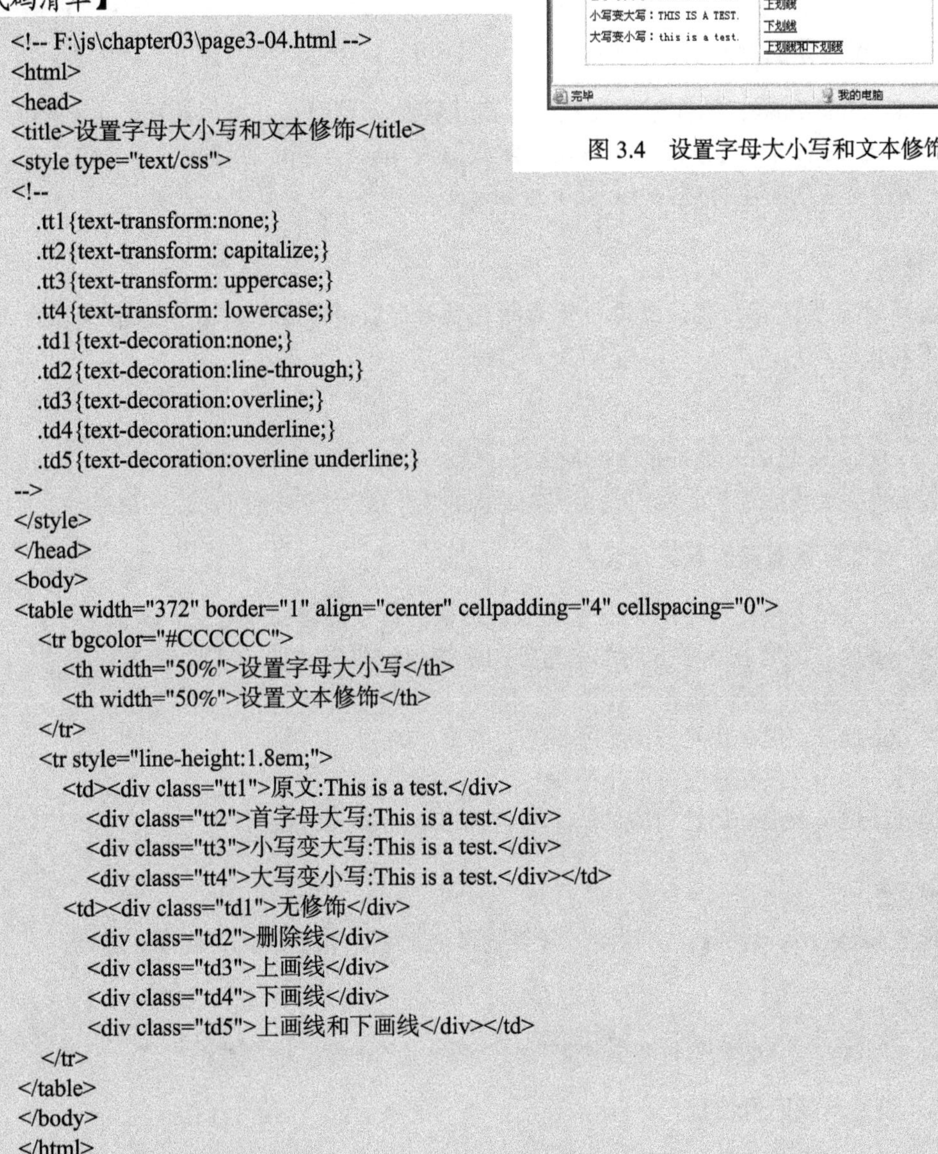

```
<!-- F:\js\chapter03\page3-04.html -->
<html>
<head>
<title>设置字母大小写和文本修饰</title>
<style type="text/css">
<!--
  .tt1{text-transform:none;}
  .tt2{text-transform: capitalize;}
  .tt3{text-transform: uppercase;}
  .tt4{text-transform: lowercase;}
  .td1{text-decoration:none;}
  .td2{text-decoration:line-through;}
  .td3{text-decoration:overline;}
  .td4{text-decoration:underline;}
  .td5{text-decoration:overline underline;}
-->
</style>
</head>
<body>
<table width="372" border="1" align="center" cellpadding="4" cellspacing="0">
  <tr bgcolor="#CCCCCC">
    <th width="50%">设置字母大小写</th>
    <th width="50%">设置文本修饰</th>
  </tr>
  <tr style="line-height:1.8em;">
    <td><div class="tt1">原文:This is a test.</div>
      <div class="tt2">首字母大写:This is a test.</div>
      <div class="tt3">小写变大写:This is a test.</div>
      <div class="tt4">大写变小写:This is a test.</div></td>
    <td><div class="td1">无修饰</div>
      <div class="td2">删除线</div>
      <div class="td3">上画线</div>
      <div class="td4">下画线</div>
      <div class="td5">上画线和下画线</div></td>
  </tr>
</table>
</body>
</html>
```

3.2.2　设置背景属性

与背景设置相关的 CSS 属性包括：background-color（背景颜色），background-image（背

景图像），background-repeat（背景图像重复方式），background-position（背景图像位置）。

1．设置背景颜色

background-color 属性用于设置或检索元素的背景颜色，可以设置为某种颜色，默认值为 transparent（表示透明）。background-color 属性对应的脚本特性为 backgroundColor。

示例：

```
div{background-color:rgb(223,71,177); color:purple;}
span{background-color:#98AB6F;}
```

2．设置背景图像

background-image 属性用于设置或检索元素的背景图像，可以使用"url(绝对地址或相对地址)"形式来指定背景图像的路径，默认值为 none，表示不使用背景图像。background-image 属性对应的脚本特性为 backgroundImage。

注意：

当同时设置网页的背景图像与背景颜色属性时，背景图片将覆盖于背景颜色之上，此时看不到背景颜色。

示例：

```
body{background-image:url("images/bg.gif");}
div{background-image:url(http://www.fred.com/images/image01.jpg);}
```

3．设置背景图像的重复方式

background-repeat 属性用于设置或检索元素的背景图像如何重复，取值如下。

- repeat：同时在水平方向和垂直方向平铺，这是默认值。
- no-repeat：不平铺。
- repeat-x：仅在水平方向上平铺。
- repeat-y：仅在垂直方向上平铺。

background-repeat 属性对应的脚本特性为 backgroundRepeat。

注意：

设置 background-repeat 属性时，必须先指定元素的 background-image 属性。

示例：

```
body{background-image:url("images/aardvark.gif");background-repeat:repeat-y;}
```

4．设置背景图像位置

background-position 属性用于设置或检索元素的背景图像的位置，取值如下。

- top：顶端对齐。
- middle：垂直居中对齐。
- bottom：底部对齐。

➢ left：左对齐。
➢ center：水平居中对齐。
➢ right：右对齐。

background-position 属性对应的脚本特性为 backgroundPosition。

注意：

当设置元素的背景图像位置时，必须先设置元素的背景图像（background-image 属性）。也可以用一个或两个长度值或百分数来指定背景图像的位置，若只指定了一个值，则该值用于横坐标，纵坐标将默认为 50%。若指定了两个值，则分别用于横坐标和纵坐标。

示例：

```
    body{background-image:url("images/bg.gif");
background-position:top right;}
    div{background-image:url("images/bg.gif");
background-position:35% 80%;}
```

【例 3.5】　本例说明如何使用 CSS 属性设置背景颜色和背景图像，如图 3.5 所示。

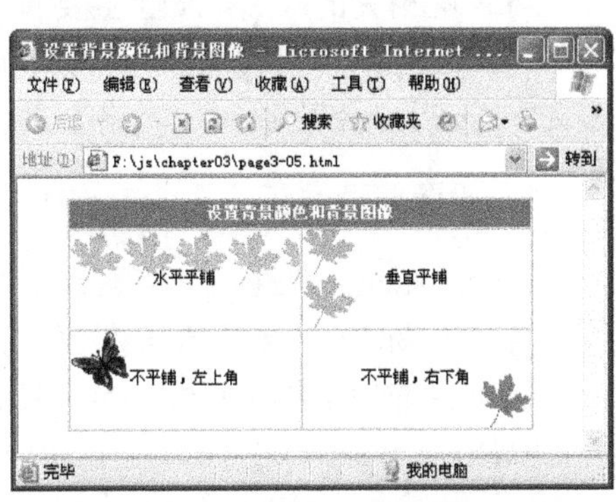

图 3.5　设置背景颜色和背景图像

【代码清单】

```
<!-- F:\js\chapter03\page3-05.html -->
<html>
<head>
<title>设置背景颜色和背景图像</title>
<style type="text/css">
<!--
  .bg1{background-color:#996600; color:#FFFFFF}
  .bg2{background-image:url(../images/bg01.gif);
          background-repeat:repeat-x; background-position:left top;}
  .bg3{background-image:url(../images/bg02.gif);
          background-repeat:repeat-y; background-position:left bottom;}
  .bg4{background-image:url(../images/bg03.gif);
          background-repeat:no-repeat;background-position:left top;}
  .bg5{background-image:url(../images/bg04.gif);
          background-repeat:no-repeat;background-position:right bottom;}
-->
</style>
</head>

<body>
<table width="356" border="1" align="center" cellpadding="3" cellspacing="0">
  <tr>
    <th colspan="2" class="bg1" scope="col">设置背景颜色和背景图像</th>
  </tr>
  <tr>
    <td height="66" align="center" class="bg2">水平平铺</td>
    <td height="66" align="center" class="bg3">垂直平铺</td>
  </tr>
  <tr>
```

```
        <td height="66" align="center" class="bg4">不平铺,左上角</td>
        <td height="66" align="center" class="bg5">不平铺,右下角</td>
    </tr>
</table>
</body>
</html>
```

3.2.3 设置区块属性

与区块相关的 CSS 属性主要包括：word-spacing（单词间距），letter-spacing（字母间距），text-align（文本水平对齐方式），vertical-aign（元素内容垂直对齐方式），text-indent（文本缩进），white-space（空格处理方式），display（元素显示方式）。

1．设置单词间距

word-spacing 属性用于检索或设置元素中的单词之间插入的空格数，可以设置为由浮点数字和单位标识符组成的长度值，允许为负值，默认值为 normal（正常间距）。word-spacing 属性对应的脚本特性为 wordSpacing。

示例：

```
div{word-spacing:10px;}
```

2．设置字母间距

letter-spacing 属性用于检索或设置元素中的文字之间的间隔，可以设置为由浮点数字和单位标识符组成的长度值，允许为负值，默认值为 normal（正常间距）。word-spacing 属性将指定的间隔添加到每个字之后，但最后一个字将被排除在外。letter-spacing 属性对应的脚本特性为 letterSpacing。

示例：

```
div, p, span{letter-spacing:6px;}
```

3．设置水平对齐方式

text-align 属性用于设置或检索元素中文本的水平对齐方式，仅适用于块级元素，如 p、h1～h6 以及 ul 等，取值如下。

- left：左对齐，这是默认值。
- center：居中对齐。
- right：右对齐。
- justify：两端对齐。

text-align 属性对应的脚本特性为 textAlign。

示例：

```
div{text-align:center;}
```

4．设置垂直对齐方式

vertical-align 属性用于设置或检索元素内容的垂直对齐方式，取值如下。

➢ auto：根据 layout-flow 属性的值对齐元素内容。
➢ baseline：元素内容与基线对齐，这是默认值。
➢ sub：垂直对齐文本的下标。
➢ super：垂直对齐文本的上标。
➢ top：元素内容与元素顶端对齐。
➢ text-top：元素的文本与元素顶端对齐。
➢ middle：元素内容与元素中部对齐。
➢ bottom：元素内容与元素底端对齐。
➢ text-bottom：元素的文本与元素顶端对齐。

此外，也可以设置为长度值或百分数，并允许为负数。

vertical-align 属性对应的脚本特性为 verticalAlign。

示例：

```
td, th{vertical-align:middle;}
```

5．设置文本缩进

text-indent 属性用于设置或检索元素中文本的缩进量，可以设置为长度值或百分数，允许为负值。默认值为 0。text-indent 属性对应的脚本特性为 textIndent。

示例：

```
p{font-family:宋体; font-size:9pt; text-indent:2em;}
```

6．设置空格处理方式

white-space 属性用于设置或检索元素内空格的处理方式，取值如下。

➢ normal：将多个空格折叠成一个，文本自动处理换行。
➢ pre：不折叠空格，换行符和其他空白字符受到保护。
➢ nowrap：强制在同一行内显示所有文本，直到文本结束或遇到
标记。

white-space 属性对应的脚本特性为 whiteSpace。

示例：

```
div, span, p{white-space:nowrap;}
```

7．设置元素的显示方式

display 属性用于设置或检索元素是否及如何显示，取值如下。

➢ block：元素强制作为块级元素呈现并在其后添加新行，这是块级元素的默认值。
➢ inline：元素强制作为内嵌元素呈现并从其中删除行，这是内嵌元素的默认值。
➢ ist-item：把块级元素指定为列表项目，并且可以添加项目标记。
➢ none：把元素隐藏起来。

display 属性对应的脚本特性为 display。

示例：

```
p{display:inline;}                    /* 把块级元素 p 转换为行内元素 */
span{display:block;}                  /* 把行内元素 span 转换为块级元素 */
```

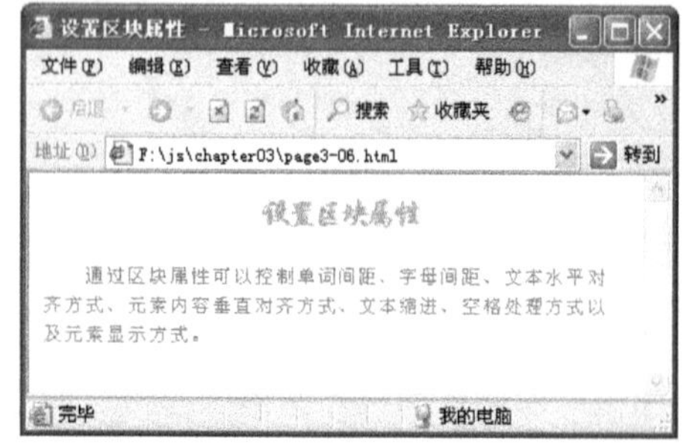

图 3.6　设置区块属性

【例 3.6】　本例说明如何通过区块属性设置字间距、文本缩进和对齐方式，如图 3.6 所示。

【代码清单】

```
<!-- F:\js\chapter03\page3-06.html -->
<html>
<head>
<title>设置区块属性</title>
<style type="text/css">
<!--
  h3{font-family:"华文行楷"; font-size:22px;
      color:#FF9933; text-align:center; letter-spacing:-0.35em;
}
  p{font-size:12px; color:#0099CC;
    letter-spacing:2px; text-indent:28px; line-height:1.6em;
}
-->
</style>
</head>
<body>
<h3>设置区块属性</h3>
<p>通过区块属性可以控制单词间距、字母间距、文本水平对齐方式、元素内容垂直对齐方式、文本缩进、空格处理方式以及元素显示方式</p>
</body>
</html>
```

3.2.4　设置方框属性

与方框相关的 CSS 属性主要包括：width（宽度），height（高度），float（浮动），clear（禁止浮动），margin（四周边距），margin-top（上边距），margin-right（右边距），margin-bottom（下边距），margin-left（左边距），padding（四周间距），padding-top（上间距），padding-right（右间距），padding-bottom（下间距），padding-left（左间距）。

1．设置元素的宽度

width 属性用于设置或检索元素的宽度，可以设置为长度值或百分数（基于父元素宽度），也可以设置为 auto，表示根据 HTML 定位规则在文档流中分配宽度。

width 属性对应的脚本特性为 width，但其值是一个字符串，不可用于脚本中的计算，应使用 style 元素的 posWidth、pixelWidth 以及元素的 offsetWidth 等特性。

示例：

```
div{width:32px;}
```

2．设置元素的高度

height 属性用于设置或检索元素的高度，可以设置为长度值或百分数（基于父元素高度），也可以设置为 auto，表示根据 HTML 定位规则在文档流中分配高度。

对应的脚本特性为 height，其值是一个字符串，不可用于脚本中的计算。应使用 style 元素的 posHeight、pixelHeight 以及元素的 offsetHeight 等特性。

示例：

```
div{height:22px;}
```

3．设置元素的浮动方式

float 属性用于设置或检索元素是否以及如何浮动，取值如下。

- none：元素不浮动，这是默认值。
- left：元素浮动在左边，文本流向元素的右边。
- right：元素浮动在右边，文本流向元素的左边。

当 float 属性不等于 none 引起元素浮动时，该元素将视做块级元素，即 display 属性等于 block。也就是说，浮动对象的 display 特性将被忽略。

float 属性对应的脚本特性为 styleFloat。

示例：

```
img{float:right;}
```

4．禁止元素浮动

clear 属性用于设置不允许有浮动元素的边，取值如下。

- none：允许两边都可以有浮动元素，这是默认值。
- left：不允许左边有浮动元素。
- right：不允许右边有浮动元素。
- both：不允许有浮动元素。

clear 属性对应的脚本特性为 clear。

示例：

```
div{clear:left;}
```

5．设置元素边距

margin 属性用于设置或检索元素四周的边距，可以设置为长度值或百分数（基于父元素高度），也可以设置为 auto，表示设置为相对边的值。对于 margin 属性，可提供 1～4 个值。若只提供一个值，将用于全部的 4 条边。若提供两个值，第一个用于上边和下边，第二个用于左边和右边。若提供 3 个值，则第一个用于上边，第二个用于左边和右边，第三个用于下边。若提供 4 个值，则按上→右→下→左的顺序用于 4 条边。margin 属性对应的脚本特性为 margin。

也可以使用 margin-top、margin-right、margin-bottom 和 margin-left 属性分别设置或检索元素的上边距、右边距、下边距和左边距，这些属性对应的脚本特性分别为 marginTop、marginRight、marginBottom 和 marginLeft。

若要对一个内嵌元素设置 margin、margin-top、margin-right、margin-bottom 和 margin-left 属性，必须先设置该元素的 height 或 width 属性，或者把 position 属性设置为 absolute。

示例：

```
div.menu{margin:10% 10% 10% 10%;}
body{margin-top:11.5%;}
body{margin-right:20px;}
body{margin-bottom:2em;}
body{margin-left:15pt;}
```

```
body{margin:36pt 24pt 36pt;}
```

6. 设置元素填充

padding 属性用于设置或检索元素内容与其四周边框之间的距离，可以设置为长度值或百分数（基于父元素宽度）。对于 padding 属性，可提供 1～4 个值。若只提供一个值，将用于全部的 4 条边。若提供了两个值，则第一个用于上边和下边，第二个用于左边和右边。若提供了三个，则第一个用于上边，第二个用于左边和右边，第三个用于下边。若提供了全部 4 个值，则按上→右→下→左的顺序用于 4 条边。padding 属性对应的脚本特性为 padding。

也可以使用 padding-top、padding-right、padding-bottom 和 padding-left 属性分别设置或检索元素的内容与上边框、与右边框、与下边框或左边框之间的距离，这些属性对应的脚本特性分别是 paddingTop、paddingRight、paddingBottom 和 paddingLeft。

若要对内嵌元素设置 padding、padding-top、padding-right、padding-bottom 和 padding-lef 属性，必须先设定元素的 height 或 width 属性，或者将其 position 属性设置为 absolute。

示例：

```
body{padding-top:36pt; padding-right:36pt;
   padding-bottom:36pt; padding-left:36pt;
}
body{padding:11.5%;}
body{padding:36px 36px;}
body{padding:12pt 6pt 1pt;}
body{padding:10% 10% 10% 10%;}
```

【例 3.7】 本例说明如何通过方框属性设置元素的尺寸、边距和填充，如图 3.7 所示。

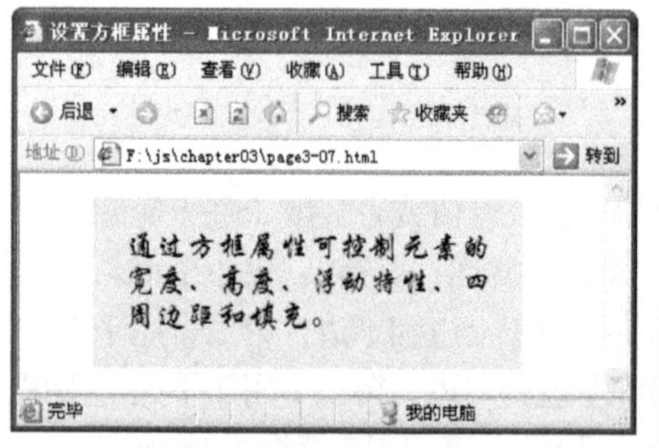

图 3.7 设置方框属性

【代码清单】

```
<!-- F:\js\chapter03\page3-07.html -->
<html>
<head>
<title>设置方框属性</title>
<style type="text/css">
<!--
   body{margin-left:18px; margin-top:8px;}
   div{padding:22px;    height:36px;    width:252px;
margin-left: 32px;
      background-color:#CDEDFC; font-family:"华文
行楷"; font-size:16pt;}
-->
</style>
</head>
<body>
<div>通过方框属性可控制元素的宽度、高度、浮动特性、四周边距和填充</div>
</body>
</html>
```

3.2.5 设置边框属性

在 CSS 中，与边框设置相关的属性比较多，可以分为以下 4 个类别。

➢ 与边框样式相关：border-style，border-top-style，border-right-style，border-bottom-style，border-lef-style。
➢ 与边框宽度相关：border-width，border-top-width，border-right-width，border-bottom-width，border-left-width。
➢ 与边框颜色相关：border-color，border-top-color，border-right-color，border-bottom-color，border-left-color。
➢ 与边框颜色、样式和宽度相关的复合属性：border，border-top，border-right，border- bottom，border-left。

1．设置边框宽度

border-width 属性用于设置元素边框的宽度，可设置为长度值或以下关键字。
➢ medium：默认宽度。
➢ thin：小于默认宽度。
➢ thick：大于默认宽度。

设置 border-width 属性时，可提供 1～4 个值。应用规则请参阅 border-color 属性说明。border-width 属性对应的脚本特性为 borderWidth。

也可以使用 border-top-width、border-right-width、border-bottom-width 和 border-left-width 属性分别设置元素上边框、右边框、下边框和左边框的宽度。这些属性对应的脚本特性分别为 borderTopWidth、borderRightWidth、borderBottomWidth 和 borderLeftWidth。

若要设置上述这些与边框相关的属性，必须先设置对象的 height 或 width 属性，或者设置 position 属性为 absolute。若 border-style 设置为 none，则这些属性将失去作用。

示例：

```
span{border-style:solid;border-width:thin;}
span{border-style:solid;border-width:1px thin;}
div{border-top-width:thin;border-top-style:solid;
   border-right-width:thin;border-right-style:solid;
   border-bottom-width:thin;border-bottom-style:solid;
   border-left-width:thin;border-left-style:solid;
}
```

2．设置边框样式

border-style 属性用于设置元素边框的样式，取值如下。
➢ none：无边框，这是默认值。
➢ hidden：隐藏边框。
➢ dotted：点线边框。
➢ dashed：虚线边框。
➢ solid：实线边框。
➢ double：双线边框，两条单线与其间隔的和等于指定的 border-width 值。
➢ groove：根据 border-color 的值画 3D 凹槽。
➢ ridge：根据 border-color 的值画菱形边框。
➢ inset：根据 border-color 的值画 3D 凹边。

➢ outset：根据 border-color 的值画 3D 凸边。

设置 border-style 属性时，可以提供 1～4 个值。这些值的具体应用规则，请参阅 border-color 属性说明。border-style 属性对应的脚本特性为 borderStyle。

也可以使用 border-top-style、border-right-style、border-bottom-style 和 border-left-style 属性分别设置元素上边框、右边框、下边框和左边框的样式。这些属性对应的脚本特性为 borderTopStyle、borderRightStyle、borderBottomStyle 和 borderLeftStyle。

若要设置上述这些与边框样式相关的属性，必须先设置元素的 height 或 width 属性，或者设置 position 属性为 absolute。若 border-width 不大于 0，则这些属性将失去作用。

示例：

```
body{border-style:double groove;}
body{border-style:double groove dashed;}
div{border-top-style:double;border-right-style:dotted;
   border-bottom-style:groove;border-left-style:dashed;
}
```

3. 设置边框颜色

border-color 属性用于设置元素四周边框的颜色。设置该属性时，可以提供 1～4 个颜色值。若只提供一个值，将用于全部的 4 个边框。若提供两个值，第一个值用于上边框和下边框，第二个值用于左边框和右边框。若提供 3 个值，则第一个用于上边框，第二个用于左边框和右边框，第三个用于下边框。若提供全部 4 个值，将按上→右→下→左的顺序作用于 4 个边框。border-color 属性对应的脚本特性为 borderColor。

也可以使用 border-top-color、border-right-color、border-bottom-color 和 border-left-color 属性分别设置元素上边框、右边框、下边框和左边框的颜色，这些属性对应的脚本特性分别为 borderTopColor、borderRightColor、borderBottomColor 和 borderLeftColor。

若要设置上述这些与边框颜色相关的属性，必须先设置元素的 height 或 width 属性，或者设置 position 属性为 absolute。若 border-width 等于 0 或 border-style 设置为 none，则这些属性将失去作用。

示例：

```
body{border-color:silver;}
body{border-color:silver red;}
body{border-color:silver red RGB(223, 94, 77);}
body{border-color:silver red RGB(223, 94, 77) black;}
div{border-top-color:red; border-right-color:magenta;
   border-bottom-color:RGB(223, 94, 77); border-left-color:black;
}
```

4. 设置边框的宽度、样式和颜色

复合属性 border 用于设置元素四周边框的宽度、样式和颜色。若使用 border 属性定义其单个参数，则其他参数的默认值将无条件覆盖各自对应的单个属性设置。该属性的默认值为 medium none，其中 border-color 的默认值将采用文本颜色。border 属性对应的脚本特性为 border。

也可以使用复合属性 border-top、border-right、border-bottom 和 border-left 分别设置元素上边框、右边框、下边框以及左边框的宽度、样式和颜色，默认值均为 medium none，其中 border-color 的默认值将采用文本颜色。这些属性对应的脚本特性分别为 borderTop、borderRight、borderBottom 和 borderLeft。

若要设置上述复合属性，必须先设置元素的 height 或 width 属性，或者设定 position 属性为 absolute。

示例：

```
p{border:25px;}
div{border:dotted blue;}
span{border:thick double yellow;}
div{border-top:25px solid magenta; border-right:25px solid blue;
   border-bottom:25px solid red; border-left:25px solid yellow;
}
```

【例 3.8】 本例说明如何通过边框属性设置元素的边框样式，如图 3.8 所示。

【代码清单】

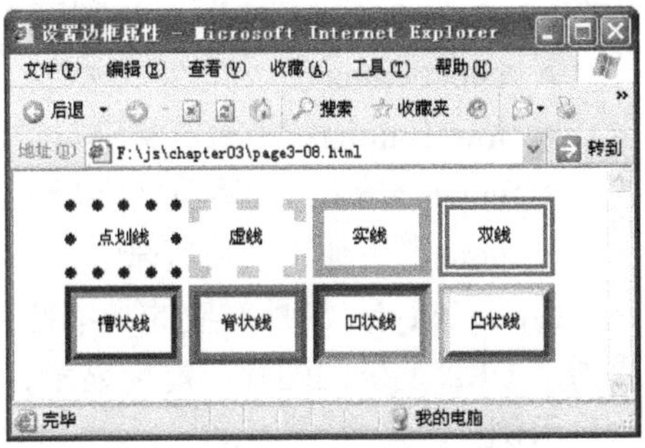

```
<!-- F:\js\chapter03\page3-08.html -->
<html>
<head>
<title>设置边框属性</title>
<style type="text/css">
<!--
   table td.style1{border:8px dotted #0000FF;
padding:1em;}
   table td.style2{border:8px dashed #CCCC66;
padding:1em;}
   table td.style3{border:8px solid #CC9933;
padding:1em;}
   table td.style4{border:8px double #666600; padding:1em;}
   table td.style5{border:8px groove #FF6633; padding:1em;}
   table td.style6{border:8px ridge #FF66CC; padding:1em;}
   table td.style7{border:8px inset #FF9900; padding:1em;}
   table td.style8{border:8px outset #99FF66; padding:1em;}
-->
</style>
</head>
<body>
<table width="356" height="70" align="center" cellspacing="5">
  <tr align="center">
    <td class="style1" scope="col">点画线</td>
    <td class="style2" scope="col">虚线</td>
    <td class="style3" scope="col">实线</td>
    <td class="style4" scope="col">双线</td>
  </tr>
  <tr align="center">
    <td class="style5">槽状线</td>
    <td class="style6">脊状线</td>
    <td class="style7">凹状线</td>
    <td class="style8">凸状线</td>
  </tr>
</table>
</body>
</html>
```

图 3.8　设置边框属性

3.2.6 设置列表属性

与列表设置相关的 CSS 属性包括：list-style-type（列表项预设标记），list-style-image（列表项图像），list-style-position（列表项文本排列方式），list-style（列表项相关样式）。

1. 设置列表项使用的预设标记

list-style-type 属性用于设置或检索列表项所使用的预设标记，取值如下。

- disc：实心圆（●），这是默认值。
- circle：空心圆（○）。
- square：实心方块（■）。
- decimal：阿拉伯数字（1，2，3，4，…）。
- lower-roman：小写罗马数字（i，ii，iii，iv，…）。
- upper-roman：大写罗马数字（I，II，III，IV，…）。
- lower-alpha：小写英文字母（a，b，c，d，…）。
- upper-alpha：大写英文字母（A，B，C，D，…）。
- none：不使用项目符号。

list-style-type 属性对应的脚本特性为 listStyleType。若将 list-style-image 属性值为 none 或指定 URL 地址的图片不能被显示，则 list-style-type 属性将发生作用。

示例：

```
ul.in{display:list-item;list-style-position:inside;}
```

2. 设置列表项的图像

list-style-image 属性用于设置列表项标记的图像，可以使用“url(绝对或相对 URL)”形式指定所使用图像的地址，默认值为 none，表示不指定图像。list-style-image 属性对应的脚本特性为 listStyleImage。

示例：

```
ul.out{list-style-position:outside; list-style-image:url(images/ie.gif);}
```

3. 设置列表项文本排列方式

list-style-position 属性用于设置列表项标记如何根据文本排列，取值如下。

- outside：将列表项目标记放置在文本外，且环绕文本不根据标记对齐，这是默认值。
- inside 表示列表项目标记放置在文本以内，并且环绕文本根据标记对齐。

list-style-position 属性对应的脚本特性为 listStylePosition。

示例：

```
ul.in{display:list-item; list-style-position:inside;}
```

4. 设置列表项相关样式

复合属性 list-style 用于设置列表项目的相关样式，包括预设标记、图像和文本排列方式，默认值为 disc outside none。list-style 属性对应的脚本特性为 listStyle。

当同时指定 list-style-image 和 list-style-type 时，list-style-image 将获得优先权。除非 list-style-imag 设置为 none 或指定 URL 地址的图片不能被显示。

示例：

```
ol{list-style:square;}
ul{list-style:outside upper-roman;}
li{list-style:url("http://www.dhtmlet.com/devgurupix.gif") inside circle;}
```

【例 3.9】 本例说明如何通过列表属性设置图片样式的项目符号，如图 3.9 所示。

【代码清单】

```
<!-- F:\js\chapter03\page3-09.html -->
<html>
<head>
<title>设置图像样式项目符号</title>
<style type="text/css">
<!--
  .imageList{list-style-image:url(../images/
dog.png); list-style-position:inside;}
-->
</style>
</head>
<body>
<h3>DHTML 技术组成</h3>
<ul class="imageList">
  <li>HTML 超文本标记语言</li>
  <li>CSS 层叠样式表</li>
  <li>JavaScript 脚本语言</li>
</ul>
</body>
</html>
```

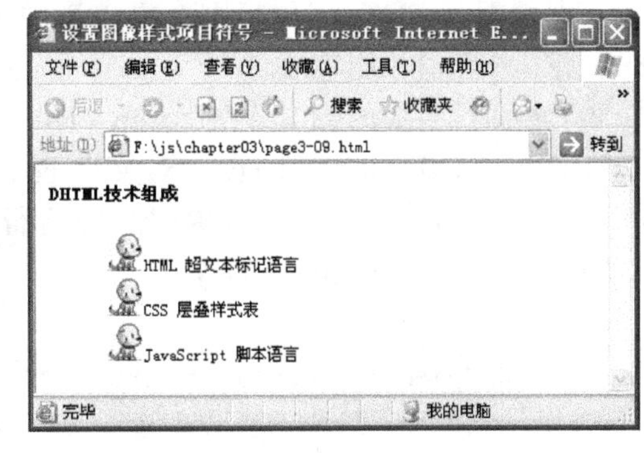

图 3.9 设置图片样式项目符号

3.2.7 设置定位属性

与定位相关的 CSS 属性包括：position（定位方式），top、left、bottom 和 right（元素位置），z-index（层叠顺序），visibility（可见性），clip（可视区域），overflow（溢出）。

1. 设置定位方式

position 属性用于设置或检索元素的定位方式，取值如下。

- static：无特殊定位，元素遵循 HTML 定位规则，这是默认值。
- absolute：使用绝对定位方式，把元素从正常的文档流中拖出，并使用 left、right、top 和 bottom 等属性相对于其最接近的一个有定位设置的父元素进行绝对定位。如果不存在这样的父元素，则依据 body 元素进行定位。元素的层叠通过 z-index 属性定义。
- relative：使用相对定位方式，对象不可层叠，但将依据 left、right、top 和 bottom 等属性在正常的 HTML 文档流中实现偏移的位置。

若要激活元素的绝对定位方式，除了把 position 属性设置为 absolute 之外，还必须至少指定 left、right、top 和 bottom 属性中的一个。position 属性对应的脚本特性为 position。

示例：

```
div{position:relative; top:3px;}
```

2．设置元素的位置

top 属性和 left 属性用于设置元素与其最近一个具有定位设置的父元素顶边和左边相关的位置，bottom 属性和 right 属性用于设置元素与其最近一个具有定位设置的父元素底边和右边相关的位置，可以把这些属性设置为长度值或百分数，默认值为 auto，表示无特殊定位，即根据 HTML 定位规则在文档流中分配。必须将 position 属性设置为 absolute 或 relative，长度值才能生效。

上述属性对应的脚本特性为 top、left、bottom 和 right，它们的值都是字符串，不可用于脚本中的计算。应使用 style 对象的 posTop、posLeft、posBottom、posRight、pixelTop、pixelLeft、pixelBottom、pixelRight 等运行时的特性以及元素的 offsetTop、offsetLeft、offsetBottom、offsetRigh 等特性。

示例：

```
div{position:relative; top:3px; left:6px;}
div{position:relative; bottom:3px; right:6px;}
```

3．设置元素的层叠顺序

z-index 属性用于设置或检索元素的层叠顺序，可以设置为无单位的整数值，并允许为负数，较大值的元素会覆盖在较小值的元素之上，默认值为 auto，表示遵从其父元素的定位。z-index 属性对应的脚本特性为 zIndex。

注意：

若两个绝对定位对象的此属性具有同样的 z-index 属性值，则依据它们在 HTML 文档中声明的顺序层叠。对于未指定此属性的绝对定位对象，此属性值为正数的对象会在其之上，而此属性值为负数的对象在其之下。此属性仅作用于 position 属性值为 relative 或 absolute 的对象。

示例：

```
div{position:absolute; z-index:3; width:6px;}
```

【例 3.10】 本例说明如何通过定位属性创建阴影字效果，如图 3.10 所示。

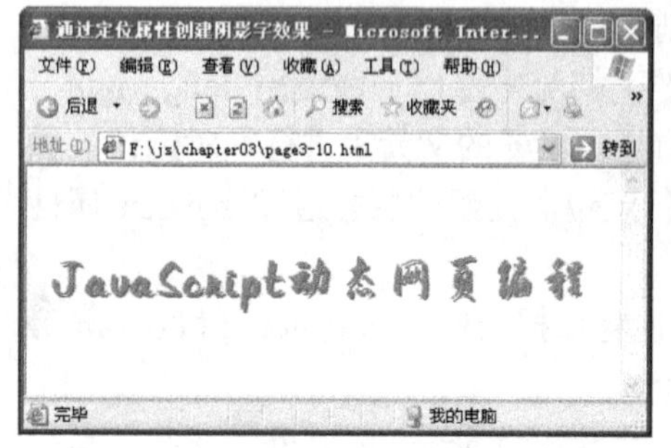

图 3.10 通过定位属性创建阴影字效果

【代码清单】

```
<!-- F:\js\chapter03\page3-10.html -->
<html>
<head>
<title>通过定位属性创建阴影字效果</title>
<style type="text/css">
<!--
   #text1{font-family:"方正黄草_GBK"; font-size:36px;
              font-weight:bold; color: #FF6633;
position:absolute;
              height:38px; width:386px; top:58px;
left:18px; z-index:2;}
```

```
    #text2{font-family:"方正黄草_GBK"; font-size:36px;
            font-weight:bold; color:#666666; position:absolute;
            height:38px; width:386px; top:60px; left:20px; z-index:1;}
-->
</style>
</head>
<body>
<div id="text1">JavaScript 动态网页编程</div>
<div id="text2">JavaScript 动态网页编程</div>
</body>
</html>
```

4．设置元素的可见性

visibility 属性用于设置或检索是否显示元素，取值如下。

- inherit：表示继承父元素的可见性，这是默认值。
- visible：表示使元素可见。
- hidden：使对象隐藏起来。

与 display 属性不同的是，visibility 属性为隐藏的对象保留其占据的物理空间。visibility 属性对应的脚本特性为 visibility。

示例：

```
img{visibility:inherit; float:right;}
```

5．设置元素的可视区域

clip 属性用于设置对象的可视区域（此区域外的部分是透明的），可以采用“rect (number number number number)”形式，依据上、右、下、左的顺序提供自对象左上角为(0，0)坐标计算的 4 个偏移数值，其中任何一个数值都可以用 auto 替换，即此边不剪切；默认值为 auto，表示元素无剪切。clip 属性对应的脚本特性为 clip。

clip 属性定义了绝对定位对象的可视区域尺寸。必须将对象的 position 属性的值设置为 absolute，才能使用 clip 属性。

示例：

```
div{position:absolute; width:60px;height:60px; clip:rect(0 20 50 10);}
div{position:absolute; width:60px;height:60px; clip:rect(1cm auto 50px 10cm);}
```

6．设置元素的溢出特性

overflow 属性用于设置当元素的内容超过其指定高度和宽度时如何管理内容，取值如下。

- visible：不剪切内容也不添加滚动条，这是默认值。
- auto：在必要时元素内容才会被裁切或显示滚动条。
- hidden：不显示超过元素大小的内容。
- scroll：显示滚动条。

除了 textarea 元素和 body 元素的默认值为 auto 之外，所有其他对象的默认值都是 visible。若将 textarea 对象的 overflow 属性设置为 hidden，则将隐藏其滚动条。

overflow 属性对应的脚本特性为 overflow。

示例：

```
body{overflow:hidden;}
div{overflow:scroll; height:100px; width:100px;}
```

【例 3.11】 本例说明如何通过溢出属性为 div 元素添加滚动条，如图 3.11 所示。

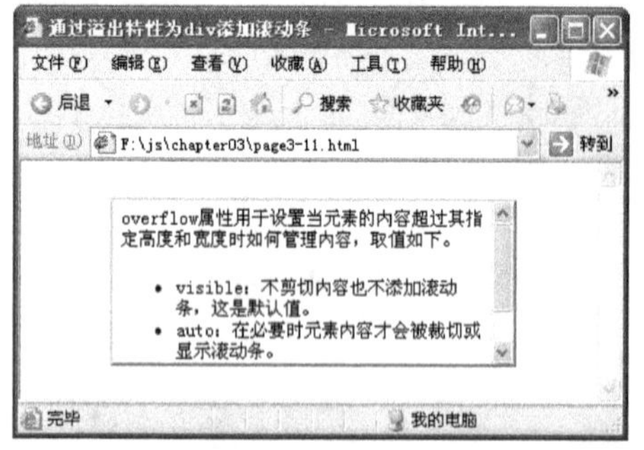

图 3.11 通过溢出属性为 div 元素添加滚动条

【代码清单】

```
<!-- F:\js\chapter03\page3-11.html -->
<html>
<head>
<title>通过溢出特性为 div 元素添加滚动条</title>
<style type="text/css">
<!--
  #div1{position:absolute; left:65px; top:26px;
width:281px; height:103px;
            z-index:1; overflow:auto; padding:6px;
            border-top-width:2px; border-right-
width: 2px;
            border-bottom-width:2px; border-left-width:2px;
            border-top-style:solid; border-right-style:solid;
            border-bottom-style:solid; border-left-style:solid;
            border-top-color:#CCCCCC; border-right-color:#666666;
            border-bottom-color:#666666; border-left-color:#CCCCCC;
  }
-->
</style>
</head>
<body>
<div id="div1">
  overflow 属性用于设置当元素的内容超过其指定高度和宽度时如何管理内容，取值如下
  <ul style=" padding-bottom:0px;padding-top:0px;">
    <li>visible:不剪切内容也不添加滚动条，这是默认值</li>
    <li>auto:在必要时元素内容才会被裁切或显示滚动条</li>
    <li>hidden:不显示超过元素大小的内容</li>
    <li>scroll:显示滚动条</li>
  </ul>
</div>
</body>
</html>
```

3.2.8 设置扩展属性

常用的 CSS 扩展属性包括：cursor（鼠标指针形式），filter（滤镜），border-collapse（表格边框折叠）。

1．设置鼠标指针光标形式

cursor 属性用于设置移动到元素上的鼠标指针采用的光标形状，取值如下。

- auto：根据当前情况自动确定鼠标指针光标的类型，这是默认值。
- all-scroll：光标有上下左右 4 个箭头、中间有一个圆点，指示页面可以向上下左右任何方向滚动。

- col-resize：光标有左右两个箭头，中间由竖线分隔开，指示项目或标题栏可以被水平改变尺寸。
- crosshair：十字线光标。
- default：客户端平台的默认光标，通常是一个箭头。
- hand：竖起一只手指的手形光标，就像通常用户把光标移到超链接上时那样。
- move：十字箭头光标，指示对象可被移动。
- help：带有问号标记的箭头，指示有帮助信息存在。
- no-drop：带有一个被斜线贯穿的圆圈的手形光标，指示被拖动的对象不允许在光标的当前位置放下。
- not-allowed：禁止标记光标（一个被斜线贯穿的圆圈），指示请求的操作不允许执行。
- pointer：与 hand 相同，就像通常用户将光标移到超链接上时那样。
- progress：带有沙漏标记的箭头光标，指示有一个进程正在后台运行。
- row-resize：光标有上下两个箭头，中间由横线分隔开，指示项目或标题栏可以在垂直方向改变尺寸。
- text：表示可编辑的水平文本的光标，通常是大写字母 I 的形状。
- vertical-text：表示编辑的垂直文本的光标，通常是大写字母 I 旋转 90° 的形状“⟝⟞”。
- wait：表示用于指示程序忙，用户需要等待的光标，通常是沙漏或手表的形状。
- *-resize：表示用于指示对象可被改变尺寸方向的箭头光标，包括：w-resize、s-resize、n-resize、e-resize、ne-resize、sw-resize、se-resize、nw-resize。
- url(URL)：用户自定义光标，使用绝对或相对 URL 地址指定光标文件（.cur 或.ani）。

cursor 属性对于 currentStyle 对象而言是只读的，对于其他对象而言是可读/写的。cursor 属性的值可以是多个，这些值之间用逗号分隔。若第一个值不可以被客户端系统理解或所指定的光标无法找到和显示，则第二个值将被尝试使用，依次类推。假如全部值都不可用的话，则此属性不会发生作用。光标不会被改变。cursor 属性对应的脚本特性为 cursor。

示例：

```
body{cursor:url(butterfly.gif), url(images/cursors/bird.jpg), default;}
```

2. 设置滤镜效果

filter 属性用于设置元素所应用的滤镜或滤镜集合，可以生成各种特殊效果，例如，渐变、模糊、透明、阴影、水平翻转、垂直翻转、遮罩等，多个滤镜效果之间用空格隔开。filter 属性对应的脚本特性为 filter。

**注意：**

filter 属性仅作用于具有布局的元素如块级元素。若要对一个内嵌元素使用 filter 属性，就必须先设置该元素的 height 或 width 属性，或设置 position 属性为 absolute，或设置 display 属性为 block。

示例：

```
div{width:200px;filter:blur(strength=50) flipv();}
```

```
input.aFilter{filter:alpha(opacity=50);}
div{width:200px;filter:redirect;}
.aFilter{background-color:#FFFFFF; filter:light();c olor:#000000;width:150;}
div.aFilter{filter:glow(color=blue, strength=5); width:150;}
div.bFilter{filter:shadow(color=#0000FF, direction=45); width:150;color:FF0000;}
```

3. 设置表格边框

border-collapse 属性用于设置或检索表格的行和单元格的边是合并在一起还是按照标准的 HTML 样式分开，取值如下。

- separate：边框独立（标准 HTML 样式）。
- collapse：相邻边框被合并在一起。

border-collapse 属性对应的脚本特性为 borderCollapse。

示例：

```
table{border-collapse:separate;}
```

【例 3.12】 本例说明如何通过 CSS 扩展属性创建细线表格、Alpha 滤镜效果和动画光标，如图 3.12 所示。

图 3.12 设置 CSS 扩展属性

【代码清单】

```
<!-- F:\js\chapter03\page3-11.html -->
<html>
<head>
<title>设置 CSS 扩展属性</title>
<style type="text/css">
<!--
  table{border-collapse:collapse;}
  .img{cursor: url(../images/cursor/001.ani); filter:alpha(opacity=100, style=2);}
-->
</style>
</head>
<body>
<table width="300" border="1" align="center" cellpadding="5" bordercolor="#0099FF">
  <tr align="center">
    <td><img src="../images/yangzhou.jpg" width="200" height="132" /></td>
```

```
        <td><img src="../images/yangzhou.jpg" width="200" height="132" class="img1" /></td>
      </tr>
      <tr align="center">
        <td>原图效果</td>
        <td>Alpha 滤镜效果</td>
      </tr>
    </table>
    </body>
    </html>
```

习题 3

一、填空题

1. 内嵌 CSS 样式表包含在网页首部的________与________标记之间。

2. 外部 CSS 样式表文件使用__________指标记附加到网页中，通过______属性指定样式表路径。

3. 内联 CSS 样式通过_______属性在 HTML 标记的特定实例中定义。

4. font-family 属性用于设置____________________，font-size 属性用于设置________________。

5. CSS 属性__________用于设置字体样式，_________用于设置文本颜色，_________用于行高。

6. 要使每个英文单词首字母为大写，则应把 text-transform 属性设置为___________。

7. background-color 属性设置背景______，background-image 属性设置背景______，___________属性设置背景图像重复方式，___________属性设置背景图像位置。

8. 使用_____________属性设置字间距，使用_____________属性设置文本缩进。

9. 若要隐藏某个页面元素，应将其 CSS 属性________设置为________。

10. 使用__________属性设置元素四周的边距，使用__________属性设置元素四周的填充。

11. 与边框设置相关的 CSS 属性分为 4 类，分别用于设置__________、__________、__________和___________。

12. 若要设置列表项的图像，可设置 CSS 属性____________________。

二、选择题

1. 关于 CSS 选择符，错误的是（　　）。

   A. 类型选择符用于选择以特定 HTML 标记定义的页面元素，此类 CSS 样式自动应用于页面元素

   B. 类选择符用于选择具有特定 class 属性的页面元素

   C. id 选择符用于选择具有特定 id 属性的元素

   D. 若要把相同的定义应用于多个选择符，应以分号分隔这些选择符

2. 关于 text-decoration 属性，错误的是（　　）。

   A. 该属性用于设置元素中文本的修饰
   B. underline 表示对文本添加下画线
   C. overline 表示对文本添加上画线
   D. underline 和 overline 不能同时使用

3. 关于元素的定位，错误的是（　　）。

   A. 绝对定位方式把元素从正常文档流中拖出
   B. 使用绝对定位时元素不可层叠
   C. 使用相对定位时元素不可层叠
   D. z-index 属性值越大，元素位置越靠上

4. 若使元素在需要时添加滚动条，应将其 CSS 属性 overflow 设置为（　　）。

A. visible　　B. auto

C. hidden　　D. scroll

5. 关于 CSS 扩展属性，错误的是（　　）。

A. 使用 cursor 属性可设置用户自定义光标　　B. filter 属性仅作用于具有布局的元素

C. 使用 border-collapse 属性可创建细线表格　　D. filter 属性仅用于生成单一滤镜效果

上机实验 3　使用 CSS 样式表设置网页外观

【实验目的】

1. 掌握各种 CSS 选择符的使用方法。
2. 掌握在网页中应用 CSS 样式的方法。
3. 掌握各种 CSS 属性的使用方法。

【实验内容】

1. 创建一个 HTML 网页，通过 CSS 样式设置超链接的外观，使超链接仅在鼠标悬停其上时带下画线。
2. 创建一个 HTML 网页，通过 CSS 样式生成段落首行缩进二字效果。
3. 创建一个 HTML 网页，通过 CSS 样式把各种表单控件上的文本设置为 9 磅。
4. 创建一个 HTML 网页，通过 CSS 样式适当加大字间距和行间距。
5. 创建一个 HTML 网页，通过 CSS 样式设置图像作为列表项符号。
6. 创建一个 HTML 网页，通过 CSS 样式生成阴影字效果。
7. 创建一个 HTML 网页，通过 CSS 样式使 div 元素在需要时出现滚动条。
8. 创建一个 HTML 网页，通过 CSS 样式生成细线表格效果。
9. 创建一个 HTML 网页，通过 CSS 样式对图像应用 Alpha 滤镜效果。
10. 创建一个 HTML 网页，通过 CSS 样式设置 GIF 动画作为鼠标光标。

第4章 JavaScript 语言基础

通过第 3 章的介绍可以知道，CSS 层叠样式表可以用于控制网页元素的外观，每个 CSS 属性都有与其对应的脚本特性，通过 JavaScript 语言脚本设置这些属性可使网页元素具有交互性。为了通过 JavaScript 控制网页元素的外观，就需要对 JavaScript 语言有比较深入的了解。本章介绍 JavaScript 语言的基础知识，包括基本语法、数据类型、变量和运算符等。

4.1 基本语法

熟悉 C、Java 语言的读者会发现 JavaScript 的语法很容易理解，因为 JavaScript 借用了 C、Java 语言的语法。要掌握 JavaScript 动态网页编程，就必须对 JavaScript 基本语法有所了解。

4.1.1 词法规则

当在浏览器中加载网页时，JavaScript 脚本语句按照在 HTML 文档中出现的顺序逐行执行。对于需要在整个文档中引用的函数或全局变量，通常应放置在<head>标记与</head>标记之间。不过，函数体包含的语句并不会立即执行，只有在调用函数时才会执行。

使用 JavaScript 语言编程时，应遵循以下词法规则。

（1）区分大小写。在 JavaScript 中，变量名、函数名、运算符以及其他标识符都是区分大小写的。例如，变量 username 不同于变量 Username 和 UserName，关键字 while 不能写成 While 或 WHILE。在 HTML 语言中，事件属性 ONCLICK 可以写成 onClick 或 OnClick，在 JavaScript 中只能写成 onclick。

（2）空白符和换行符。在 JavaScript 中，忽略变量名、数字、函数名或其他元素实体之间的空格、制表符或换行符，除非空格也是字符串常量的组成部分。

（3）可选的分号。在 JavaScript 中，半角分号（;）表示一个语句的结束。如果一行中只包含单个语句，则可以省略分号结束符。如果一行中包含多个语句，则必须在语句之间添加分号，最后一个语句后面可以省略分号，JavaScript 会自动插入。建议在每个语句后面都添加分号，以免出现不可预期的错误。

（4）复合语句。在 JavaScript 中，可以使用花括号“{}”封装一组语句来组成代码块，代码块表示一系列按顺序执行的语句，称为复合语句。例如，在循环语句中，花括号“{}”表示循环体的开始和结束，在函数定义中，花括号“{}”表示函数体的开始和结束，等等。

（5）注释。在 JavaScript 中，有以下两种形式的注释。

➢ 单行注释。单行注释以双斜线“//”开头。

➢ 多行注释。多行注释以“/*”开始，以“*/”结束。

（6）标识符。标识符用于表示变量名、函数名等名称，命名标识符时应遵循以下规则。

➢ 第一个字符必须是字母、下画线（_）或美元符号（$）。

➢ 后面的字符可以是下画线、美元符号、英文字母或数字字符。

➢ 不能使用 JavaScript 中的关键字和保留字。

4.1.2 关键字与保留字

ECMA-262 标准规定了 ECMAScript 支持的一组关键字，这些关键字用于标识脚本语句的开头和结束。在 JavaScript 中命名变量和函数时，不能使用这些关键字。如果把关键字作为变量名或函数名使用，将出现错误信息。

ECMAScript 关键字如下。

break	else	new	var
case	finally	return	void
catch	for	switch	while
continue	function	this	with
default	if	throw	
delete	in	try	
do	instanceof	typeof	

除了关键字之外，ECMA-262 标准还规定了一组保留字，这些保留字是为将来的关键字而保留的单词。在 JavaScript 中命名变量和函数时，建议不要能使用这些保留字。如果把保留字作为变量名或函数名，可能不会出现任何错误信息，除非浏览器已经实现了该保留字。当浏览器实现了该保留字后，将会出现错误信息。

以下是 ECMA-262 第 3 版中规定的保留字。

abstract	enum	int	short
boolean	export	interface	static
byte	extends	long	super
char	final	native	synchronized
class	float	package	throws
const	goto	private	transient
debugger	implements	protected	volatile
double	import	public	

4.2 数据类型

在 JavaScript 中，数据类型分为简单数据类型和复合数据类型两大类。简单数据类型分为 Number 类型、String 类型、Boolean 类型和两种特殊数据类型。关于复合数据类型，将在本书后面的相关章节中介绍。下面介绍简单数据类型。

4.2.1　Number 类型

在 JavaScript 中，Number 类型数据称为数值，包括整数和浮点数，所有数值均以双精度浮点数来表示。双精度浮点数可以表示-2^{53}～2^{53}之间的整数，以及最大值为$\pm 1.7976\times10^{308}$、最小值为$\pm 2.2250\times10^{-308}$的浮点数。整数可以用十进制、十六进制或八进制表示，浮点数可以用小数或科学计数法（指数形式）表示。

（1）十进制数。例如，168，0，−256，6.33，32e5，−6.28E−3 等。

（2）十六进制数。十六进制数以前缀 0X 或 0x 开头，后面可以跟数码 0～9 以及字母 a～f（不区分大小写）。例如，0x0，0X2F3C，0xf3ce 等。

（3）八进制数。八进制数以数字 0 作为前缀，后面可以跟数码 0～7，例如，00，067，0376 等。

（4）特殊值 Infinity。Infinity 表示无穷大。当一个数值或数值表达式的值超出可表示的最大值时，将被作为 Infinity；当一个数值或数值表达式的值超出可表示的最小值时，将被作为−Infinity。任何数值与 Infinity 进行运算，结果仍为 Infinity。

（5）特殊值 NaN。NaN 表示“Not a Number”，即不是一个数字。当计算 0/0 或对 Infinity 求正弦值或计算 Infinity 与−Infinity 相加的结果时，都将得到 NaN。通过调用 isNaN 方法可以确定一个值是否为 NaN。

【例 4.1】　创建一个 HTML 网页，通过调用 document.writeln 方法输出一些数值型数据，运行结果如图 4.1 所示。

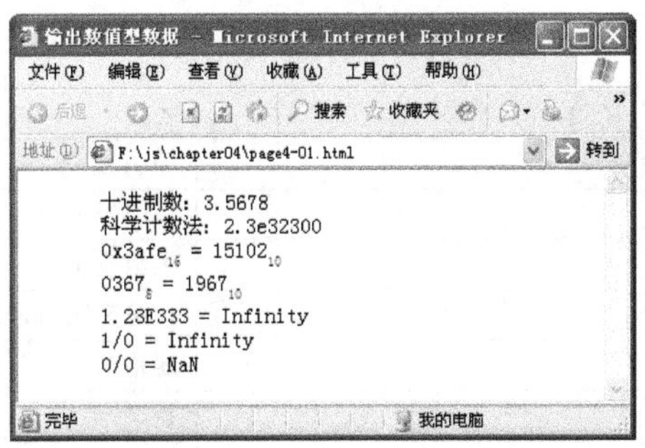

图 4.1　输出数值型数据

【代码清单】

```
<!-- F:\js\chapter04\page4-01.html -->
<html>
<head>
<title>输出数值型数据</title>
<style type="text/css">
<!--
  body{margin-left:60px; font-size:11pt;}
-->
</style>
</head>
<body>
<script language="javascript" type="text/javascript">
<!--
  document.writeln("十进制数:", 3.5678, "<br />");
  document.writeln("科学计数法:2.3e3", 2.3e3, "<br />");
  document.writeln("0x3afe<sub><small>16</small></sub> = ", 0x3afe,
    "<sub><small>10</small></sub><br />");
  document.writeln("0367<sub><small>8</small></sub> = ", 03657,
    "<sub><small>10</small></sub><br />");
  document.writeln("1.23E333 = ",1.23E333,"<br />");
```

```
    document.writeln("1/0 = ",1/0,"<br />");
    document.writeln("0/0 = ",0/0,"<br />");
//-->
</script>
</body>
</html>
```

4.2.2 String 类型

在 JavaScript 中，String 类型数据称为字符串，是用双引号（"）或单引号（'）括起来的 Unicode 字符序列，例如，"JavaScript 脚本语言"，'JavaScript 动态网页编程' 等。

每个字符在字符串中都有特定的位置，第一个字符在位置 0，第二个字符在位置 1，依次类推。最后一个字符在字符串中的位置为字符串的长度减 1。使用 charAt()方法可以从字符串中获取指定位置上的字符，使用 length()方法可以获取字符串的长度。

如果想在字符串中包含换行符，则需要使用转义字符“\n”。在 JavaScript 中还可以使用更多的转义字符，如表 4.1 所示。

表 4.1 JavaScript 中的转义字符

转 义 字 符	含　义
\'	单引号（'）
\"	双引号（"）
\\	反斜线（\）
\0nnn	八进制代码 nnn 表示的字符，其中 n 表示 0～7 范围内的八进制数
\b	退格
\f	换页符
\n	换行符
\r	回车符
\t	制表符
\unnnn	十六进制代码 nnnn 表示的 Unicode 字符，其中 n 表示 0～F 范围内的十六进制数
\xnn	十六进制代码 nn 表示的字符，其中 n 表示 0～F 范围内的十六进制数

应当说明的是，由于字符串本身是用双引号或单引号作为定界符的，因此在字符串中包含双引号或单引号时必须使用转义字符。不过，如果在双引号中包含单引号或在单引号中包含双引号，则不需要使用转义字符。

关于使用双引号还是单引号，可视具体情况而定。在 JavaScript 脚本块中，通常使用双引号作为字符串的定界符；设置 HTML 标记的事件属性时，可使用双引号把整个语句括起来，而使用单引号把包含在语句中的字符串常量括起来。例如，下面两行代码是等效的：

```
<input type="submit" value="删除" onclick="return confirm('您确实要删除这条记录吗？');" />
<input type="submit" value="删除" onclick="return confirm(\"您确实要删除这条记录吗？\");" />
```

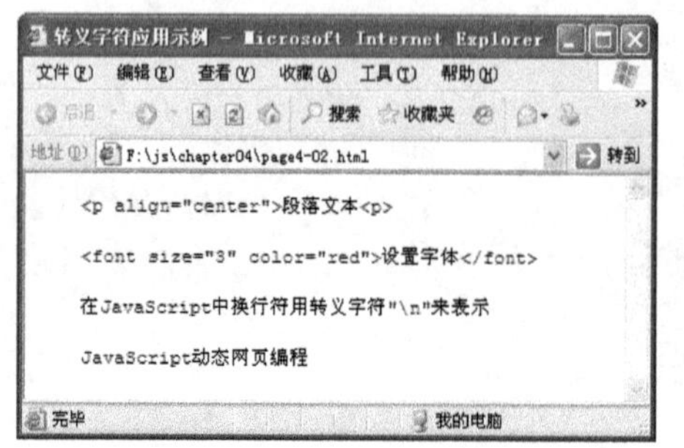

图 4.2 转义字符应用示例

【例 4.2】 本例说明如何在字符串中使用各种转义字符，运行结果如图 4.2 所示。

【代码清单】

```
<!-- F:\js\chapter04\page4-02.html -->
<html>
<head>
<title>转义字符应用示例</title>
<style type="text/css">
<!--
  body{margin-left:3em; font-family:"Courier New";}
-->
</style>
</head>
<body>
<script language="javascript" type="text/javascript">
<!--
  document.writeln("<p>&lt;p align=\"center\"&gt;段落文本&lt;p&gt;</p>");
  document.writeln('<p>&lt;font size="3" color="red"&gt;设置字体&lt;/font&gt;</p>');
  document.writeln("<p>在 JavaScript 中换行符用转义字符\"\\n\"来表示</p>");
  document.writeln("<p>JavaScript\u52a8\u6001\u7f51\u9875\u7f16\u7a0b</p>");
//-->
</script>
</body>
</html>
```

4.2.3　Boolean 类型

Boolean 类型数据称为布尔型数据，其取值为 true 或 false，这两个值不能使用数值 1 或 0 来表示。

4.2.4　特殊数据类型

在 JavaScript 中有两个特殊数据类型：undefined（未定义类型）和 null（空值）。

当声明一个变量而未对其赋值，或者对该变量赋予一个不存在的属性值时，该变量的默认值为 undefined。当函数没有明确的返回值时，也返回 undefined 值。如果对未声明过的变量使用 typeof 运算符，则结果为 undefined；如果对未声明过的变量使用 typeof 之外的其他运算符，则会出现错误。

null 是对象的占位符，用于表示不存在的对象。

undefined 值实际上从是 null 值派生出来的，显然，尽管这两个特殊值含义不同，但在 JavaScript 中把它们定义为相等的。

在 JavaScript 中，可以使用 typeof 运算符来检查一个值或变量的数据类型，该运算符只有一个参数，即要检查的值或变量名。

【例 4.3】　本例说明两种特殊数据类型和 typeof 运算符的应用，运行结果如图 4.3 所示。

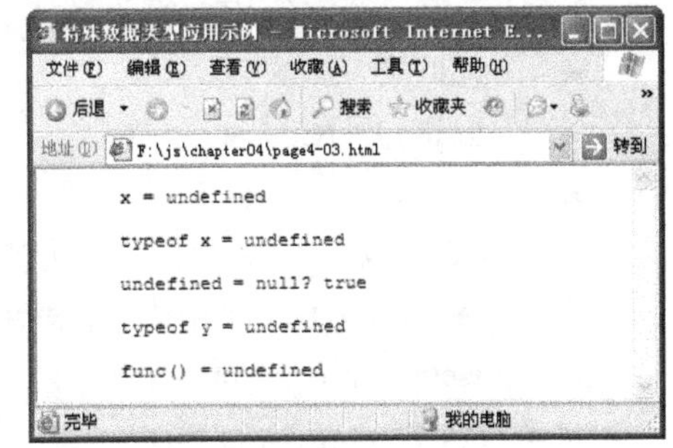

图 4.3　特殊数据类型应用示例

【代码清单】

```
<!-- F:\js\chapter04\page4-03.html -->
<html>
<head>
<title>特殊数据类型应用示例</title>
<style type="text/css">
<!--
  body{margin-left:60px; font-family:"Courier New"; line-height:11px;}
-->
</style>
</head>
<body>
<script language="javascript" type="text/javascript">
<!--
  function func(){                    // 定义一个名为 func 的函数，未明确指定返回值
  }
  var x;                              // 声明变量 x，但未对其赋值
  document.writeln("<p>x = ",x, "</p>");
  document.writeln("typeof x = ", typeof x, "</p>");
  document.writeln("<p>undefined = null? ", undefined==null, "</p>");
  document.writeln("<p>typeof y = ", typeof y, "</p>");
  document.writeln("<p>func() = ", func(), "</p>");
//-->
</script>
</body>
</html>
```

4.2.5 数据类型转换

JavaScript 是一种弱类型语言，声明变量时不需要指定数据类型。在代码执行过程中，JavaScript 将根据情况自动进行数据类型转换。此外，程序员也可以按照实际需要进行强制类型转换。

1. 转换为 Number 类型

其他数据类型转换为数值时，遵循以下规则。

- Boolean 值：true→1，false→0。
- 字符串：若字符串内容为数字，则转换为相应数字，否则转换为 NaN。
- 其他对象→NaN。
- undefined→NaN。
- null→0。

也可以使用以下三种方法进行强制类型转换。

（1）parseInt 方法返回由字符串转换得到的整数，语法如下：

```
parseInt(numstring, [radix])
```

其中，参数 numstring 为必选项，指定要转换为数字的字符串；参数 radix 为可选项，表示 numstring 所保存数字的进制的值，取值范围为 2～36。若没有提供，则前缀为 0x 的字符串被当做十六进制的，前缀为 0 的字符串被当做八进制的。所有其他字符串都被当做是十

进制的。

parseInt 方法返回与保存在 numstring 中的数字值相等的整数。如果 numstring 的前缀不能解释为整数，则返回 NaN。例如：

```
parseInt("123abc")          // 返回 123
parseInt("abc")             // 返回 NaN
```

（2）parseFloat 方法返回由字符串转换得到的浮点数，语法如下：

```
parseFloat(numstring)
```

其中，参数 numstring 是包含浮点数的字符串。

parseFloat 方法返回与 numstring 中保存的数相等的数字表示。如果 numstring 的前缀不能解释为浮点数，则返回 NaN。例如：

```
parseFloat("1.23abc")       // 返回 1.23
parseFloat("abc")           // 返回 NaN
```

（3）Number 方法返回由给定值转换得到的数值，语法如下：

```
Number(value)
```

Number 方法的处理方式类似于 parseInt 方法和 parseFloat 方法，它们之间的区别在于，Number 方法是对整个值而不是部分值进行转换，parseInt 方法和 parseFloat 方法则只转换第一个无效字符之前的字符串。例如：

```
Number(123)                 // 返回 123
Number(123abc)              // 返回 NaN
```

2．转换为 String 类型。

其他数据类型转换为字符串时，遵循以下规则。

- Boolean 值：true→"true"，false→"false"。
- Number 值转换为 NaN、0 或与数值相应的字符串。
- 其他对象：若存在，则转换为 toString()方法的值，否则转换为 "undefined"。
- undefined→"undefined"。
- null→"null"。

也可以使用以下两种方法进行强制类型转换。

（1）toString 方法：转换为相应的字符串表示，语法如下：

```
objectname.toString([radix])
```

其中，objectname 为要得到字符串表示的对象；参数 radix 为可选项，用于指定将数字值转换为字符串时的进制，默认值为十进制。

例如，通过在 toString 方法中指定参数 radix 可得到一个数字为不同进制的表示形式：

```
(10).toString(2)            // 返回 "1010"
(10).toString(8)            // 返回 "12"
(10).toString(16)           // 返回 "a"
```

（2）String 方法：返回由给定值转换得到的字符串，语法如下：

```
String(value)
```

调用 String 方法可以把任何值转换为字符串，这种强制类型转换相当于对参数 value 调用 toString 方法，换言之，String 方法的处理方式类似于 toString 方法。两者的区别在于，对 null 或 undefined 值调用 toString 方法将引发错误，用 String 方法转换 null 或 undefined 值则可以生成字符串而不引发错误。

3．转换为 Boolean 类型

其他数据类型转换为布尔值时，遵循以下规则。

- 数值类型：若为 0 或 NaN，则转换为 false，否则转换为 true。
- 字符串：若为空字符串（""），则转换为 false，否则转换为 true。
- 其他对象：若存在，则转换为 true，否则转换为 false。
- undefined→false。
- null→false。

也可以使用 Boolean 方法进行强制类型转换，语法如下：

```
Boolean(value)
```

如果 value 值为非空字符串、非 0 数字或其他对象，则 Boolean 方法返回 true；如果该值为空字符串、数字 0、NaN、undefined 或 null，则返回 false。

【例 4.4】　本例说明如何在各种数据类型进行转换，运行结果如图 4.4 所示。

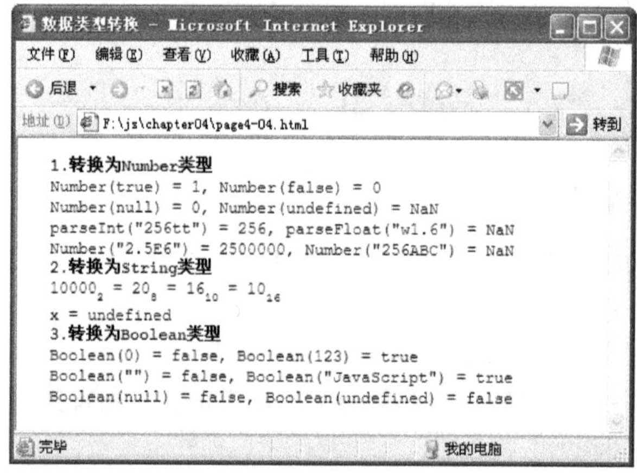

图 4.4　数据类型转换

【代码清单】

```
<!-- F:\js\chapter04\page4-04.html -->
<html>
<head>
<title>数据类型转换</title>
<style type="text/css">
<!--
  body{margin-left:2em; font-family:"Courier New"; font-size:10.5pt;}
-->
</style>
</head>
<body>
<script language="javascript" type="text/javascript">
<!--
  var x;          // 声明变量 x，但未对其进行初始化
```

```
    document.writeln("<b>1.转换为 Number 类型</b><br />");
    document.writeln("Number(true) = ", Number(true), ",");
    document.writeln("Number(false) = ", Number(false), "<br />");
    document.writeln("Number(null) = ", Number(null), ",");
    document.writeln("Number(undefined) = ", Number(undefined), "<br />");
    document.writeln("parseInt(\"256tt\") = ", parseInt("256tt"), ",");
    document.writeln("parseFloat(\"w1.6\") = ", parseFloat("w1.6"), "<br />");
    document.writeln("Number(\"2.5E6\") = ", Number("2.5E6"), ",");
    document.writeln("Number(\"256ABC\") = ", Number("256ABC"), "<br />");
    document.writeln("<b>2.转换为 String 类型</b><br />");
    document.writeln((16).toString(2), "<sub><small>2</small></sub> = ");
    document.writeln((16).toString(8), "<sub><small>8</small></sub> = ");
    document.writeln((16).toString(), "<sub><small>10</small></sub> = ");
    document.writeln((16).toString(16), "<sub><small>16</small></sub><br />");
    document.writeln("x = ", String(x), "<br />");
    document.writeln("<b>3.转换为 Boolean 类型</b><br />");
    document.writeln("Boolean(0) = ", Boolean(0), ",");
    document.writeln("Boolean(123) = ", Boolean(123), "<br />");
    document.writeln("Boolean(\"\") = ", Boolean(""), ",");
    document.writeln("Boolean(\"JavaScript\") = ", Boolean("JavaScript"), "<br />");
    document.writeln("Boolean(null) = ", Boolean(null), ",");
    document.writeln("Boolean(undefined) = ", Boolean(undefined), "<br />");
//-->
</script>
</body>
</html>
```

4.3 变量

变量与计算机内存中的存储单元相对应，用来存储程序运行期间的中间结果和最终结果。在 JavaScript 语言中，可以在变量中存放任何类型的数据，这是弱类型变量的优势。在程序中可以通过变量名实现对变量值的存取和处理，并在此基础上进行比较和判断，以决定程序的运行方向。

4.3.1 变量的声明

在 JavaScript 语言中，var 语句用于声明一个或多个变量，语法如下：

```
var variable1[ = value2][, variable2[ = value2], ...]
```

其中 variable1、variable2 是被声明的变量的名称；value1、value2 是赋给这些变量的初始值，初始值的数据类型决定变量的数据类型，以后还可以把不同数据类型的值赋给变量，不过建议使用变量时始终存放相同数据类型的值。

如果在 var 语句中未指定变量的初始值，则这些变量的初始值为 undefined，可以在声明后在脚本中对其赋值。

下面是声明变量的例子。

```
var index;
var username = "张三";
var answer = 16, counter, numpages=10;
```

声明变量时，变量名必须遵循标识命名规则。此外，最好使用有意义的变量名，为此可参考以下几种命名规则：

➢ Camel 标记法。变量名的第一个字母为小写，后面的单词均以大写开头。例如：

```
var studentID = "080001", studentName = "李明", result = 89;
```

➢ Pascal 标记法。变量名的第一个字母为大写，后面的单词均以大写开头。例如：

```
var StudentID = "080001", StudentName = "李明", Result = 89;
```

➢ 匈牙利类型标记法。在用 Pascel 标记法指定的变量名前面添加一个或多个小写字母，以说明该变量的数据类型。例如，用前缀 i 表示整数，用前缀 s 表示字符串。

```
var sStudentID = "080001", sStudentName = "李明", iResult = 89;
```

用匈牙利类型标记法命名变量时使用的前缀在表 4.2 中列出。

表 4.2　命名变量时使用的前缀

数据类型	前　缀	举　例
数组	a	aColors
布尔型	b	bChecked
浮点数	f	fValue
函数	fn	fnGetArea
整数	i	iResult
对象	o	oHttpReq
正则表达式	re	rePattern
字符串	s	sUsername
变体型（可为任何类型）	v	vValue

JavaScript 并不像 C 语言那样使用变量前必须进行声明。当遇到一个尚未声明的标识符时，JavaScript 解释程序将使用该标识符创建一个全局变量并进行初始化。例如：

```
var sUsername = "张三";                // 声明变量 sUsername
sGreeting = sUsername +"：您好！";    // 变量 sGreeting 尚未声明，将创建全局变量 sGreeting
document.writeln(sGreeting);           // 输出“张三，您好！”
```

尽管不是必须的，但在使用变量之前先用 var 语句进行声明是一种良好的编程习惯。建议对所有变量都做到先声明后使用。

4.3.2　变量的作用域

变量的作用域是指变量在程序中的有效范围。根据作用域不同，变量可以分为全局变量和局部变量。在 JavaScript 中，一个变量是全局变量还是局部变量，取决于两个因素：一是是否用 var 语句声明过，二是变量声明语句所在的位置。

➢ 全局变量是在所有函数外部声明的变量（使用 var 语句声明或未加声明），它在整个程序中有效。在函数内部未加声明而直接使用的变量也是全局变量。

➢ 局部变量是在某个函数内部用 var 语句声明的变量，它仅在该函数内部有效。函数的参数也是局部变量。

在一个函数内部，如果声明了与全局变量同名的局部变量或参数，则在此函数内部该全局变量将被屏蔽。

在 JavaScript 语言中，不存在块级作用域。在函数外部的 if 块、for 循环或所有其他语句块中用 var 语句声明的变量都是全局变量，它在整个 JavaScript 程序中都是有效的；在函数内部的 if 块、for 循环或所有其他语句块中用 var 语句声明的变量都是局限于该函数的局部变量，它在整个函数体中都是有效的。

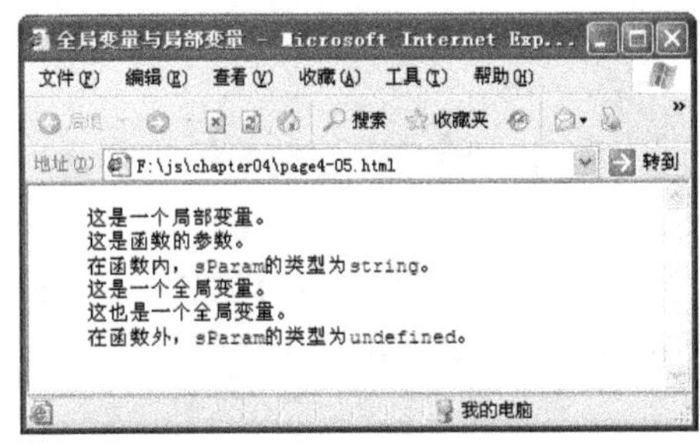

图 4.5　数据类型转换

【例 4.5】　本例数据类型转换用于说明全局变量与局部变量的区别，运行结果如图 4.5 所示。

【代码清单】

```
<!-- F:\js\chapter04\page4-05.html -->
<html>
<head>
<title>全局变量与局部变量</title>
<style type="text/css">
<!--
  body{margin-left:3em; font-family:"Courier New";}
-->
</style>
<script language="javascript" type="text/javascript">
<!--
  var sValue1 = "这是一个全局变量";          // 声明全局变量 sValue1
  function fnTest(sParam){                   // 函数包含参数 sParam
    var sValue1 = "这是一个局部变量"         // 声明局部变量 sValue1
    sValue2 = "这也是一个全局变量";          // 在函数内声明全局变量 sValue2
    document.writeln(sValue1, "<br />");     // 输出局部变量 sValue1,同名全局变量被屏蔽
    document.writeln(sParam, "<br />");      // 输出函数的参数
    document.writeln("在函数内，sParam 的类型为", typeof sParam, "<br />");
  }
//-->
</script>
</head>
<body>
<script language="javascript" type="text/javascript">
<!--
  fnTest("这是函数的参数");                  // 调用函数 fnTest
  document.writeln(sValue1, "<br />");       // 输出全局变量 sValue1
  document.writeln(sValue2, "<br />");       // 输出全局变量 sValue2
  document.writeln("在函数外，sParam 的类型为", typeof sParam, "");
//-->
</script>
</body>
</html>
```

4.4　运算符

在 JavaScript 中，常量、变量和运算符组成了表达式，表达式的值可以作为函数的参数

或通过赋值语句赋给变量。运算符是表示各种运算的符号或关键字。通过运算符作用于运算对象，可以实现算术运算、比较运算、逻辑运算及其他运算等。根据运算对象的数目，运算符可以分为一元运算符、二元运算符和三元运算符。

4.4.1 算术运算符

算术运算符用于执行加法、减法、递增、递减、乘法和除法等运算。JavaScript 算术运算符在表 4.3 中列出。

表 4.3 JavaScript 算术运算符

运 算 符	语 法 格 式	说 明
+	expr1+expr2 或 +expr	数字相加、字符串连接或作为正号。把两个数值表达式的值相加并返回和，或连接两个字符串并返回连接后的字符串。若两个表达式的值都是数值，则执行加法；若两者中有一个是字符串，则执行连接；作为一元运算符，+运算符的作用是正号，对数字无作用，对字符串的处理方式类似于 parseInt 方法
−	expr1−expr2 或 −expr	数字相减或取相反数。从一个表达式的值中减去另一个表达式的值（二元运算符）；作为一元运算符，−运算符的作用是负号，用于取表达式的相反数，对于字符串则转换为数字并取相反数
++	++ variable 或 variable++	变量递增。这是一个一元运算符，其作用是使变量值递增 1
−−	−−variable 或 variable−−	变量递减。这是一个一元运算符，其作用是使变量值递减 1
*	expr1 * expr2	数字相乘。将两个表达式的值相乘并返回积
/	expr1 / expr2	数字相除。将两个表达式的值相除并返回商
%	expr1 % expr2	数字取模。将两个表达式的值相除并返回余数

递增和递减运算符，是修改存储于变量中的值的快捷方式。包含这种运算符的表达式的值，依赖于该运算符是在变量前面还是在变量后面。如果该运算符位于变量名前面，则返回递增前的值；如果该运算符位于变量名后面，则返回递增后的值；例如，y=++x 先使 x 加 1，再把 x 赋给 y；y=x++先把 x 赋给 y，再使 x 加 1。

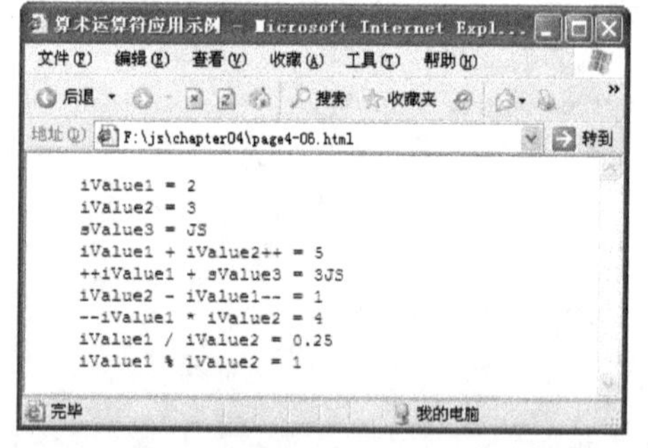

图 4.6 算术运算符应用示例

【例 4.6】 本例说明各种算术运算符的应用，运行结果如图 4.6 所示。

【代码清单】

```
<!-- F:\js\chapter04\page4-06.html -->
<html>
<head>
<title>算术运算符应用示例</title>
<style type="text/css">
<!--
  body{margin-left:3em; margin-top: 6px; font-family:"Courier New";}
-->
</style>
</head>
<body>
<script language="javascript" type="text/javascript">
```

```
<!--
  var iValue1=2, iValue2=3, sValue3="JS";
  document.writeln("iValue1 = ", iValue1, "<br />");
  document.writeln("iValue2 = ", iValue2, "<br />");
  document.writeln("sValue3 = ", sValue3, "<br />");
  document.writeln("iValue1 + iValue2++ = ", iValue1 + iValue2++, "<br />");
  document.writeln("++iValue1 + sValue3 = ", ++iValue1 + sValue3, "<br />");
  document.writeln("iValue2–iValue1— = ", iValue2–iValue1—, "<br />");
  document.writeln("--iValue1 * iValue2 = ", —iValue1 * iValue2, "<br />");
  document.writeln("iValue1 / iValue2 = ", iValue1 / iValue2, "<br />");
  document.writeln("iValue1 % iValue2 = ", iValue1 % iValue2, "<br />");
//-->
</script>
</body>
</html>
```

4.4.2 比较运算符

比较运算符都是二元运算符，用于比较两个表达式的大小关系，运算结果是一个布尔值，可以取 true 或 false。JavaScript 比较运算符在表 4.4 中列出。

表 4.4 JavaScript 关系运算符

运 算 符	语 法 格 式	说　明
>	expr1 > expr2	大于。若 expr1 大于 expr2，则结果为 true，否则为 false
>=	expr1 >= expr2	大于或等于。若 expr1 大于或等于 expr2，则结果为 true，否则为 false
<	expr1 < expr2	小于。若 expr1 小于 expr2，则结果为 true，否则为 false
<=	expr1 <= expr2	小于或等于。若 expr1 小于或等于 expr2，则结果为 true，否则为 false
==	expr1 == expr2	等于。若 expr1 等于 expr2，则结果为 true，否则为 false
===	expr1 === expr2	恒等于。若 expr1 与 expr2 的值相等且数据类型相同，则结果为 true，否则为 false
!=	expr1 != expr2	不等于。若 expr1 不等于 expr2，则结果为 true，否则为 false
!=	expr1 !== expr2	不恒等于。若 expr1 和 expr2 的值不相等或数据类型不同，则结果为 true，否则为 false

使用比较运算符时，应注意以下几点。

（1）使用运算符 <、>、<= 或 >= 时，试图把表达式 expr1 和 expr2 都转换为数字。如果两个表达式都是字符串，则按字典顺序进行字符串比较；如果有一个表达式为 NaN，则返回 false；负零等于正零；负无穷小于包括其本身在内的任何数；正无穷大于包括其本身在内的任何数。

按字典顺序进行字符串比较的规则如下：小写字母在前，大写字母在后；短字符串在前，长字符串在后；字母表顺序靠前的字符串在前，字母表顺序靠后的字符串在后；在 ASCII 或 Unicode 编码中，值较小的字符在前，值较大的在后。

（2）使用运算符==或!=时，如果两个表达式的类型不同，则试图将它们转换为字符串、数字或布尔值；负零等于正零；null 和 undefined 相等；相同的字符串、数值上相等的数字、相同的对象、相同的布尔值或者（当类型不同时）能被强制转化为上述情况之一，均被认为是相等的；其他比较均被认为是不相等的。

（3）使用运算符===和!==时，除了不进行类型转换，并且类型必须相同以外，这些运算符与相等运算符的作用是一样的。

【例 4.7】　本例说明各种比较运算符的应用，运行结果如图 4.7 所示。

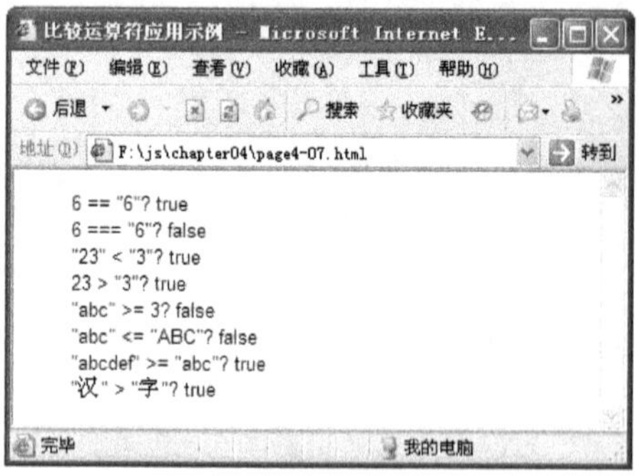

图 4.7　比较运算符应用示例

【代码清单】

```
<!-- F:\js\chapter04\page4-07.html -->
<html>
<head>
<title>比较运算符应用示例</title>
<style type="text/css">
<!--
  body{margin-left:3em; font-family:Arial;}
-->
</style>
</head>
<body>
<script language="javascript" type="text/javascript">
<!--
  document.writeln("6 == \"6\"? ", 6 == "6", "<br />");
  document.writeln("6 === \"6\"? ", 6 === "6", "<br />");
  document.writeln("\"23\" < \"3\"? ", "23" < "3", "<br />");
  document.writeln("23 > \"3\"? ", 23 > "3", "<br />");
  document.writeln("\"abc\" >= 3? ", "abc" >= 3, "<br />");
  document.writeln("\"abc\" <= \"ABC\"? ", "abc" <= "ABC", "<br />");
  document.writeln("\"abcdef\" >= \"abc\"? ", "abcdef" >= "abc", "<br />");
  // “汉”的 Unicode 编码为 0x6C49，“字”的 Unicode 编码为 0x5B57
  document.writeln("\"汉\" > \"字\"? ", "汉" > "字");
//-->
</script>
</body>
</html>
```

4.4.3　逻辑运算符

逻辑运算符用于对布尔值进行运算，其结果为 true、false、null、undefined 或 NaN。逻辑运算符包括逻辑与、逻辑或和逻辑非，这些运算符在表 4.5 中列出。

表 4.5　JavaScript 逻辑运算符

运 算 符	语 法 格 式	说　明
!	!expr	逻辑非。若表达式 expr 的值为 true，则结果为 false；若 expr 的值为 false，则结果为 true
&&	expr1 && expr2	逻辑与。若两个表达式 expr1 和 expr2 的值都等于 true，则结果为 true；若任一表达式的值等于 false，则结果为 false；若任一表达式的值为 null，则结果为 null；若任一表达式的值为 undefined，则结果为 undefined；若任一表达式的值为 NaN，则结果为 NaN
||	expr1 || expr2	逻辑或。若两个表达式 expr1 和 expr2 中有一个或两个等于 true，则结果为 true；若两者都等于 false，则结果为 false

在 JavaScript 中，使用下列规则把非 Boolean 值转换为 Boolean 值：所有对象都被认为是 true；字符串当且仅当为空时被认为是 false；null 和 undefined 被认为是 false；数字当且

仅当为零时被认为是 false。

【例 4.8】　本例说明各种逻辑运算符的应用，运行结果如图 4.8 所示。

【代码清单】

```
<!-- F:\js\chapter04\page4-08.html -->
<html>
<head>
<title>比较运算符应用示例</title>
<!--
  body{margin-left:3em; font-family:Arial;}
-->
</style>
</head>
<body>
<script language="javascript" type="text/javascript">
<!--
  var iNum=50;
  document.writeln("iNum = ", iNum, "<br />");
  document.writeln("iNum > 45   && iNum < 60? ", iNum > 45   && iNum < 60, "<br />");
  document.writeln("iNum < 35   || iNum > 55? ", iNum < 35   || iNum > 55, "<br />");
  document.writeln("!(iNum == 50)? ", !(iNum == 50), "<br />");
  document.writeln("true && null? ", true && null, "<br />");
  document.writeln("true && undefined? ", true && undefined, "<br />");
  document.writeln("true && NaN? ", true && NaN, "<br />");
//-->
</script>
</body>
</html>
```

图 4.8　逻辑运算符应用示例

4.4.4　按位运算符

按位运算符把操作数视为一个二进制位（0 和 1）的序列，而不是十进制数、十六进制数或八进制数，逐位进行运算后返回一个十进制数。JavaScript 按位运算符在表 4.6 中列出。

表 4.6　JavaScript 按位运算符

运 算 符	语 法 格 式	说　　明
~	~expr	按位取非。对一个表达式执行按位取非，若操作数的对应位为 0，则该位为 1，否则为 0
<<	expr1 << expr2	按位左移。把 expr1 的所有位向左移 expr2 指定的位数
>>	expr1 >> expr2	按位右移。把 expr1 的所有位向右移 expr2 指定的位数
>>>	expr1 >>> expr2	无符号右移。把 expr1 的各个位向右移 expr2 指定的位数。右移后左边空出的位用 0 来填充，移出右边的位被丢弃
&	expr1 & expr2	按位与。查看两个表达式的二进制表示法的值，并执行按位与操作，若操作数的对应位都是 1，则该位为 1，否则为 0
|	expr1 | expr2	按位或。查看两个表达式的二进制表示法的值，并执行按位或操作，若操作数的对应位都是 0，则该位为 0，否则为 1
^	expr1 ^ expr2	按位异或。查看两个表达式的二进制表示法的值，并执行按位异或操作，若操作数的对应位只有一个为 1，则该位为 1，否则为 0

【例 4.9】 本例说明各种按位运算符的应用，运行结果如图 4.9 所示。

图 4.9 按位运算符应用示例

【代码清单】

```
<!-- F:\js\chapter04\page4-09.html -->
<html>
<head>
<title>按位运算符应用示例</title>
<style type="text/css">
<!--
  body{margin-left:3em; font-family:Arial;}
-->
</style>
</head>
<body>
<script language="javascript" type="text/javascript">
<!--
  var iNum1 = 15;
  var iNum2 = 10;
  var iResult = iNum1 & iNum2;
  document.writeln(iNum1.toString(2) + " & " + iNum2.toString(2) + " = ", iResult.toString(2), "<br />");
  iResult = iNum1 | iNum2;
  document.writeln(iNum1.toString(2) + " | " + iNum2.toString(2) + " = ", iResult.toString(2), "<br />");
  iResult = iNum1 ^ iNum2;
  document.writeln(iNum1.toString(2) + " ^ " + iNum2.toString(2) + " = ", iResult.toString(2),  "<br />");
  iResult = ~iNum1;
  document.writeln("~" + iNum1.toString(2) + " = ", iResult.toString(2), "<br />");
  iResult = iNum1 << 2;
  document.writeln(iNum1.toString(2) + " << 2 = ", iResult.toString(2), "<br />");
  iResult = iNum1 >> 2;
  document.writeln(iNum1.toString(2) + " >> 2 = ", iResult.toString(2), "<br />");
  iResult = iNum2 >>> 3;
  document.writeln(iNum2.toString(2) + " >>> 2 = ", iResult.toString(2), "<br />");
//-->
</script>
</body>
</html>
```

4.4.5 赋值运算符

在 JavaScript 中，赋值运算符分为简单赋值运算符（=）和复合赋值运算符，前者用于给变量或属性赋值，后者由某个算术运算符或按位运算符与简单赋值运算符组合而成，复合赋值运算符先进行某种运算，然后把运算结果赋给左边的操作数。例如，加法赋值运算符+=的其作用是将变量的值与表达式的值相加并将所得到的和赋给该变量。

JavaScript 赋值运算符在表中 4.7 列出。

表 4.7 JavaScript 赋值运算符

运 算 符	语 法 格 式	说 明
=	result = expr	把右边表达式 expr 的值赋给左边的变量 result
+=	result += expr	等价于 result = result + expr

续表

运　算　符	语 法 格 式	说　　明
-=	result -= expr	等价于 result = result - expr
*=	result *= expr	等价于 result = result * expr
/=	result /= expr	等价于 result = result / expr
%=	result %= expr	等价于 result = result % expr
&=	result &= expr	等价于 result = result & expr
^=	result ^= expr	等价于 result = result ^ expr
|=	result |= expr	等价于 result = result | expr
<<=	result <<= expr	等价于 result = result << expr
>>|=	result >>= expr	等价于 result = result >> expr
>>>=	result >>>= expr	等价于 result = result >>> expr

赋值运算符与其他运算符一样，除了把值赋给变量外，使用它的表达式还有一个值。这就意味着可以像下面这样把赋值操作连起来写：

```
i = j = k = 2;
```

执行上述语句后，变量 i、j 和 k 的值都是 2。

【例 4.10】　本例说明各种赋值运算符的应用，运行结果如图 4.10 所示。

【代码清单】

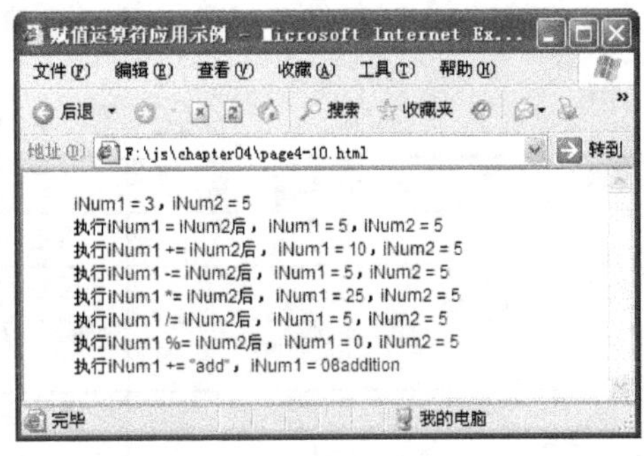

图 4.10　赋值运算符应用示例

```
<!-- F:\js\chapter04\page4-10.html -->
<html>
<head>
<title>赋值运算符应用示例</title>
<style type="text/css">
<!--
   body{margin-left:3em; font-family:Arial;}
-->
</style>
</head>
<body>
<script language="javascript" type="text/javascript">
<!--
   var iNum1 = 3, iNum2 = 5;
   document.writeln("iNum1 = " + iNum1 + "，iNum2 = " + iNum2 + "<br />");
   iNum1 = iNum2;
   document.writeln("执行 iNum1 = iNum2 后，");
   document.writeln("iNum1 = " + iNum1 + "，iNum2 = " + iNum2 + "<br />");
   iNum1 += iNum2;
   document.writeln("执行 iNum1 += iNum2 后，");
   document.writeln("iNum1 = " + iNum1 + "，iNum2 = " + iNum2 + "<br />");
   iNum1 -= iNum2;
   document.writeln("执行 iNum1 -= iNum2 后，");
   document.writeln("iNum1 = " + iNum1 + "，iNum2 = " + iNum2 + "<br />");
```

```
    iNum1 *= iNum2;
    document.writeln("执行 iNum1 *= iNum2 后，");
    document.writeln("iNum1 = " + iNum1 + "，iNum2 = " + iNum2 + "<br />");
    iNum1 /= iNum2;
    document.writeln("执行 iNum1 /= iNum2 后，");
    document.writeln("iNum1 = " + iNum1 + "，iNum2 = " + iNum2 + "<br />");
    iNum1 %= iNum2;
    document.writeln("执行 iNum1 %= iNum2 后，");
    document.writeln("iNum1 = " + iNum1 + "，iNum2 = " + iNum2 + "<br />");
    iNum1 += 8 + "addition";
    document.writeln("执行 iNum1 += \"add\"，");
    document.writeln("iNum1 = " + iNum1);
//-->
</script>
</body>
</html>
```

4.4.6 其他运算符

除了前面介绍的算术运算符、比较运算符、逻辑运算符、按位运算符和赋值运算符外，JavaScript 还提供了另外一些运算符，这些运算符在表 4.8 中列出。

表 4.8 JavaScript 其他运算符

运 算 符	语 法 格 式	说 明
()		圆括号运算符用于函数调用或更改运算符优先级
,	expr1, expr2	逗号运算符（,）。该运算符使其两边的表达式以从左到右的顺序被执行，并获得右边表达式的值。该运算符最常见的用途是在 for 循环的递增表达式中使用
?:	test ? expr1 : expr2	条件运算符（?:）。该运算符根据条件执行两个表达式中的其中一个，若 Boolean 表达式 test 的值为 true，则获得表达式 expr1 的值，否则获得表达式 expr2 的值
delete	delete expr	delete 运算符从对象中删除一个属性，或从数组中删除一个元素。其中 expr 是一个有效的表达式，通常是一个属性名或数组元素。如果 expr 的结果是一个对象，且在 expr 中指定的属性存在而又不允许删除该属性，则返回 false，在所有其他情况下返回 true
instanceof	object instanceof class	instanceof 运算符返回一个 Boolean 值，指出对象 object 是否是特定类 class 的一个实例。若 object 是 class 的一个实例，则返回 true；若 object 不是指定类的一个实例，或者 object 是 null，则返回 false
new	new constructor[(args)]	new 运算符创建一个新对象。constructor 参数调用对象的构造函数。若构造函数没有参数，则可以省略圆括号。创建对象后，可用点运算符（.）来连接该对象及其属性和方法，例如，document.writeln("hi")；也可以用方括号运算符（[]）来连接对象及其属性，例如，document[bgColor]；方括号运算符也用于引用数组元素
typeof	typeof [( ] expr [ )]	返回一个用来表示表达式 expr 的数据类型的字符串。typeof 返回值有 6 种可能："number"、"string"、"boolean"、"object"、"function"（函数）和"undefined"
void	void expr	void 运算符避免表达式 expr 返回值。void 运算符对表达式 expr 求值，并返回 undefined。在希望求表达式的值，但又不希望脚本的剩余部分看见这个结果时，该运算符最有用

【例 4.11】　本例说明各种杂项运算符的应用，运行结果如图 4.11 所示。

【代码清单】

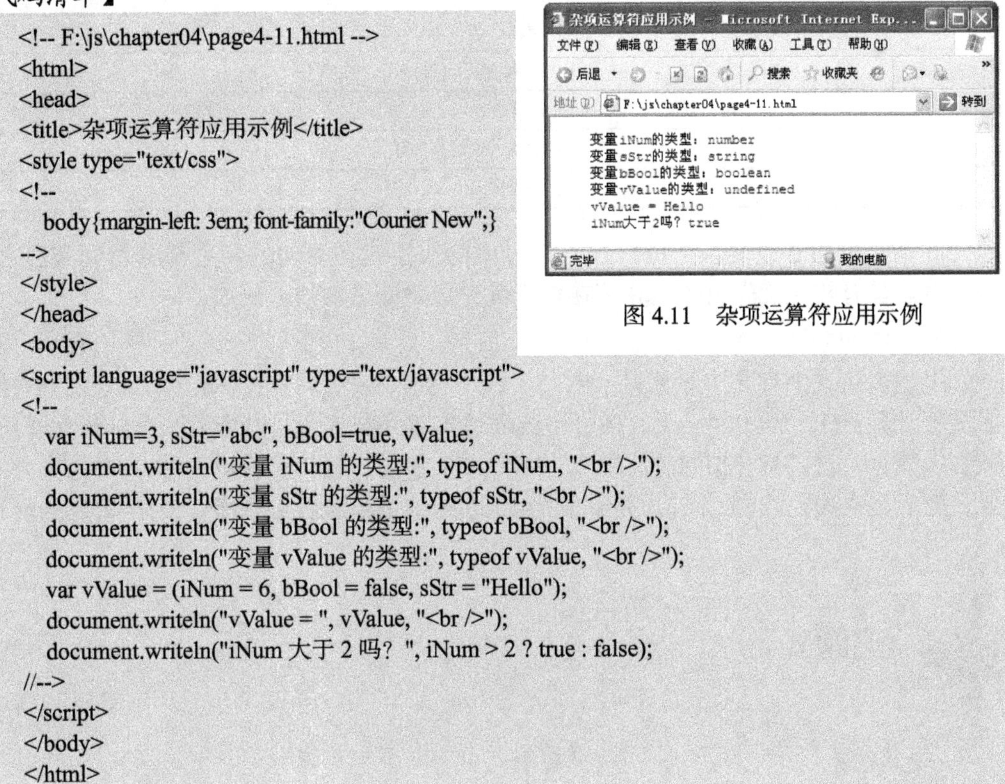

图 4.11　杂项运算符应用示例

```
<!-- F:\js\chapter04\page4-11.html -->
<html>
<head>
<title>杂项运算符应用示例</title>
<style type="text/css">
<!--
  body{margin-left: 3em; font-family:"Courier New";}
-->
</style>
</head>
<body>
<script language="javascript" type="text/javascript">
<!--
  var iNum=3, sStr="abc", bBool=true, vValue;
  document.writeln("变量 iNum 的类型:", typeof iNum, "<br />");
  document.writeln("变量 sStr 的类型:", typeof sStr, "<br />");
  document.writeln("变量 bBool 的类型:", typeof bBool, "<br />");
  document.writeln("变量 vValue 的类型:", typeof vValue, "<br />");
  var vValue = (iNum = 6, bBool = false, sStr = "Hello");
  document.writeln("vValue = ", vValue, "<br />");
  document.writeln("iNum 大于 2 吗？ ", iNum > 2 ? true : false);
//-->
</script>
</body>
</html>
```

4.4.7　运算符优先级

在 JavaScript 中，各种运算符按照特定顺序进行计算，这个顺序被称为运算符优先级。在表达式中具有相同优先级的运算符按从左到右的顺序求值。表 4.9 按最高到最低优先级顺序列出了所有运算符。

表 4.9　JavaScript 运算符优先级

运　算　符	描　　述
.、[]、()	域访问、数组下标和函数调用
++、—、−、~、!、delete、new、typeof、void	一元运算符、返回数据类型、对象创建、未定义的值
*、/、%	乘、除、取模
+、−、+	加、减、字符串连接
<<、>>、>>>	移位
<、<=、>、>=、instanceof	小于、小于等于、大于、大于等于、instanceof
==、!=、===、!==	相等、不相等、恒等、不恒等
&	按位“与”
^	按位“异或”
|	按位“或”

续表

运 算 符	描 述
&&	逻辑“与”
||	逻辑“或”
?:	条件
=、oP=	赋值、带操作的赋值
,	多重求值

圆括号可用于改变求值的顺序。括号中的表达式在语句的剩余部分用到其值之前被完全求值。具有较高优先级的运算符在较低优先级之前被求值。例如：

```
iNum = 72 * (96 + 13 − 36)
```

上述表达式中有 5 个运算符：=、*、()、+和−。按照运算符优先级，该表达式按以下顺序进行计算：()、*、+、−、=。括号中的表达式首先被求值，其中有一个加法运算符和一个减法运算符，它们具有相同的优先级，96 和 13 加在一起，然后减去 36，得到值为 73 的结果；随后是乘法，72 乘以 73，得到值为 5256 的结果；最后是赋值，5256 赋给变量 iNum。

习题 4

一、填空题

1. Number 类型的数据可用以下三种数制表示：________、________和________。
2. 特殊值 Infinity 表示________，特殊值 NaN 表示________。
3. 在 String 类型数据中，第一个字符在位置___；换行字符的转义字符为_____。
4. Boolean 类型数据的取值为______或______。
5. 若声明一个变量而未对其赋值，则其默认值为________；null 表示__________。
6. parseInt("128abc")的值为________，Number("128abc")的值为________。
7. toString 和 String 方法的区别：____。
8. 为了使用有意义的变量名时，可参考的命名规则：__________、__________和__________。
9. 一个变量是全局变量还是局部变量取决于__________________和__________________。
10. 执行 var iNum=2, iResult; iResult = iNum++; 后，变量 iResult 的值为________。

二、选择题

1. 关于 JavaScript 基本语法，错误的是（　　）。

   A. 变量名、函数名、运算符和其他标识符都是区分大小写的

   B. 一行中只能包含一个语句，而且必须在语句结尾使用分号

   C. 一行中可以包含多个语句，在语句之间用分号分隔

   D. 一个语句不能拆分到两行上

2. 关于 JavaScript 标识符命名规则，错误的是（　　）。

   A. 第一个字符必须是字母、下画线（_）或美元符号（$）

B. 后面的字符可以是下画线、美元符号、英文字母或数字字符

C. 后面不能使用美元符号

D. 变量名中不能包含空格

3. 其他数据类型转换为 Number 类型时，错误的是（ ）。

A. 布尔值 true 转换为 1，false 转换为 0　　B. 空字符串转换为 NaN

C. 对象转换为 NaN　　D. null 和 undefined 转换为 0

4. 其他数据类型转换为布尔值时，错误的是（ ）。

A. 0 转换为 false，其他数字转换为 true　　B. 字符串转换为 true

C. 对象转换为 true　　D. null 和 undefined 转换为 false

上机实验 4 JavaScript 语言基础

【实验目的】

1. 掌握 JavaScript 数据类型的特点和数据类型转换规则。

2. 掌握 JavaScript 运算符的使用方法。

【实验内容】

1. 创建一个 HTML 网页，用于输出一些数值型数据，包括十进制数、十六进制数、八进制数以及科学计数法表示的数字。

2. 创建一个 HTML 网页，用于输出一些字符串，其中包含换行符、双引号和反斜线。

3. 创建一个 HTML 网页，使用 parseInt、ParseFloat、Boolean、Number 和 String 方法实现数据类型转换。

4. 创建一个 HTML 网页，用于声明和输出全局变量和局部变量，并以局部变量屏蔽全局变量。

5. 创建一个 HTML 网页，使用算术运算符进行一些运算。

6. 创建一个 HTML 网页，使用比较运算符进行一些运算。

7. 创建一个 HTML 网页，使用逻辑运算符进行一些运算。

8. 创建一个 HTML 网页，使用按位运算符进行一些运算。

9. 创建一个 HTML 网页，使用赋值运算符进行一些运算。

10. 创建一个 HTML 网页，使用逗号运算符和条件运算符进行一些运算。

第 5 章 流程控制语句

第 4 章介绍了 JavaScript 语言的基础知识，包括基本语法、数据类型、变量和运算符等，利用这些知识就可以编写一些简单的顺序结构程序，使程序从头到尾依次执行每个语句。为了实现更复杂的功能，就需要使用流程控制语句对程序执行的流程进行控制，以便根据条件执行不同的语句或者重复执行某些语句。本章介绍 JavaScript 中的流程控制语句，主要内容包括条件语句、循环语句及自定义函数等。

5.1 条件语句

在 JavaScript 语言中，条件语句包括 if...else 语句和 switch 语句，使用这些语句可以实现单向分支结构、双向选择分支结构和多路分支结构。

5.1.1 if...else 语句

if...else 语句根据一个表达式的值，有条件地执行一组语句。语法如下：

```
if(condition)
  statement1;
[else
  statement2;]
```

其中，condition 是一个布尔表达式，若其值为 null 或 undefined，则作为 false 处理。statement1 是当 condition 为 true 时要执行的语句。statement2 是 condition 为 false 时要执行的语句。statement1 和 statement2 可以是单个语句或复合语句。

用花括号把 statement1 和 statement2 括起来通常被认为是一种最佳编程实践，即使要执行的代码只有一行。这样不仅使代码阅读性更好，还可以避免无意中造成错误。

根据需要，还可以对 if...else 语句进行扩展，也就是使用下列 else...if 来处理多个条件，以形成多路分支结构。

```
if(condition1)
  statement1;
else if(condition2)
  statement2;
else if(condition3)
  statement3;
else
  elsestatement;
```

【例 5.1】　创建一个 HTML 网页，根据不同的时间显示不同的问候语，如图 5.1 所示。

【代码清单】

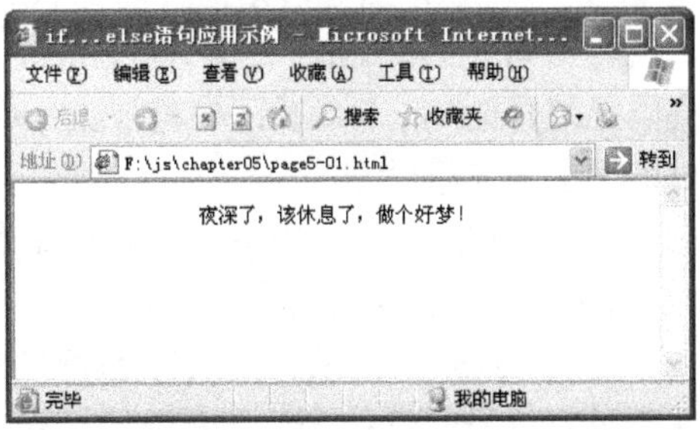

```
<!-- F:\js\chapter05\page5-01.html -->
<html>
<head>
<title>if...else 语句应用示例</title>
</head>
<body>
<script language="javascript" type="text/javascript">
<!--
  var sMsg = "";
  var oNow = new Date();
// 创建 Date 对象，取得用户计算机的日期和时间
  var iHour = oNow.getHours();                  // 返回 Date 对象中用本地时间表示的小时值
  if(iHour < 6){
    sMsg = "凌晨了，还没休息吗？";
  }else if(iHour < 8){
    sMsg = "早上好!";
  }else if(iHour < 12){
    sMsg = "上午好!";
  }else if(iHour < 14){
    sMsg = "中午好!"
  }else if(iHour < 18){
    sMsg = "下午好!"
  }else if(iHour < 22){
    sMsg = "晚上好!";
  }else{
    sMsg = "夜深了,该休息了,做个好梦!";
  }
  document.writeln("<p align=\"center\">"+sMsg+"</p>");
//-->
</script>
</body>
</html>
```

图 5.1　根据不同的时间显示不同的问候语

5.1.2　switch 语句

switch 语句当指定的表达式的值与某个值匹配时，即执行相应的一个或多个语句。语法格式如下：

```
switch(expr){
  case value1:
    statement1;
    break;
  case value2:
    statement2;
    break;
  ...
  default:
    defaultstatement;
}
```

其中，expr 为要求值的表达式；如果 expr 与 value1 相等，则执行语句 statement1；如果 expr 与 value2 相等，则执行语句 statement2，依次类推；如果没有 value 与 expr 相匹配，则执行语句 defaultstatement。statement1、statement2 和 defaultstatement 可以是单个语句，也可以是复合语句。break 语句与 value 一起使用，用于中断相关联的语句，跳到 switch 代码块末尾的语句继续执行。

如果没有 value 与表达式 expression 的值匹配，并且没有提供 default，则不执行任何分支。

switch 的语句执行流程如下：

（1）求 expr 的值并依次序查看各个 value，直到找到一个匹配的值。

（2）如果 expr 的值等于某个 value 的值，则执行相应的 statement，直到遇到 break 语句，或者 switch 语句结束。如果没有使用 break 语句，则依次执行多个分支。

图 5.2　根据出生年份计算生肖

（3）如果没有 value 等于 expr 的值，则跳转到 default 处执行 defaultstatement。如果没有使用 default 子句，则跳转到最后一步。

（4）继续执行紧接 switch 代码块末尾的语句。

【例 5.2】　创建一个 HTML 网页，其功能是根据输入的出生年份计算生肖，如图 5.2 所示。

【代码清单】

```
<!-- F:\js\chapter05\page5-02.html -->
<html>
<head>
<title>根据出生年份计算生肖</title>
<script language="javascript" type="text/javascript">
<!--
  // 单击按钮时执行的事件处理函数
  function showShengxiao(){
    var iRemainder, sShenxiao;
    // 获取在文本框中输入的出生年份
    var iYear = document.form1.txtYear.value;
    if(iYear == ""){
      // 显示一个警告框
      alert("请输入出生年份！");
      // 把光标放到文本框中
      document.form1.txtYear.focus();
      return;
    }else{
      iRemainder = iYear % 12;
    }
    switch(iRemainder){
      case 0:
        sShengxiao = "猴";
        break;
      case 1:
        sShengxiao = "鸡";
```

```
            break;
        case 2:
            sShengxiao = "狗";
            break;
        case 3:
            sShengxiao = "猪";
            break;
        case 4:
            sShengxiao = "鼠";
            break;
        case 5:
            sShengxiao = "牛";
            break;
        case 6:
            sShengxiao = "虎";
            break;
        case 7:
            sShengxiao = "兔";
            break;
        case 8:
            sShengxiao = "龙";
            break;
        case 9:
            sShengxiao = "蛇";
            break;
        case 10:
            sShengxiao = "马";
            break;
        case 11:
            sShengxiao = "羊";
            break;
    }
    // 通过段落显示计算出来的生肖
    document.getElementById("Shengxiao").innerHTML = "您的生肖是:<b>" +
                    sShengxiao + "</b>";
  }
//-->
</script>
</head>

<body>
<form id="form1" name="form1" method="post" action="">
<fieldset>
<legend>根据出生年份计算生肖</legend>
  <p align="center">请输入您的出生年份:
    <input name="txtYear" type="text" id="txtYear" size="12" />
    <!-- 单击“显示生肖”按钮时，调用 JavaScript 函数 showShengxiao() -->
    <input name="btnShow" type="button" id="btnShow"
            onclick="showShengxiao();" value="显示生肖" />
  </p>
  <p id="Shengxiao" align="center"> </p>
</fieldset>
</form>
```

```
</body>
</html>
```

5.2 循环语句

循环语句又称迭代语句，用来重复执行一组语句。在 JavaScript 语言中，循环语句包括 while 语句、do...while 语句、for 语句和 for...in 语句，通过这些语句可以实现循环结构，以便按照给定的条件来决定是否重复执行一组语句。

5.2.1 do...while 语句

do...while 语句第一次执行一个语句块，然后重复执行该语句块，直到条件表达式等于 false。语法如下：

```
do{
   statement
}while(expr);
```

其中，statements 是 expr 为 true 时要执行的语句，可以是复合语句，称为循环体。expr 是一个布尔表达式。如果 expr 为 true，则再执行一次循环。如果 expr 为 false，则结束循环。

do...while 语句是后测试循环，它在第一次执行循环前不检查表达式 expr 的值，保证循环体至少被执行一次。此后，每次成功重复执行一次循环体后都要检查表达式 expr。

【例 5.3】 创建一个 HTML 网页，用于计算前 1 000 个自然数之和，如图 5.3 所示。

图 5.3 计算前 1 000 个自然数之和

【代码清单】

```
<!-- F:\js\chapter05\page5-03.html -->
<html>
<head>
<title>do...while 语句应用示例</title>
</head>
<body>
<script language="javascript" type="text/javascript">
<!--
   var iNum = 1, iSum = 0;
   do{
      iSum += iNum++;
```

```
    }while(iNum <= 1000);
    document.writeln("<p align=\"center\">1 + 2 + 3 +…+ 1000 = " + iSum + "</p>");
//-->
</script>
</body>
</html>
```

5.2.2　while 语句

while 语句重复执行一个或多个语句，直到指定的条件为 false。语法如下：

```
while(expr){
    statement
}
```

其中，参数 expr 是一个布尔表达式，在循环的每次迭代前被检查；如果 expr 为 true，则执行循环，如果 expr 为 false，则结束循环。statement 是当 expr 为 true 时要执行的语句，可以是复合语句。

while 语句是前测试循环，它在第一次执行循环前检查表达式 expr。如果在第一次检查中 expr 的值为 false，则该循环连一次也不会执行。

【例 5.4】　创建一个 HTML 网页，用于计算当前日期是这一年的第几天，如图 5.4 所示。

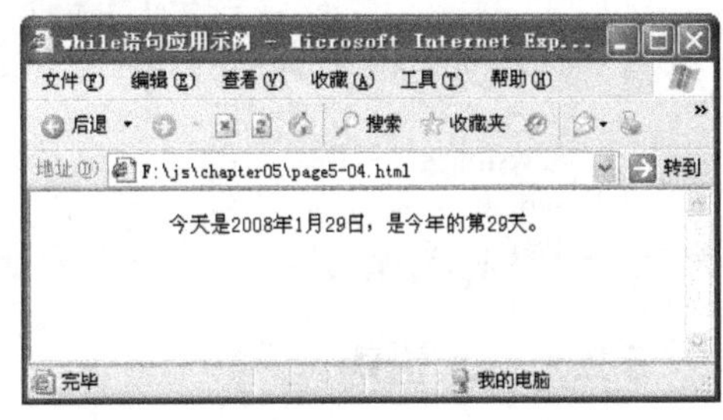

图 5.4　计算当前日期是这一年的第几天

【代码清单】

```
<!-- F:\js\chapter05\page5-04.html -->
<html>
<head>
<title>while 语句应用示例</title>
</head>
<body>
<script language="javascript" type="text/javascript">
<!--
    var oNow = new Date();                    // 创建 Date 对象，得到当前日期和时间
    var iYear = oNow.getYear();               // 返回 Date 对象中的年份值
    var iMonth = oNow.getMonth() + 1;         // 返回 Date 对象中用本地时间表示的月份值
    var iDay = oNow.getDate();                // 返回 Date 对象中用本地时间表示的一个月中的日期值
    var i = 1, iDayNum = iDay;
    while(i < iMonth){
        switch(i){
            case 1:
            case 3:
            case 5:
            case 7:
            case 8:
            case 10:
            case 12:
                iDayNum += 31;
                break;
```

```
            case 4:
            case 6:
            case 9:
            case 11:
               iDayNum +=30;
               break;
            case 2:
               // 如果是闰年，则加上 29 天，否则加上 28 天
               if((iYear % 4 == 0) && (iYear % 100 !=0) || (iYear % 400 == 0)){
                  iDayNum += 29;
               }else{
                  iDayNum += 28;
               }
         }
         i++;
      }
      document.writeln("<p align=\"center\">今天是" +
                       iYear + "年" + iMonth + "月" + iDay + "日，");
      document.writeln("是今年的第" + iDayNum + "天</p>");
   //-->
   </script>
   </body>
   </html>
```

5.2.3 for 语句

for 语句在当指定条件为 true 时执行一个语句块。语法如下：

```
for(initialization; test; increment){
   statement
}
```

其中，initialization 是一个表达式，它只在执行循环前被执行一次。test 是一个布尔表达式，如果 test 为 true，则执行 statement，如果 test 为 false，则结束循环。increment 是一个递增表达式，每次执行循环之后执行该表达式。statement 是当 test 为 true 时要执行的语句，可以是复合语句。

for 语句是前测试循环，通常使用 for 语句执行次数确定的循环。

【例 5.5】 创建一个 HTML 网页，其功能是根据指定的行数和列数动态创建表格，如图 5.5 所示。

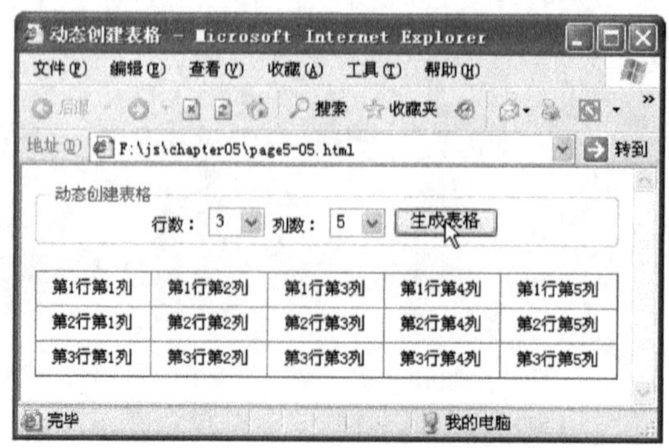

图 5.5　动态创建表格

【代码清单】

```
<!-- F:\js\chapter05\page5-05.html -->
<html>
<head>
<title>动态创建表格</title>
<style type="text/css">
<!--
  table{border-collapse:collapse; border-color: #0099FF;}
  td{border-color:#0099FF; padding:5px;}
-->
</style>
<script language="javascript" type="text/javascript">
<!--
  // 单击“生成表格”按钮时执行的事件处理函数
  function createTable(){
    // 获取从列表框中选择的行数
    var iRowNum = document.form1.lstRowNum.value;
    // 获取从列表框中选择的列数
    var iColNum = document.form1.lstColNum.value;
    var sMsg = "";
    sMsg = "<table align=\"center\" border=\"1\" width=\"100%\">\n";
    for(var i = 1; i <= iRowNum; i++){        // 外层循环执行一次生成一行
      sMsg += "<tr>\n";
      for(var j = 1; j <= iColNum; j++){      // 内层循环执行一次生成一个单元格
        sMsg += "<td>第" + i + "行第" + j + "列</td>\n";
      }
      sMsg += "</tr>\n";
    }
    sMsg += "</table>\n";
    // 通过 div 元素呈现一个表格
    document.getElementById("div1").innerHTML = sMsg;
  }
//-->
</script>
</head>
<body>
<form id="form1" name="form1" method="post" action="">
  <fieldset>
  <legend>动态创建表格</legend>
  <div align="center">行数:
    <select name="lstRowNum" id="lstRowNum">
      <option value="1">1</option>
      <option value="2">2</option>
      <option value="3">3</option>
      <option value="4">4</option>
      <option value="5">5</option>
      <option value="6">6</option>
      <option value="7">7</option>
      <option value="8">8</option>
      <option value="9">9</option>
      <option value="10">10</option>
    </select>
    列数:
```

```
            <select name="lstColNum" id="lstColNum">
              <option value="1">1</option>
              <option value="2">2</option>
              <option value="3">3</option>
              <option value="4">4</option>
              <option value="5">5</option>
              <option value="6">6</option>
              <option value="7">7</option>
              <option value="8">8</option>
              <option value="9">9</option>
              <option value="10">10</option>
            </select>
            <input name="btnCreateTable" type="button" id="btnCreateTable"
                      onclick="createTable();" value="生成表格" />
        </div>
        </fieldset>
    </form>
    <div id="div1" align="center"></div>
    </body>
    </html>
```

5.2.4 for...in 语句

for...in 语句针对对象的每个属性或数组的每个元素，执行一个或多个语句。语法如下：

```
for(variable in [object|array]){
   statement
}
```

其中，variable 是一个变量，它可以是 object 的任一属性或数组的任一元素。object 和 array 分别是要在其上遍历的对象或数组。statement 是相对于 object 的每个属性或 array 的每个元素都要被执行的语句，可以是复合语句。

在循环的每次迭代前，variable 被赋予 object 的下一个属性或 array 的下一个元素，然后可以在循环内的任一语句中使用它。

【例 5.6】 创建一个 HTML 网页，用于列举 document 对象的属性，如图 5.6 所示。

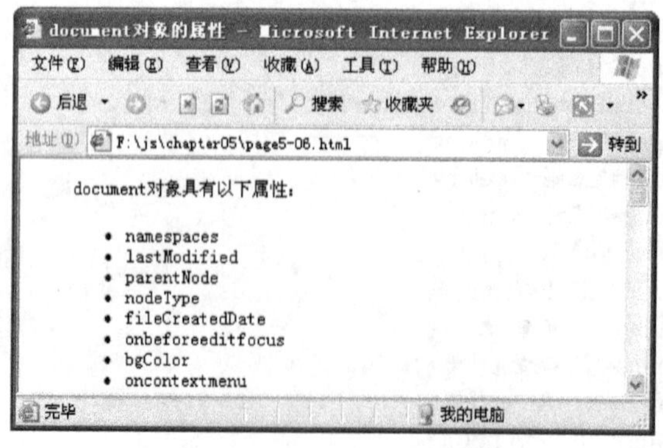

图 5.6 document 对象的属性

【代码清单】

```
<!-- F:\js\chapter05\page5-06.html -->
<html>
<head>
<title>document 对象的属性</title>
<style type="text/css">
<!--
  body{margin-left:3em;}
-->
</style>
</head>
<body>
<script language="javascript" type="text/javascript">
<!--
  document.writeln("document 对象具有以下属性：");
  document.writeln("<ul>");
  for(var sProperty in document){
    document.writeln("<li>"+ sProperty + "</li>");
  }
  document.writeln("</ul>");
//-->
</script>
</body>
</html>
```

5.2.5 跳转语句

在 while、do...while、for 或 for-in 循环体内，可以使用两种形式的跳转语句：break 语句和 continue 语句。

break 语句用于中断当前循环，语法如下：

```
break;
```

break 语句也可以用于 switch 语句，此时其作用是终止当前分支的执行。

continue 语句只能用在循环语句中，它把控制转移到 while 和 do-while 的测试条件，或者转移到 for 循环的递增表达式。语法如下：

```
continue;
```

执行 continue 语句会停止当前循环的迭代，并从循环的开始处继续程序流程。这样对不同的循环类型有以下影响。

- do...while 和 while 循环：检查它们的条件，如果条件为 true，则再次执行循环。
- for 循环：执行它们的递增表达式，如果测试表达式为 true，则再次执行循环。

【例 5.7】　创建一个 HTML 网页，用于输出 100 以内的偶数，运行结果如图 5.7 所示。

【代码清单】

```
<!-- F:\js\chapter05\page5-07.html -->
<html>
<head>
<title>100 以内的偶数</title>
</head>
```

```
<body>
<script language="javascript" type="text/javascript">
var i=1;
document.write("<h3>100 以内的偶数</h3>");
document.writeln("<hr />");
do{
  i++;
  if(i > 100)break;                          // 若 i 大于 100，则跳出循环体
  if(i % 2 !=0 )continue;                    // 若 i 为奇数，则跳过后面的语句
  document.writeln(i);
  document.writeln(i < 10 ? "   " : "  ");
  if(I != 2 && i % 20 == 0)document.writeln("<br />");
}while(1);                                   // 循环条件恒为真，只有通过 break 语句结束循环
</script>
</body>
</html>
```

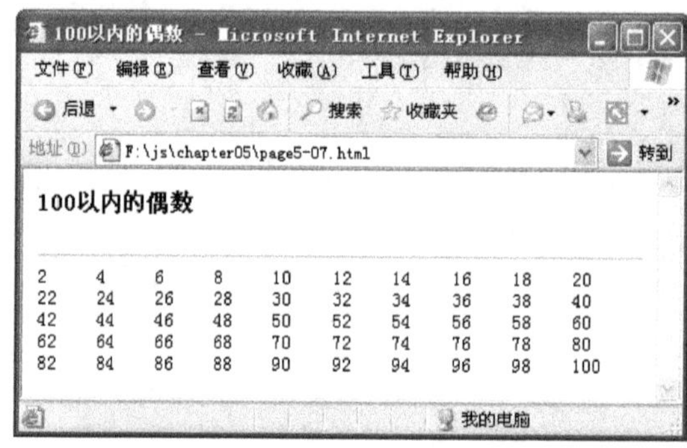

图 5.7　输出 100 以内的偶数

5.3　异常捕获语句

在程序运行期间随时可能出现一些错误或异常。如果在程序中使用可能生成异常的运算符，或者调用其他可能生成异常的代码，则在这些方法中应考虑使用异常处理。如果未能找到异常处理程序，则将显示错误信息并终止程序运行。在 JavaScript 语言中，可以使用 try...catch 语句来捕获和处理异常，也可以使用 throw 语句抛出异常。

5.3.1　try...catch 语句

在 JavaScript 语言中，可以使用 try...catch 语句来捕获异常，语法如下：

```
try{
  tryStatement
}catch(exception){
   catchStatement
}finally{
  finallyStatement
}
```

其中 tryStatement 是可能发生错误的语句，可以是复合语句。exception 是任何变量名，exception 的初始化值是抛出的错误的值。catchStatement 处理在相关联的 tryStatement 中发生的错误的语句，可以是复合语句。finallyStatement 是所有其他错误处理结束后无条件执行的语句。

try...catch 语句提供了一种方法来处理可能发生在给定代码块中的某些或全部错误，同时仍保持代码的运行。如果发生了程序员没有处理的错误，JavaScript 只给用户提供它的普通错误消息，就好像没有错误处理一样。

tryStatement 参数包含可能发生错误的代码，而 catchStatement 则包含处理任何发生了错误的代码。如果在 tryStatement 中发生了一个错误，则程序控制被传给 catchStatement 来处理。如果未发生错误，则 catchStatement 永远不会被执行。exception 的初始化值是发生在 tryStatement 中的错误的值，可通过 exception 对象的以下属性来获取该异常的描述信息。

- description：错误描述，仅在 Internet Explorer 中可用。
- fileName：出错的文件名，仅在 Mozilla 中可用。
- lineNumber：出错的行数，仅在 Mozilla 中可用。
- message：错误信息，在 Internet Explorer 中与 description 相同。
- name：错误类型。
- number：错误编号，这是一个 32 位的值，其中高 16 位字是设备代码，低 16 位字才是真正的错误代码，因此可通过与 0xFFFF 进行按位与得到该错误代码。仅在 Internet Explorer 中可用。
- stack：错误堆栈信息，仅在 Mozilla 中可用。

如果在与发生错误的 tryStatement 相关联的 catchStatement 中不能处理该错误，则使用 throw 语句来传播，或重新抛出这个错误给更高级的错误处理程序。

执行 tryStatement 中的所有语句以及处理 catchStatement 中的任何错误后，finallyStatement 中的语句无条件地被执行。

【例 5.8】　本例说明如何使用 try...catch 语句捕获和处理异常，运行结果如图 5.8 所示。

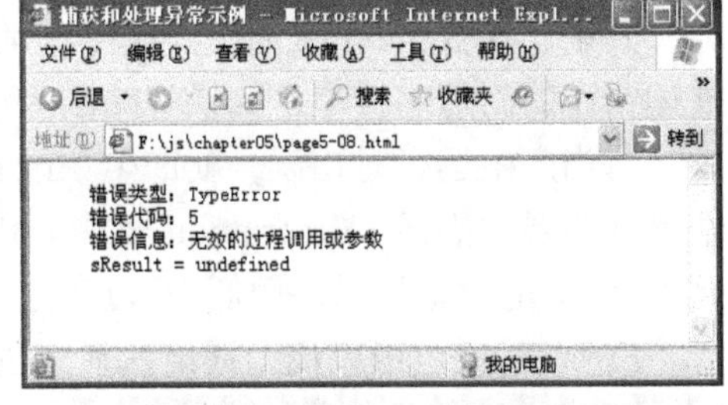

图 5.8　捕获和处理异常示例

【代码清单】

```
<!-- F:\js\chapter05\page5-08.html -->
<html>
<head>
<title>捕获和处理异常示例</title>
<style type="text/css">
<!--
  body{margin-left:3em;}
-->
</style>
</head>
<body>
<script language="javascript" type="text/javascript">
<!--
  var iValue = 12, sResult;
```

```
    try{
      sResult = iValue.toString(56);
    }catch(oException){
      document.writeln("错误类型:" + oException.name + "<br />");
      document.writeln("错误代码:" + (oException.number & 0xFFFF) + "<br />");
      document.writeln("错误信息:" + oException.message + "<br />");
    }finally{
      document.writeln("sResult = " + sResult);
    }
  //-->
  </script>
  </body>
  </html>
```

5.3.2 throw 语句

在 JavaScript 语言中，除了系统本身引发的异常外，也可以使用 throw 语句产生一个能被 try...catch 语句处理的错误，语法如下：

```
throw exception
```

其中，exception 参数可以是任何表达式。

在 Internet Explorer 浏览器中，可以使用 Error 对象来保存有关错误的信息。创建 Error 对象有以下三种语法格式：

```
var newErrorObj = new Error();
var newErrorObj = new Error(number);
var newErrorObj = new Error(number, description);
```

其中，参数 number 指定与错误相联的数字值，如果省略，则为 0。参数 description 是描述错误的简短字符串，如果省略则为空字符串。

每当产生运行时错误，就产生 Error 对象的一个实例以描述错误，该实例有两个固有属性保存错误的描述（description 属性）和错误号（number 属性）。错误号是 32 位的值，其中高 16 位字是设备代码，而低 16 位字是实际的错误代码。

Error 对象也可以用上述语法显式创建，或用 throw 语句抛掉。在两种情况下，都可以添加选择的任何属性，以拓展 Error 对象的能力。

在 try...catch 语句中创建的局部变量引用隐式创建的 Error 对象。可以按选择的任何方法使用错误号和描述。

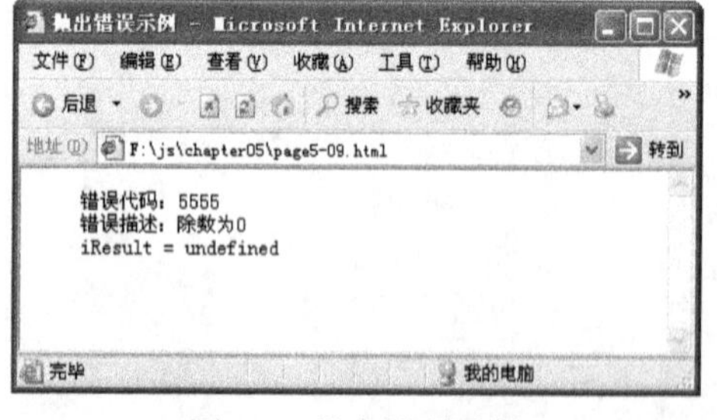

图 5.9 抛出错误示例

【例 5.9】 本例说明如何使用 throw 语句抛出能被 try...catch 捕获的错误，并显示出相应的错误代码和错误描述，运行结果如图 5.9 所示。

【代码清单】

```
<!-- F:\js\chapter05\page5-09.html -->
<html>
<head>
<title>抛出错误示例</title>
<style type="text/css">
```

```
<!--
  body{margin-left:3em;}
-->
</style>
</head>

<body>
<script language="javascript" type="text/javascript">
<!--
  var iNum1 = 3, iNum2 = 0, iResult;
  try{
    if(iNum2 == 0){
      // 抛出一个 Error 对象，错误代码为 5555,错误描述为“除数为 0”
      throw new Error(5555, "除数为 0");
    }
    iResult = iNum1 / iNum2;
  }catch(oException){
    document.writeln("错误代码:" + (oException.number & 0xFFFF) + "<br />");
    document.writeln("错误描述:" + oException.description + "<br />");
  }finally{
    document.writeln("iResult = " + iResult);
  }
//-->
</script>
</body>
</html>
```

5.4 函数

函数是拥有名称的一组语句，可以通过该名称来调用函数并向它传递一些参数，当函数执行完毕后还可以向调用代码返回一个值。使用函数可以封装在程序中多次用到的一组语句，以便简化应用程序结构，并使程序代码更容易维护。

5.4.1 函数的定义和调用

在 JavaScript 语言中，使用 function 语句声明一个新的函数。语法如下：

```
function functionName([arg1, arg2, ..., argN]){
  statements
  return [expr];
}
```

其中，functionName 为函数名，其命名规则与变量名基本相同。由于函数通常用于实现某种操作，因此建议以大小写混合形式使用多个名词，并且以动词开头，例如，applyColor、createTable 等。

arg1...argN 是函数的参数列表，各个参数之间用逗号分开，这些参数称为形式参数。一个函数最多可以拥有 256 个参数。

statements 是用于实现函数功能的一个或多个语句，称为函数体。函数体也可以为空。

在脚本的其他地方调用该函数前，statements 中包含的代码不被执行。在函数体内部，可以使用在函数外部声明的全局变量。不过，如果在定义函数时声明了同名的形式参数，或者在函数内部声明了同名的局部变量，则全局变量将被屏蔽。

return 语句从当前函数退出并返回一个值。return 语句之后的代码不会被执行。如果在 return 语句中省略了表达式 expr，或没有在函数内执行 return 语句，则把 undefined 值赋给调用当前函数的表达式。如果函数没有返回值，则可以使用 return 语句随时退出函数。

函数定义可以放在 HTML 网页的任何位置，但由于调用一个函数之前必须先加载该函数的定义，因此通常是把函数定义放在<head>标记与</head>标记之间，以便在加载网页正文之前预先加载函数定义。

定义一个函数后，可以通过以下语法格式来调用它：

```
functionName([arg1, arg2, ..., argN])
```

其中，functionName 表示要调用函数的名称，该函数必须已经定义。arg1...argN 给出要传递给函数的参数，这些参数称为实际参数。

调用函数时，应注意以下几点。

（1）如果函数有返回值，则可以通过赋值语句把函数值赋给一个变量，或把函数值作为表达式的一部分。

（2）由于函数名是区分大小写的，因此调用函数时应注意函数名的大小写。

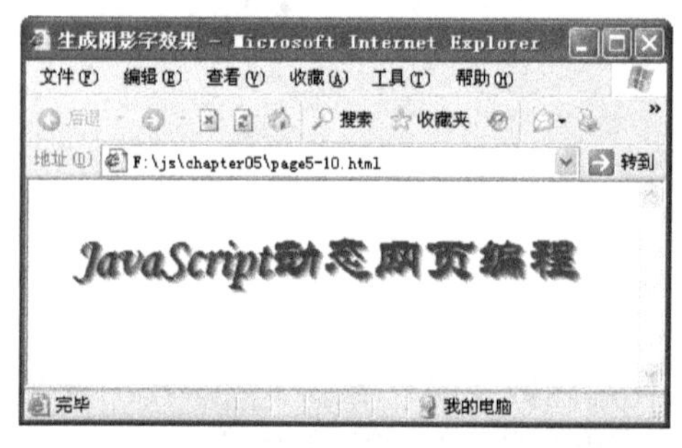

图 5.10　生成阴影字效果

（3）如果在调用函数时传递了实际参数，则当函数接收到这些参数后将把参数值赋给对应的形式参数，在函数内部可以使用这些参数的值，如同使用局部变量的值一样。

（4）调用函数时即使未传递参数，函数名后面的圆括号不也能省略。

【例 5.10】　本例说明如何通过定义和多次调用一个名为 print 的函数在网页上生成阴影字效果，如图 5.10 所示。

【代码清单】

```
<!-- F:\js\chapter05\page5-10.html -->
<html>
<head>
<title>生成阴影字效果</title>
<script language="javascript" type="text/javascript">
<!--
  // 定义函数 print，其功能是在指定位置上以指定的颜色、字体、字号显示文本
  // 参数 sText 指定要显示的文本内容，参数 iLeft 和 iTop 指定输出位置
  // 参数 sColor 指定文本颜色，参数 sFontName 和 iFontSize 指定字体和字号
  function print(sText, iLeft, iTop, sColor, sFontName, iFontSize){
    var sMsg;
    sMsg = "<div style=\"position:absolute; ";
    sMsg += "left:" + iLeft + "px; ";
    sMsg += "top:" + iTop + "px; ";
    sMsg += "color:" + sColor + "; ";
    sMsg += "font-family:" + sFontName + "; ";
```

```
        sMsg += "font-size:" + iFontSize + "px;\">";
        sMsg += sText + "</div>";
        document.writeln(sMsg);
    }
//-->
</script>
</head>
<body>
<script language="javascript" type="text/javascript">
<!--
    var sText = "JavaScript 动态网页编程";
    var iLeft = 35, iTop = 40, sFontName = "华文隶书" ,iFontSize = 36;
    print(sText, iLeft--, iTop--, "#CCCCCC", sFontName, iFontSize);
    print(sText, iLeft--, iTop--, "#999999", sFontName, iFontSize)
    print(sText, iLeft--, iTop--, "#666666", sFontName, iFontSize);
    print(sText, iLeft--, iTop--, "#333333", sFontName, iFontSize);
    print(sText, iLeft, iTop, "#FF6600", sFontName, iFontSize);
//-->
</script>
</body>
</html>
```

5.4.2　参数数目可变的函数

用 function 语句声明一个新的函数时，可以为该函数指定一个形式参数列表，参数之间用逗号分隔。使用这种方式设置的函数参数数目是确定的。在某些情况下，可能需要创建参数数目不确定的函数，或者函数包含许多参数，又不想在参数列表中为每个参数都定义一个局部变量。在这些场合，可以用以下方法来处理。

（1）声明函数时，设置形式参数列表为空，即让函数名后面的圆括号留空。

（2）在函数体代码中，通过特殊对象 arguments 来访问参数列表，语法如下：

```
functionName.arguments
```

其中，functionName 为当前执行函数的名称，也可以省略不写。

arguments 是由各个参数组成的一个数组对象，各个数组元素分别对应于传递给函数的各个参数。例如，可以用 arguments[0]获取第一个参数的值，用 arguments[1]获取第二个参数的值，依次类推。通过 arguments 对象的 length 属性可以得到传递给函数的参数的数目。

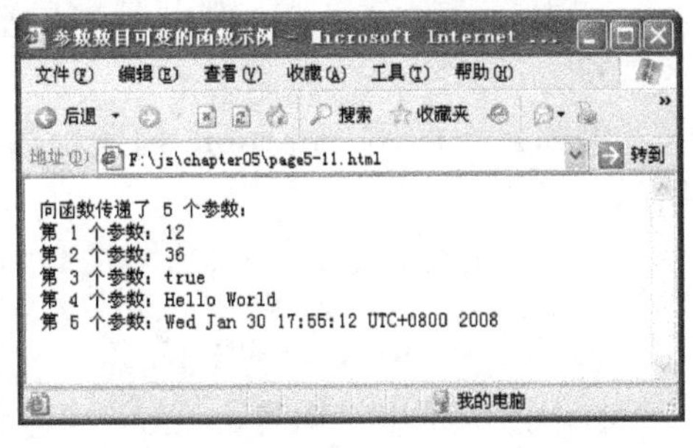

图 5.11　参数数目可变的函数示例

【例 5.11】　本例说明如何定义和调用一个参数数目可变的函数，并通过 arguments 对象来获取各个参数的值，运行结果如图 5.11 所示。

【代码清单】

```
<!-- F:\js\chapter05\page5-11.html -->
<html>
<head>
<title>参数数目可变的函数示例</title>
<script language="javascript" type="text/javascript">
<!--
```

```
    function argTest(){
      var iArgNum = arguments.length;
      var sRetValue = "向函数传递了 " + iArgNum + " 个参数：<br />";
      for(var iNum = 0; iNum < iArgNum; iNum++){
        sRetValue += "第 " + (iNum + 1) + " 个参数：" + arguments[iNum] + "<br />";
      }
      return sRetValue;
    }
//-->
</script>
</head>
<body>
<script language="javascript" type="text/javascript">
<!--
  var sMsg = argTest(12, 36, true, "Hello World", new Date());
  document.writeln(sMsg);
//-->
</script>
</body>
</html>
```

5.4.3 匿名函数

使用 function 语句声明一个新的函数时，通常需要为该函数指定一个名称，以便通过该名称调用函数。实际上，使用 function 语句创建函数时也可以不指定函数名，并将该函数的引用赋予一个变量，然后通过该变量来调用这个函数，这样的函数称为匿名函数。

例如，下面用 function 语句定义了一个匿名函数，然后通过变量 fnTest 来调用该函数：

```
var fnTest = function(sMsg){
  document.writeln(sMsg);
};
fnTest("Hello, World!");
```

也可以使用 new 运算符和 Function 构造函数来创建一个匿名函数，并将该函数的引用赋给一个变量，然后通过该变量来调用函数。语法如下：

```
var func=new Function("arg1", ... ,"argN", "statement1; ..., statementN;");
```

其中，arg1～argN 给出函数的参数；statement1～statementN 给出函数要执行的语句。

例如，下面用 Function 构造函数来创建一个匿名函数，然后通过变量 fnTest 来调用函数：

```
var fnTest = new Function("sMsg", "document.writeln(sMsg);");
// 由于变量 func 中保存了函数的引用，因此可以通过该变量来调用匿名函数
fnTest("Hello, World!");
```

在上述例子中，向 Function 构造函数传递了两个参数，第一个参数给出要定义的函数的参数，第二个参数则给出该函数的函数体。在这里，函数体实际上是 Function 构造函数的一个字符串参数，这意味着可以在运行时构造任意函数。这样的匿名函数也称为动态函数。

【例 5.12】　本例说明如何定义和调用匿名函数，运行结果如图 5.12 所示。

【代码清单】

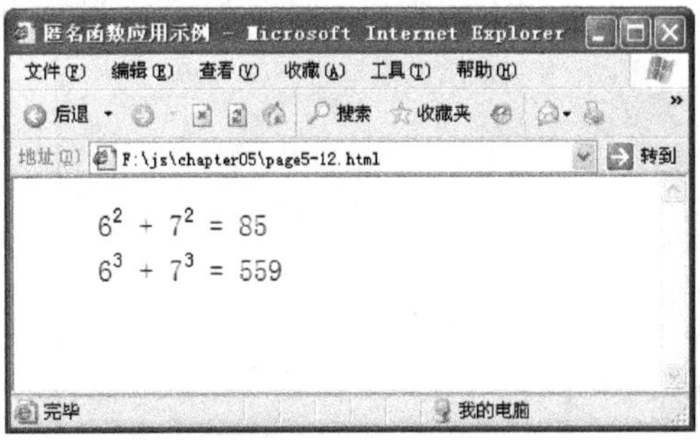

```
<!-- F:\js\chapter05\page5-12.html -->
<html>
<head>
<title>匿名函数应用示例</title>
<style type="text/css">
<!--
  body{margin-left:3em;}
-->
</style>
</head>
<body>
<script language="javascript" type="text/javascript">
<!--
  var fnFunction = function(iNum1, iNum2){
    var iNum3 = iNum1 * iNum1 + iNum2 * iNum2;
    return iNum3;
  };
  var sResult = "6<sup><small>2</small></sup> + 7<sup><small>2</small></sup> = ";
  sResult += fnFunction(6, 7) + "<br />";
  document.writeln(sResult);
  var fnFunction = new Function("iNum1", "iNum2",
        "return iNum1 * iNum1 * iNum1 + iNum2 * iNum2 * iNum2;");
  var sResult = "6<sup><small>3</small></sup> + 7<sup><small>3</small></sup> = ";
  sResult += fnFunction(6, 7) + "<br />";
  document.writeln(sResult);
//-->
</script>
</body>
</html>
```

图 5.12　匿名函数应用示例

5.4.4　嵌套函数

前面讨论了如何使用 function 语句或 new Function 来定义函数。通过这种方式定义的函数在全局范围内有效，即函数对其他脚本可见并可用，这种函数称为全局函数。

实际上，定义函数时可以在函数体内包含各种各样的语句，甚至可以嵌套另一个函数的定义，称为嵌套函数。使用嵌套函数可以把一个函数的可见性封装在另一个函数中，使得内部函数作为外层全局函数的私有函数，即内部函数只能在外层全局函数内部调用。

定义嵌套函数的语法框架如下：

```
function outFunc(){            // 定义全局函数
  statements;
  function innerFunc1(){       // 定义一个嵌套函数
    statements;
  }
  function innerFunc2(){       // 定义另一个嵌套函数
    statements;
  }
  statements;
```

```
}
```

定义一个函数时，如果需要在函数体内多次执行一些语句，但又不希望把这些语句定义为一个全局函数时，则可以考虑把这些语句定义为一个嵌套函数。

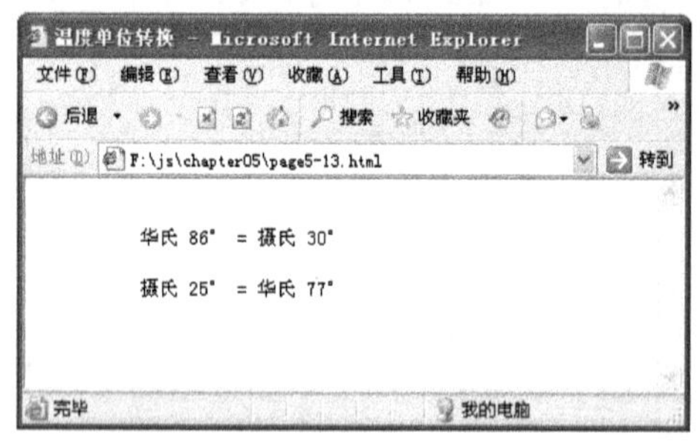

图 5.13 两种温度单位的转换

在内部函数中，可以访问外层函数中声明的变量和参数，但在外部函数中不能访问在内部函数中声明的变量和参数。

【例 5.13】 本例说明如何定义和调用内部函数，用于实现两种温度单位的转换，运行结果如图 5.13 所示。

【代码清单】

```
<!-- F:\js\chapter05\page5-13.html -->
<html>
<head>
<title>温度单位转换</title>
<style type="text/css">
<!--
body{margin-left:6em; margin-top:2.5em;}
-->
</style>
<script language="javascript" type="text/javascript">
<!--
  // 定义全局函数 fnTemperatureConversion，用于实现温度转换
  // 参数 sFlag 指定当前温度单位，F 表示华氏单位，C 表示摄氏单位
  // iTemperature 给出温度值
  function fnTemperatureConversion(sFlag, iTemperature){
    var iResult;
    // 定义内部函数 fnFahrenheitToCelsius，用于把华氏温度转换为摄氏温度
    function fnFahrenheitToCelsius(iTemperature){
      return 100 / (212 – 32) * (iTemperature – 32);
    }
    // 定义内部函数 fnCelsiusToFahrenheit，用于把摄氏温度转换为华氏温度
    function fnCelsiusToFahrenheit(iTemperature){
      return (212  – 32) / 100 * iTemperature + 32;
    }

    if(sFlag == "F"){
      iResult = fnFahrenheitToCelsius(iTemperature);
    }else if(sFlag == "C"){
      iResult = fnCelsiusToFahrenheit(iTemperature);
    }
    return iResult;
  }
//-->
</script>
</head>

<body>
<script language="javascript" type="text/javascript">
```

```
<!--
  document.writeln("<p>华氏 86&deg; = 摄氏 " +
                  fnTemperatureConversion("F", 86) + "&deg;</p>");
  document.writeln("<p>摄氏 25&deg; = 华氏 " +
                  fnTemperatureConversion("C", 25) + "&deg;</p>");
//-->
</script>
</body>
</html>
```

5.4.5 函数作为参数

调用一个函数时，可以通过实际参数向该函数时传递一些数据。实际参数既可以是常量、变量、表达式以及函数调用，也可以是函数名，此时函数名实际上是指向函数的指针。

下面结合例子说明如何以函数作为函数的参数。

【例 5.14】　本例说明调用函数时如何传递函数作为参数，运行结果如图 5.14 所示。

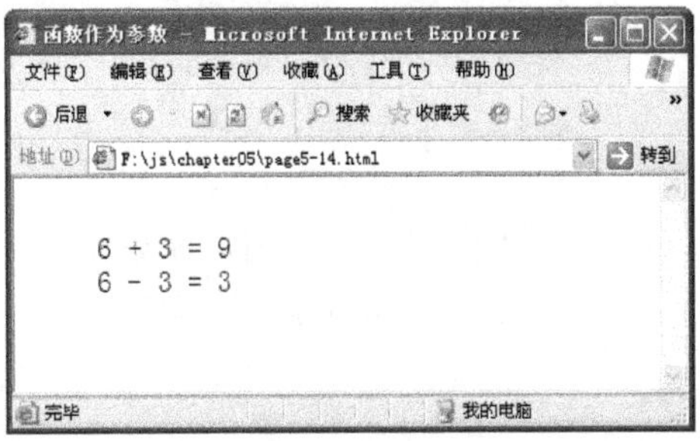

图 5.14　传递函数作为参数

【代码清单】

```
<!-- F:\js\chapter05\page5-14.html -->
<html>
<head>
<title>函数作为参数</title>
<style type="text/css">
<!--
  body{margin-left:3em; margin-top:2em;}
-->
</style>
<script language="javascript" type="text/javascript">
<!--
  function doAdd(iNum1, iNum2){return iNum1 + iNum2;}
  function doSubtract(iNum1, iNum2){return iNum1 - iNum2;}
  function fnCalculate(fnFunc, iNum1, iNum2){    // 其中，参数 fnFunc 为一函数名
    var iResult = fnFunc(iNum1, iNum2);          // 通过参数 fnFunc 调用函数
    return iResult;
  }

//-->
</script>
</head>
<body>
<script language="javascript" type="text/javascript">
<!--
  document.writeln("6 + 3 = " + fnCalculate(doAdd, 6, 3) + "<br />");
  document.writeln("6 - 3 = " + fnCalculate(doSubtract, 6, 3) + "<br />");
//-->
</script>
</body>
</html>
```

习题 5

一、填空题

1. 在 JavaScript 语言中，条件语句包括__________语句和___________语句，使用这些语句可以实现_____________结构、____________结构和___________结构。

2. for...in 语句针对______________或_____________，执行一个或多个语句。

3. try...catch 语句用于捕获和处理________；throw 语句产生一个能被__________语句处理的错误。

4. 在函数体代码中，通过特殊对象 arguments 来访问__________。

二、选择题

1. 关于循环语句，错误的是（　　）。

A. do...while 语句是前测试循环　　B. do...while 语句是后测试循环

C. for 语句是前测试循环　　D. while 语句是前测试循环

2. 关于函数，正确的是（　　）。

A. 声明函数时必须指定函数名　　B. 声明函数时必须指定参数列表

C. 在函数内部不能声明函数　　D. 调用函数时可以使用函数作为参数

上机实验 5　流程控制语句应用

【实验目的】

1. 掌握条件语句、循环语句和异常处理语句的使用方法。
2. 掌握函数的定义和调用方法。

【实验内容】

1. 创建一个 HTML 网页，在不同的时间显示不同的问候语。
2. 创建一个 HTML 网页，根据出生年份计算生肖。
3. 创建一个 HTML 网页，用不同的循环语句来计算前 100 个自然数之和。
4. 创建一个 HTML 网页，显示 document 对象的所有属性名称。
5. 创建一个 HTML 网页，计算两个数字相除的结果，要求能处理除数为 0 的情况。
6. 创建一个 HTML 网页，通过多次调用函数来生成阴影字效果。
7. 创建一个 HTML 网页，定义一个参数数目可变的函数，用于计算这些参数的和。

第6章 面向对象编程

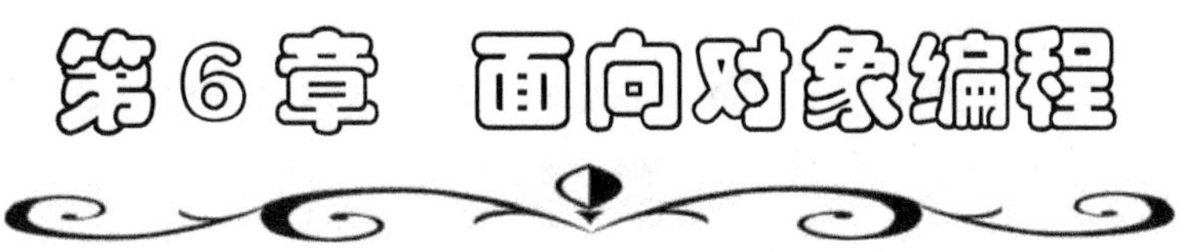

在 JavaScript 语言中，对象是一种复合数据类型，使用对象可以把相关信息封装起来，并允许通过对象名来存取这些信息。JavaScript 语言具有面向对象编程的基本特征，不仅可以使用由脚本引擎和宿主环境实现的对象，也可以根据需要创建自己的对象并实现继承机制。本章讨论如何使用 JavaScript 中实现面向对象编程，主要内容包括对象基本概念、内置对象、本地对象以及用户自定义对象等。

6.1 对象基本概念

每个对象都是由类定义的。类定义了对象的属性和方法，为开发者通过编码访问对象提供了接口。使用类创建对象，所生成的对象称为类的实例；由类创建对象实例的过程称为实例化。从一个类出发，可以生成许多对象实例；生成对象实例的数目仅受限于运行脚本的计算机的物理内存。这些实例具有相同的行为，但每个实例用于处理一组独立的数据。

在 JavaScript 中并没有正式的类。在 JavaScript 中，使用一个函数来保存对象的定义，该函数称为构造函数。在下面的叙述中，有时也把对象的定义称为类。

6.1.1 创建对象

在 JavaScript 中，对象是一组名称-值对，可以将对象视为包含字符串关键字的词典。换言之，对象只是一些属性的集合，每个属性用于存储一个基本数据、对象或函数。如果属性存储的是函数，则该函数称为对象的方法。

在 JavaScript 中，使用 new 运算符来创建一个新的对象，语法如下：

```
var oObject = new constructor[(args)];
```

其中，constructor 为对象的构造函数。变量 oObject 用于引用新创建的对象。如果构造函数没有参数，也可以省略圆括号。

new 运算符执行下面的任务：首先创建一个没有成员的对象，然后为这个对象调用构造函数，传递一个指针给新创建的对象作为 this 指针，接着构造函数根据传递给它的参数初始化该对象。

下面给出一些使用 new 运算符的例子：

```
var oObject = new Object(); // 创建 Object 类实例，并将对象引用存储到变量 oObject 中
var oString = new String();  // 创建 String 类实例，并将对象引用存储到变量 oString 中
```

在 JavaScript 中，创建对象时，总是把对象的引用存储到一个变量中，然后通过该变量来访问对象的属性和方法。语法如下：

```
oObject.property 或 oObject["property"]
oObject.methond([args])
```

创建一个对象后，可以通过该对象完成某些操作，然后通过把对象的所有引用都设置为 null 值，以释放所占用的内存资源，强制性地废弃对象。例如：

```
var oObject = new Object;
// 在这里利用对象 oObject 完成某些操作
oObject = null;
```

6.1.2 对象类型

在 JavaScript 中，可以使用以下几种类型的对象。

（1）本地对象。本地对象是指由 JavaScript 实现提供的、独立于宿主环境的对象。在脚本中可以用 new 运算符来创建这种对象。JavaScript 中的本地对象主要包括：Number、String、Boolean、Function、Array、Date、Object、RegExp 等。

（2）内置对象。内置对象是指在 JavaScript 脚本程序开始执行时出现的所有本地对象，它在脚本引擎初始化时创建，不能用 new 运算符创建，可直接使用其方法和属性。JavaScript 提供了两个内置对象：Global 和 Math。

（3）宿主对象。宿主对象是指由 JavaScript 实现的宿主环境提供的对象。所有非本地对象都是宿主对象，例如，各种 BOM 对象和 DOM 对象都属于宿主对象。此处的 BOM 意即浏览器对象模型，DOM 则为文档对象模型。

（4）用户自定义对象。这是由开发者自己定义类并基于类创建的对象。使用各种预定义对象只是 JavaScript 面向对象语言功能的一部分，允许开发者根据需要创建自己的类和对象才是 JavaScript 的真正强大之处。

本章主要介绍内置对象、本地对象和用户自定义对象，关于宿主对象将放在本书第 7 章中专门讨论。

6.1.3 with 语句

当访问对象的属性和方法时，通常要冠以对象名和圆点运算符。如果在代码中反复引用一个对象的属性和方法，这样做未免显得烦琐。在这种场合，可以使用 with 语句为语句设定默认对象，以简化代码。语法如下：

```
with(oObject)
  statement
```

其中，参数 oObject 指定一个的默认对象；statement 是单个语句或复合语句，oObject 为该语句的默认对象。

with 语句通常用来缩短特定情形下必须写的代码量。在下面的例子中，本地对象 Math 在语句中重复出现多次：

```
x = Math.cos(3 * Math.PI) + Math.sin(Math.LN10);
y = Math.tan(12 * Math.E);
```

如果使用 with 语句，可使代码变得更短，且更易读：

```
with(Math){
   x = cos(3 * PI) + sin(LN10);
   y = tan(12 * E);
}
```

6.2 内置对象

如前所述，内置对象在 JavaScript 脚本引擎初始化时创建，不需要使用 new 运算符来创建，可以在脚本中直接使用其方法和属性。在 JavaScript 中，只提供了以下两个内置对象：Global 和 Math。下面讨论这些对象的应用。

6.2.1 Global 对象

定义 Global 对象的目的是将全局方法集中在一个对象中。Global 对象是一个本地对象，该对象从不直接使用，并且不能用 new 运算符进行实例化。Global 对象在脚本引擎被初始化时创建，并立即使其方法和属性可用。在脚本中可以通过名称引用这些属性或方法，而不需要冠以“Global.”，否则会出现错误。由于 Global 对象的方法可以在脚本中直接调用，有时也把这些方法称为 JavaScript 的内部函数。

1. Global 对象的属性

Global 对象具有以下属性。

（1）Array：用于引用 Array 对象的构造函数。

（2）Boolean：用于引用 Boolean 对象的构造函数。

（3）Date：用于引用 Date 对象的构造函数。

（4）EvalError：用于引用 EvalError 对象的构造函数。

（5）Function：用于引用 Function 对象的构造函数。

（6）Infinity：返回 Number.POSITIVE_INFINITY 的初始值。

（7）NaN：返回特殊值 NaN，表示表达式不是数字。

（8）Number：用于引用 Number 对象的构造函数。

（9）Object：用于引用 Object 对象的构造函数。

（10）RangeError：用于引用 RangeError 对象的构造函数。

（11）ReferenceError：用于引用 ReferenceError 对象的构造函数。

（12）RegExp：用于引用 RegExp 对象的构造函数。

（13）Error：用于引用 Error 对象的构造函数。

（14）String：用于引用 String 对象的构造函数。

（15）SyntaxError：用于引用 SyntaxError 对象的构造函数。

（16）TypeError：用于引用 TypeError 对象的构造函数。

（17）URIError：用于引用 URIError 对象的构造函数。

由上述可知，Global 对象的一些属性是其他本地对象的构造函数（例如，Array、

Boolean、Date 等），可以在脚本中直接使用 new 运算符和这些构造函数来创建对象。

2. Global 对象的方法

Global 对象提供了以下方法。

（1）decodeURI：对用 encodeURI 方法编码的字符串进行解码，语法如下：

```
decodeURI(sURI)
```

其中，sURI 是用 encodeURI 方法编码的字符串；decodeURI 方法对该字符串进行解析并返回一个字符串值，即一个已编码的统一资源标识符（URI）的非编码形式。

（2）decodeURIComponent：对用 encodeURIComponent 方法编码的字符串进行解码，语法如下：

```
decodeURIComponent(sEncodedURI)
```

其中，参数 sEncodedURI 是用 encodeURIComponent 编码的字符串；decodeURIComponent 方法对该字符串进行解码并返回一个字符串值，即统一资源标识符（URI）的一个已编码组件（一个完整的 URI 的一部分）的非编码形式。

（3）encodeURI：将字符串编码为一个有效的统一资源标识符（URI），语法如下：

```
encodeURI(sURI)
```

其中，参数 sURI 是一个字符串；encodeURI 方法将该字符串编码为一个有效的统一资源标识符（URI）并返回一个已编码的 URI。若将编码结果传递给 decodeURI，则将返回初始的字符串。encodeURI 方法不对字符 “:”、“/”、“;” 和 “?” 进行编码，可以使用 encodeURIComponent 方法对这些字符进行编码。

（4）encodeURIComponent：将字符串编码为 URI 的一个有效组成部分，语法如下：

```
encodeURIComponent(sEncodedURI)
```

其中，参数 sEncodedURI 是一个字符串；encodeURIComponent 对该字符串进行编码并返回编码为统一资源标识符（URI）的有效组件的字符串。

如果将编码结果传递给 decodeURIComponent 方法，则将返回初始的字符串。由于 encodeURIComponent 方法编码所有字符，所以应当注意该字符串是否表示路径，例如，/folder1/folder2/default.html。斜杠字符（/）将被编码，如果作为请求发送到 Web 服务器将无效。如果字符串中包含多个 URI 组件，可使用 encodeURI 方法进行编码。

（5）escape：对字符串进行编码以便它们能在所有计算机上可读，语法如下：

```
escape(sString)
```

其中，sString 是一个字符串；escape 方法以 Unicode 格式返回一个包含 sString 内容的字符串值。所有空格、标点、重音符号以及任何其他非 ASCII 字符都用%xx 编码替换，其中，xx 表示该字符的十六进制数。例如，空格返回为%20。字符值大于 255 的字符以%uxxxx 格式存储。

escape 方法不能用来对统一资源标识符（URI）进行编码，可以改用 encodeURI 方法和 encodeURIComponent 方法。

（6）eval：解析 JavaScript 代码并执行，语法如下：

```
eval(sCode)
```

其中，参数 sCode 是包含有效 JavaScript 代码的字符串。

例如，执行下面的语句将会显示“Hello World”。

```
var sMsg = "Hello World";                // 声明变量
eval("document.writeln(sMsg);");         // 在传入 eval 方法的代码中可引用上述变量
```

（7）isFinite：返回一个 Boolean 值，指明所提供的数字是否为有限值，语法如下：

```
isFinite(iNumber)
```

如果参数 iNumber 是除 NaN、负无穷或正无穷之外的任意值，则返回 true。在前面三种情况下，返回 false。

（8）isNaN：返回一个 Boolean 值，指明提供的值是否为保留值 NaN（不是数字），语法如下：

```
isNaN(iNumber)
```

如果提供的值是 NaN，则返回 true，否则返回 false。

通常使用 isNaN 方法检测来自 parseInt 方法和 parseFloat 方法的返回值。也可以将变量与其自身进行比较，如果比较的结果不相等，则该变量为 NaN，因为 NaN 是唯一一个与其自身不等的值。

（9）parseFloat：返回由字符串转换得到的浮点数，语法如下：

```
parseFloat(sNumber)
```

其中，sNumber 是一个包含数字的字符串；parseFloat 方法返回一个与该字符串中包含的数字相等的数字值。如果没有 sNumber 的前缀可以被成功地分析为浮点数，则返回 NaN（非数字）。

（10）parseInt：返回由字符串转换得到的整数，语法如下：

```
parseInt(sNumber [, iRadix])
```

其中，参数 sNumber 是一个包含数字的字符串；iRadix 为可选项，是介于 2～36 之间的一个整数，用于指示 sNumber 所包含的数字的进制。如果未提供，则前缀为 '0x' 的字符串被视为十六进制，前缀为 '0' 的字符串被视为八进制。所有其他字符串都被视为是十进制。

parseInt 方法返回与包含在 sNumber 中的数字相等的整数值。如果没有 sNumber 的前缀可以被成功地分析为一个整数，则返回 NaN（非数字）。

（11）unescape：对用 escape 进行编码的字符串进行解码，语法如下：

```
unescape(sString)
```

其中，sString 是一个用 escape 编码的字符串；unescape 方法对该字符串进行解码并返回已解码的字符串。

执行 unescape 方法时，所有以%xx 十六进制形式编码的字符都用 ASCII 字符集中等效的字符代替。以%uxxxx 格式（Unicode 字符）编码的字符用十六进制编码 xxxx 的 Unicode 字符代替。unescape 方法不能应用于解码统一资源标识符（URI），可以改用 decodeURI 方法和 decodeURIComponent 方法。

【例 6.1】 本例说明如何使用 Global 对象的有关方法进行编码与解码，如图 6.1 所示。

图 6.1　编码与解码示例

【代码清单】

```
<!-- F:\js\chapter06\page6-01.html -->
<html>
<head>
<title>编码与解码示例</title>
</head>
<style type="text/css">
<!--
   body{font-family:Arial;}
-->
</style>
<body>
<script language="javascript" type="text/javascript">
<!--
   var sURI = "http://www.somesite.com/test.asp";
   var sValue1 = "JavaScript  动态网页编程";
   var sValue2 = escape(sValue1);
   document.writeln("<dl>");
   document.writeln("<dt>escape 方法编码:</dt>");
   document.writeln("<dd>" + sURI + "?title=" + sValue2 + "</dd>");
   document.writeln("<dt>unescape 方法解码:</dt>");
   document.writeln("<dd>" + sURI + "?title=" + unescape(sValue2) + "</dd>");
   sValue2 = encodeURIComponent(sValue1);
   document.writeln("<dt>encodeURIComponent 方法编码:</dt>");
   document.writeln("<dd>" + sURI + "?title=" + sValue2 + "</dd>");
   document.writeln("<dt>decodeURIComponent 方法解码:</dt>");
   document.writeln("<dd>"+sURI+"?title="+decodeURIComponent(sValue2)+"</dd  >");
   document.writeln("</dl>");
//-->
</script>
</body>
</html>
```

6.2.2 Math 对象

Math 对象用于提供基本的数学函数和常数。语法如下：

```
Math[.{property|method}]
```

Math 对象不能用 new 运算符创建，试图这样做将出现错误。Math 对象在装载脚本引擎时由该引擎创建，其所有方法和属性在脚本中总是可用的。

1. Math 对象的属性

Math 对象的属性如下。

（1）Math.E：返回 Euler 常数（自然对数的底），约等于 2.718。

（2）Math.LN2：返回 2 的自然对数，约等于 0.693。

（3）Math.LN10：返回 10 的自然对数，约等于 2.302。

（4）Math.LOG2E：返回以 2 为底 e（自然对数的底）的对数，约等于 1.442。

（5）Math.LOG10E：返回以 10 为底 e（自然对数的底）的对数，约等于 0.434。

（6）Math.PI：返回圆周率，约等于 3.141592653589793。

（7）Math.SQRT1_2：返回 0.5 的平方根，约等于 0.707。

（8）Math.SQRT2：返回 2 的平方根，约等于 1.414。

2. Math 对象的方法

Math 对象提供了以下方法。

（1）Math.abs(iNumber)：返回数字参数 iNumber 的绝对值。

（2）Math.acos(iNumber)：返回数字参数 iNumber 的反余弦值。

（3）Math.asin(iNumber)：返回数字参数 iNumber 的反正弦值。

（4）Math.atan(iNumber)：返回数字参数 iNumber 的反正切值。

（5）Math.atan2(y, x)：返回由 x 轴到（y, x）点的角度（以弧度为单位），返回值在-PI 与 PI 之间。

（6）Math.ceil(iNumber)：返回大于等于其数字参数 iNumber 的最小整数。

（7）Math.cos(iNumber)：返回数字参数 iNumber 的余弦值。

（8）Math.exp(iNumber)：返回 e（自然对数的底）的幂 eiNumber，常数 e 约等于 2.178。

（9）Math.floor(iNumber)：返回小于等于数字参数 iNumber 的最大整数。

（10）Math.log(iNumber)：返回数字参数 iNumber 的自然对数，底为 e。

（11）Math.max(iNumber1, iNumber2)：返回数值表达式 iNumber1 和 iNumber2 中的较大者。也可以将更多的参数传入 max 方法。

（12）Math.min(iNumber1, iNumber2)：返回数值表达式 iNumber1 和 iNumber2 中的较小者。也可以将更多的参数传入 max 方法。

（13）Math.pow(base, exponent)：返回底表达式 base 的 exponent 次幂 $base^{exponent}$。

（14）Math.random()：返回介于 0 和 1 之间的伪随机数，首次加载 JavaScript 时随机数发生器自动产生。

如果想生成 1～100 的随机数，可以使用下面的语句：

```
var iNum = Math.floor(Math.random() * 100 + 1);
```

（15）Math.round(iNumber)：返回与数值表达式 iNumber 最接近的整数（四舍五入）。

在 Math 对象的方法中，有三种方法用于把小数舍入成整数，要注意它们的区别。例如：

```
document.writeln(Math.ceil(16.5));          // 输出 17
document.writeln(Math.floor(16.5));         // 输出 16
document.writeln(Math.round(16.5));
// 输出 17
```

（16）Math.sin(iNumber)：返回数字参数 iNumber 的正弦值。

（17）Math.sqrt(iNumber)：返回数字参数 iNumber 的平方根，如果参数 iNumber 为负数，则返回 0。

（18）Math.tan(iNumber)：返回数字参数 iNumber 的正切值。

【例 6.2】　本例说明如何使用 Math 对象的有关属性和方法进行计算，如图 6.2 所示。

图 6.2　使用 Math 对象的有关属性和方法进行计算应用示例

【代码清单】

```
<!-- F:\js\chapter06\page6-02.html -->
<html>
<head>
<title>Math 对象应用示例</title>
<style type="text/css">
<!--
  body{margin-left:3em; font-family:Arial; font-size:9pt;}
-->
</style>
</head>
<body>
<script language="javascript" type="text/javascript">
<!--
  document.writeln("设角度<i>&theta;</i> = 30&deg; = &pi;/6，则" + "<br />");
  document.writeln("<i>sin&theta;</i> = " + Math.sin(Math.PI/6) + "<br />");
  document.writeln("<i>cos&theta;</i> = " + Math.cos(Math.PI/6) + "<br />");
  document.writeln("<i>tan&theta;</i> = " + Math.tan(Math.PI/6) + "<br />");
  document.writeln("Math.ceil(3.5) = " + Math.ceil(3.5) + "<br />");
  document.writeln("Math.floor(3.5) = " + Math.floor(3.5) + "<br />");
  document.writeln("自然对数的底 <i>e</i> = " + Math.E + "<br />");
  document.writeln("<i>ln2 =</i>" + Math.LN2 + "<br />");
  document.writeln("圆周率 <i>&pi;</i> = " + Math.PI + "<br />");
  document.writeln("&radic;2 = " + Math.SQRT2 + "<br />");
//-->
</script>
</body>
</html>
```

6.3 本地对象

本地对象在脚本中可以用 new 运算符来创建，所用的构造函数都是 Global 对象的属性，为此可以在脚本中直接使用这些构造函数来创建本地对象的实例，然后根据需要来引用对象的属性和方法。JavaScript 中的本地对象主要包括：Number、String、Boolean、Function、Array、Date、Object、RegExp 等。下面介绍这些对象的使用方法。

6.3.1 Number 对象

Number 对象代表数值数据类型和提供数值常数的对象，语法如下：

```
var oNumber = new Number(value);
```

其中，参数 value 是对象的数值，变量 oNumber 用于存储该对象的引用。

JavaScript 根据传递的数值创建 Number 对象。通常不是必须显式创建 Number 对象。该对象最主要的用途是将其属性集中到一个对象中，以及使数字能够通过 toString 方法转换为字符串。

1．Number 对象的属性

Number 对象具有以下属性。

（1）Number.MAX_VALUE：返回 JavaScript 所能表示的最大的正数，其值约等于 1.79E+308。访问 MAX_VALUE 属性前不必创建 Number 对象。

（2）Number.MIN_VALUE：返回 JavaScript 所能表示的最小的正数，其值约等于 5E-324。访问 MAX_VALUE 属性前不必创建 Number 对象。

（3）[Number.]NaN：表示算术表达式返回非数字值的特殊值，关键字 Number 可以省略。NaN 不与任何值相等，包括其本身。要检测一个数值是否为 NaN，可使用 isNaN 方法。

（4）Number.NEGATIVE_INFINITY：返回比 JavaScript 能够表示的最小负数（–Number.MAX_VALUE）更小的值。JavaScript 将 NEGATIVE_INFINITY 值显示为–Infinity。该值在数学上的作用与负无穷相同。

（5）Number.POSITIVE_INFINITY：返回比 JavaScript 能够表示的最大正数（Number.MAX_VALUE）更大的值。JavaScript 将 NEGATIVE_INFINITY 值显示为 Infinity。该值在数学上的作用与正无穷相同。

（6）Number.constructor：表示创建对象的构造函数，保存了对特定对象构造函数的引用。constructor 属性是所有具有 prototype 的对象的成员。

（7）Number.prototype：返回对象类型原型的引用。prototype 属性提供对象的类的一组基本功能，对象的新实例“继承”赋予该对象原型的行为，可以利用该属性为原型添加功能。

2．Number 对象的方法

Number 对象提供了以下方法。

（1）toExponential：强制以指数形式表示数值，语法如下：

```
oNumber.toExponential(iFractionDigits)
```

其中，oNumber 表示数值对象；iFractionDigits 参数是一个整数，指定返回的数值在小数点后面的位数。

（2）toFixed：把数值格式化为小数点后面指定的位置，语法如下：

```
oNumber.toFixed(iFractionDigits)
```

其中，oNumber 表示数值对象；iFractionDigits 参数是一个整数，指定返回的数值在小数点后面的位数。

（3）oNumber.toLocalString：根据浏览器设置按一定格式返回当前数值的字符串形式，语法如下：

```
oNumber.toLocalString()
```

其中，oNumber 表示数值对象。

（4）toString：返回数值对象的字符串表示，语法如下：

```
oNumber.toString([iRadix])
```

其中，oNumber 是要得到字符串表示的数值对象；iRadix 为可选项，指定将数字值转换为字符串时的进制，默认值为 10。

（5）toPrecision：指定数值的精度，语法如下：

```
oNumber.toPrecision(iPrecisionDigits)
```

其中，oNumber 是数值对象；iPrecisionDigits 指定数值总共显示多少位数（包括小数点）。

（6）valueOf：返回指定数值对象的原始值，语法如下：

```
oNumber.valueOf()
```

其中，oNumber 参数表示数值对象。

【例 6.3】 本例说明如何使用 Number 对象的有关属性和方法进行计算，如图 6.3 所示。

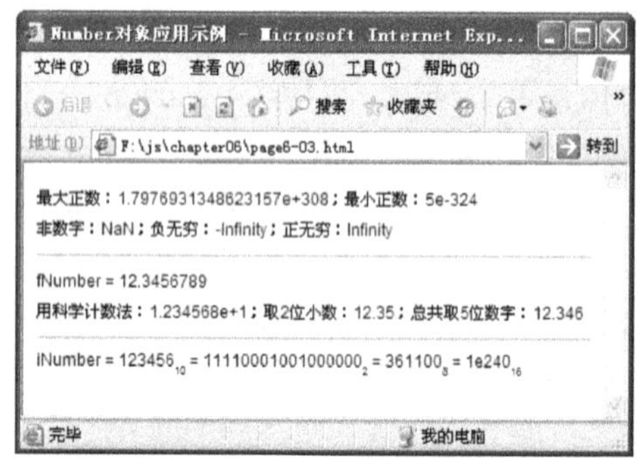

图 6.3 Number 对象应用示例

【代码清单】

```
<!-- F:\js\chapter06\page6-03.html -->
<html>
<head>
<title>Number 对象应用示例</title>
<style type="text/css">
<!--
  body{font-family:Arial; font-size:9pt; line-
height:1.8em;}
-->
</style>
</head>
<body>
<script language="javascript" type="text/javascript">
<!--
  var fNumber = 12.3456789;
  var iNumber = 123456;
  document.write("最大正数:" + Number.MAX_VALUE + "；");
  document.write("最小正数:" + Number.MIN_VALUE + "<br />");
  document.write("非数字:" + Number.NaN + "；");
  document.write("负无穷:" + Number.NEGATIVE_INFINITY + "；");
  document.write("正无穷:" + Number.POSITIVE_INFINITY + "<br />");
  document.write("<hr />fNumber = " + fNumber + "<br />");
  document.write("用科学计数法:" + fNumber.toExponential(6) + "；");
  document.write("取 2 位小数:" + fNumber.toFixed(2) + "；");
  document.write("总共取 5 位数字:" + fNumber.toPrecision(5));
  document.write("<hr />iNumber = " + iNumber +
              "<sub><small>10</small></sub> = ");
  document.write(iNumber.toString(2)+"<sub><small>2</small></sub> = ");
  document.write(iNumber.toString(8)+"<sub><small>8</small></sub> = ");
  document.write(iNumber.toString(16)+"<sub><small>16</small></sub>");
//-->
</script>
</body>
</html>
```

6.3.2 String 对象

String 对象提供对文本字符串的操作和格式处理，用于判定在字符串中是否存在某个子字符串及确定其位置等，语法如下：

```
var sString = new String("字符串");
sString[.method|proerty]
```

```
"字符串"[.method|proerty]
```

String 对象可以用两种方法来创建：一种方法是使用 new 运算符；另一种方法是使用字符串文字显式创建。用这两种方法创建的 String 对象在处理上有所不同。所有字符串文字共享公用的全局字符串对象，如果为字符串文字添加属性，则它对所有标准字符串对象都是可用的。每个用 new String 声明的 String 对象有其自己的一组成员，如果为一个 String 对象添加属性，则该属性专属于该对象。

在下面的例子中，为字符串 sStr1 添加了 test 属性，但该属性也用于 sStr2 和所有将来的字符串。

```
var sStr1, sStr2;
sStr1 = "这是一个字符串";
sStr2 = "这也是一个字符串";
sStr1.test=10;
```

不过，在下面的例子中，为 sStr3 添加了 test 属性，该属性仅用于 sStr3，不用于 sStr4。

```
var sStr3, sStr4;
sStr1=new String("这是一个字符串");
sStr4=new String("这也是一个字符串");
sStr3.test=10;
```

1. String 对象的属性

String 对象具有以下属性。

（1）constructor：保存了对 String 对象的构造函数的引用。

（2）length：返回 String 对象的长度。length 属性包含一个整数，用来指出 String 对象中的字符数。String 对象中的最后一个字符的索引为 length-1。

（3）prototype：返回 String 对象类型原型的引用。

2. String 对象的方法

String 对象提供了以下方法，这些方法都是 String.prototype 的成员。

（1）anchor：在对象中的指定文本两端放置一个有 name 属性的 HTML 锚点，语法如下：

```
sString.anchor(sAnchor)
```

其中，sString 为 String 对象或字符串常量，sAnchor 参数给出要放置 HTML 锚点的 name 属性的文本。

（2）big：把 big 标记放置在 String 对象中的文本两端，语法如下：

```
sString.big()
```

其中，sString 为 String 对象或字符串常量。

（3）blink：把 blink 标记放置在 String 对象中的文本两端，语法如下：

```
sString.blink()
```

其中，sString 为 String 对象或字符串常量。

（4）bold：把 b 标记放置在 String 对象中的文本两端，语法如下：

```
sString.bold()
```

其中，sString 为 String 对象或字符串常量。

（5）charAt：返回指定索引位置处的字符，语法如下：

```
sString.charAt(iIndex)
```

其中，sString 为 String 对象或字符串常量，iIndex 参数指定想得到的字符的基于 0 的索引，有效值是 0 与字符串长度减 1 之间的值。

charAt 方法返回一个字符值，该字符位于指定索引位置。字符串中的第一个字符的索引为 0，第二个字符的索引为 1，等等。超出有效范围的索引值返回 undefined。

（6）charCodeAt：返回指定字符的 Unicode 编码，语法如下：

```
sString.charCodeAt(iIndex)
```

其中，sString 为 String 对象或字符串常量，iIndex 参数指定字符基于 0 的索引。

例如，下面的语句用于计算“汉”和“字”的 Unicode 编码：

```
var sMsg = "汉字";
document.writeln(sMsg.charCodeAt(0).toString(16).toUpperCase());   // 输出 6C49
document.writeln(sMsg.charCodeAt(1).toString(16).toUpperCase());   // 输出 5B57
```

（7）concat：返回一个 String 对象，该对象包含了提供的两个字符串的连接，语法如下：

```
sString1.concat(sString2)
```

其中，sString1 是要与 sString2 连接的 String 对象或字符串常量，sString2 是要连接到 sString1 尾部的 String 对象或字符串常量。该方法的结果等于：sResult = sString1 + sString2。

（8）fixed：把 tt 标记放置在 String 对象中的文本两端，语法如下：

```
sString.fixed()
```

其中，sString 为 String 对象或字符串常量。

（9）fontcolor：把一个带有 color 属性的 font 标记放置在 String 对象中的文本两端，语法如下：

```
sString.fontcolor(sColor)
```

其中，sString 为 String 对象或字符串常量，sColor 参数是一个包含颜色值的字符串，可以是颜色的十六进制值，或预先定义好的颜色名字。

（10）fontsize：把一个带有 iSize 属性的 font 标记放置在 String 对象中的文本的两端，语法如下：

```
sString.fontsize(iSize)
```

其中，sString 为 String 对象或字符串常量，iSize 参数是一个整数值，指定文本字体大小。

（11）fromCharCode：从一些 Unicode 字符值中返回一个字符串，语法如下：

```
String.fromCharCode(sCode1, sCode2, ..., sCoden)
```

其中，sCode 参数是要转换为字符串的 Unicode 字符值序列。在调用 fromCharCode 方法前不必创建 String 对象。

（12）indexOf：返回 String 对象内第一次出现子字符串的字符位置，语法如下：

```
sString.indexOf(sSubString, iStartIndex)
```

其中，sSubString 指定要在 String 对象中查找的子字符串；iStartIndex 是一个可选的整数值，指定在 String 对象内开始查找的索引。如果省略，则从字符串的开始处查找。indexOf 方法从左向右执行查找子字符串并返回一个整数值，指出 String 对象内子字符串的开始位置。

如果没有找到子字符串，则返回-1。如果 iStartIndex 是负数，则 iStartIndex 被当做 0。如果它比最大的字符位置索引还大，则它被当做最大的可能索引。

（13）italics：把 i 标记放置在 String 对象中的文本两端，语法如下：

```
sString.italics()
```

其中，sString 为 String 对象或字符串常量。

（14）lastIndexOf：返回 String 对象中子字符串最后出现的位置，语法如下：

```
sString.lastIndexOf(sSubString, iStartIndex)
```

其中，sSubString 参数指定要在 String 对象内查找的子字符串；iStartIndex 为可选的整数值，指定在 String 对象内进行查找的开始索引位置，索引值从字符串开头以 0 开始计数。若省略，则查找从字符串的末尾开始。

lastIndexOf 方法从右向左执行查找并返回一个整数值，指出 String 对象内子字符串的开始位置。如果没有找到子字符串，则返回-1。

如果 iStartIndex 是负数，则 iStartIndex 被当做 0。如果它比最大字符位置索引还大，则它被当做最大的可能索引。

（15）link：把一个有 href 属性的 HTML 锚点放置在 String 对象中的文本两端，即创建一个超链接，语法如下：

```
sString.link(sLinkString)
```

其中，sString 为 String 对象或字符串常量，sLinkString 参数指定想要放置在 HTML 锚点的 href 属性中的文本。

（16）match：使用正则表达式对象对字符串进行查找并将结果作为数组返回，语法如下：

```
sString.match(reExpr)
```

其中，sString 是对其进行查找的 String 对象或字符串常量；reExpr 指定在查找中使用的正则表达式。

match 方法将返回一个数组。该数组的元素 0 包含最后匹配的字符，元素 1～n 包含与正则表达式中任何用插入符分开的子字符串匹配的内容。

（17）replace：返回根据正则表达式进行文字替换后的字符串的复制，语法如下：

```
sString.replace(reExpr, sReplaceText)
```

其中，sString 是要执行该替换的 String 对象或字符串常量，该对象不会被 replace 方法修改；reExpr 是描述要查找的内容的一个正则表达式对象；sReplaceText 是一个 String 对象或字符串常量，对于字符串中每个匹配 reExpr 中的位置都用该对象所包含的文字加以替换。

replace 方法的结果是一个完成了所有替换的 String 对象的复制。

（18）search：返回与正则表达式匹配的第一个子字符串的位置，语法如下：

```
sString.search(reExpr)
```

其中，sString 是要进行查找的 String 对象或字符串常量；reExpr 是包含要查找的模式的正则表达式对象。

search 方法指明是否存在相应的匹配。如果找到一个匹配，search 方法将返回一个整数值，指明这个匹配距离字符串开始的偏移位置。如果没有找到匹配，则返回-1。如果要获得进一步的信息，可以使用 match 方法。

（19）slice：返回字符串的片段，语法如下：

```
sString.slice(iStart, [iEnd])
```

其中，iStart 参数是字符串指定部分的起始索引；iEnd 是可选的，指定字符串的指定部分结束索引。

slice 方法返回一个包含字符串的指定部分的 String 对象。如果 iEnd 是负数，就表示从字符串结尾开始起算的一个正偏移量；在这种意义下，它不是从 0 开始起算的（例如，如果 iEnd = −1 则表示提取到字符串的结尾）。如果省略 iEnd，就一直提取到字符串的结尾。

下面的语句演示了如何用 slice 方法提取子字符串：

```
var sTitle = "JavaScript 动态网页编程";
document.writeln(sTitle.slice(0, 10) + "<br />");        // 输出“JavaScript”
document.writeln(sTitle.slice(10) + "<br />");           // 输出“动态网页编程”
document.writeln(sTitle.slice(10, –2) + "<br />");       // 输出“动态网页”
document.writeln(sTitle.slice(–2) + "<br />");           // 输出“编程”
```

（20）small。将 small 标记添加到 String 对象中的文本两端，语法如下：

```
sString.small()
```

其中，sString 为 String 对象或字符串常量。

（21）split：将一个字符串分割为子字符串并将结果作为字符串数组返回，语法如下：

```
sString.split(vDelimiter)
```

其中，sString 是要被分解的 String 对象或字符串常量，该对象不会被 split 方法修改；vDelimiter 是一个字符串或正则表达式对象，描述用来定义分解位置的字符。

split 方法返回一个字符串数组，在 sString 中每个出现 vDelimiter 的位置都要进行分解。

（22）strike：把 strike 标记放置到 String 对象中的文本两端，语法如下：

```
sString.strike()
```

其中，sString 为 String 对象或字符串常量。

（23）sub：把 sub 标记放置到 String 对象中的文本两端，语法如下：

```
sString.sub()
```

其中，sString 为 String 对象或字符串常量。

（24）substr：返回一个从指定位置开始的指定长度的子字符串，语法如下：

```
sString.substr(iStart [, iLength])
```

其中，sString 是要提取子字符串的字符串文字或 String 对象；iStart 指定所需的子字符串的起始位置，字符串中的第一个字符的索引为 0。iLength 是可选的，指定在返回的子字符串中应包括的字符个数。

如果 iLength 为 0 或负数，将返回一个空字符串。如果没有指定该参数，则子字符串将延续到 sString 的最后。

（25）substring：返回位于 String 对象中指定位置的子字符串，语法如下：

```
sString.substring(iStart, iEnd)
```

其中，sString 为 String 对象或字符串常量，iStart 指定子字符串的起始位置，该索引从 0 开始起算；iEnd 指明子字符串的结束位置，该索引也从 0 开始起算。

substring 方法将返回一个包含从原始对象中获得的子字符串的 String 对象，这个方法使用 iStart 和 iEnd 两者当中的较小值作为子字符串的起始点。例如，str.substring(0, 3)和

str.substring(3, 0)将返回相同的子字符串。

如果 iStart 参数小于 0，则作为 0 来处理。如果 iEnd 参数是负数，则将设置为第一个参数的值。该子字符串的长度等于 iStart 和 iEnd 差的绝对值。例如，在 str.substring(0, 3)与 str.substring(3, 0)返回的子字符串的的长度是 3。

iStart 和 iEnd 可以是字符串。在这种情况下，如果可能，这些字符串将被强制转换为整数。如果不能转换，参数的值将作为 0 处理。

下面的语句演示了如何使用 substring 方法提取子字符串：

```
var sTitle = "JavaScript 动态网页编程";
document.writeln(sTitle.substring(10, -3) + "<br />");      // 输出“JavaScript”
document.writeln(sTitle.substring(10) + "<br />");          // 输出“动态网页编程”
document.writeln(sTitle.substring(10, 14) + "<br />");      // 输出“动态网页”
document.writeln(sTitle.substring(4, -2) + "<br />");       // 输出“Java”
```

（26）sup。把 sup 标记放置到 String 对象中的文本两端，语法如下：

```
sString.sup()
```

其中，sString 为 String 对象或字符串常量。

（27）toLowerCase：返回一个字符串，该字符串中的字母被转换为小写字母，语法如下：

```
sString.toLowerCase()
```

其中，sString 为 String 对象或字符串常量。toLowerCase 方法对非字母字符不会产生影响。

（28）toUpperCase：返回一个字符串，该字符串中的所有字母都被转化为大写字母，语法如下：

```
sString.toUpperCase()
```

其中，sString 为 String 对象或字符串常量。toUpperCase 方法对非字母字符不会产生影响。

（29）toString：返回对象的字符串表示，语法如下：

```
sString.toString()
```

其中，sString 为 String 对象或字符串常量。

（30）valueOf：返回 String 对象的字符串值，语法如下：

```
sString.valueOf()
```

其中，sString 为 String 对象或字符串常量。

【例 6.4】　本例说明如何使用 String 对象的属性和方法对字符串进行处理，如图 6.4 所示。

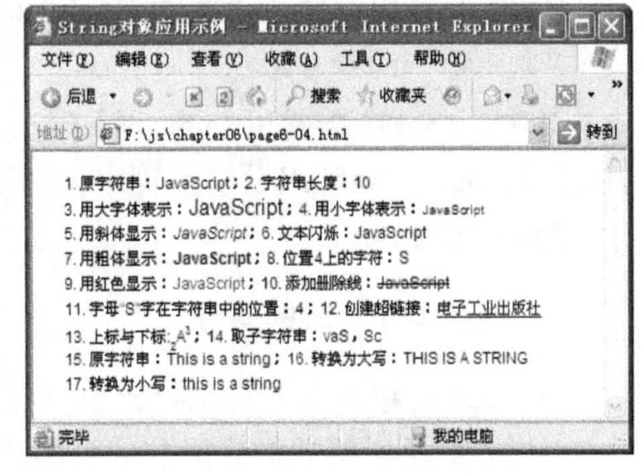

图 6.4　String 对象应用示例

【代码清单】

```
<!-- F:\js\chapter06\page6-04.html -->
<html>
<head>
<title>String 对象应用示例</title>
<style type="text/css">
<!--
  body{font-family:Arial; font-size:9pt; line-
height:1.6em; margin-left:2em;}
-->
</style>
</head>
```

```
<body>
<script language="javascript" type="text/javascript">
<!--
  var sVariable = "JavaScript";
  document.writeln("1. 原字符串:" + sVariable + "; ");
  document.writeln("2. 字符串长度:" + sVariable.length + "<br />");
  document.writeln("3. 用大字体表示:" + sVariable.big() + "; ");
  document.writeln("4. 用小字体表示:" + sVariable.small() + "<br />");
  document.writeln("5. 用斜体显示:" + sVariable.italics() + "; ");
  document.writeln("6. 文本闪烁:" + sVariable.blink() + "<br />");
  document.writeln("7. 用粗体显示:" + sVariable.bold() + "; ");
  document.writeln("8. 位置 4 上的字符:" + sVariable.charAt(4) + "<br />");
  document.writeln("9. 用红色显示:" + sVariable.fontcolor("red") + "; ");
  document.writeln("10. 添加删除线:" + sVariable.strike() + "<br />");
  document.writeln("11. 字母"S"字在字符串中的位置:" +
             sVariable.indexOf("S") + "; ");
  document.writeln("12. 创建超链接:" +
             "电子工业出版社".link("http://www.phei.com.cn/") + "<br />");
  document.writeln("13. 上标与下标:" + "2".small().sub() +
             "A" + "3".small().sup() + "; ");
  document.writeln("14. 取子字符串:" + sVariable.substr(2,3) + ", ");
  document.writeln(sVariable.substring(4,6) + "<br />");
  sVariable = "This is a string";
  document.writeln("15. 原字符串:" + sVariable + "; ");
  document.writeln("16. 转换为大写:" + sVariable.toUpperCase() + "<br />");
  document.writeln("17. 转换为小写:" + sVariable.toLowerCase());
//-->
</script>
</body>
</html>
```

6.3.3 Boolean 对象

Boolean 对象是 Boolean 数据类型的包装器。每当 Boolean 数据类型转换为 Boolean 对象时，JavaScript 将隐含地使用 Boolean 对象。通常很少显式地调用 Boolean 对象。

Boolean 对象创建一个新的 Boolean 值，语法如下：

```
var bVariable = new Boolean(bool);
```

其中，bool 参数是可选的，用于指定新对象的初始 Boolean 值。如果省略该值，或者为 false、0、null、NaN 以及空字符串，则该 Boolean 对象的初始值为 false，否则，该 Boolean 对象的初始值为 true。

1．Boolean 对象的属性

Boolean 对象具有 constructor 属性和 prototype 属性，前者表示创建对象的函数，保存了对 Boolean 对象实例的构造函数的引用，后者用于返回对象类型原型的引用。

2．Boolean 对象的方法

Boolean 对象有以下两种方法。

（1）toString 方法。返回 Boolean 对象的字符串表示。若 Boolean 值是 true，则返回“true”，否则返回“false”。

（2）valueOf 方法。返回指定 Boolean 对象的原始值。对于 Boolean 对象，该方法返回一个 Boolean 值。

6.3.4 Array 对象

在 JavaScript 中，通过 Array 对象提供对创建任何数据类型的数组的支持。Array 对象可以使用 new 运算符来创建，所用的构造函数为 Global 对象的 Array 属性，语法如下：

```
var aArray = new Array();
var aArray = new Array(size);
var aArray = new Array(element0, element1, ..., elementN)
```

其中，size 指定数组的大小。由于数组的下标是从 0 开始，创建的元素的下标将从 0 到 size−1。element0、…、elementN 给出要放到数组中的元素。

创建数组后，可以通过[ ]符号对数组元素进行访问。例如，在下面的语句中首先创建一个数组，然后通过循环语句对每个数组元素赋值：

```
var aArray = new Array();
for(i = 0; i < 10; i++){
   aArray[i] = i;
}
x = aArray [5];
```

由于 JavaScript 中的数组的下标是从 0 开始的，因此在上述例子中最后一条语句访问数组的第 6 个元素中保存的值是 5。

如果只向 Array 的构造函数传递了一个参数，而该参数是数字，则它被强制转为无符号整数，并且该值被用做数组的大小。否则，传入的参数被作为数组中唯一的元素。

除了利用 Array 构造函数创建数组外，也可以采用另外一种方式来创建数组，即使用括号把各个数组元素括起来，语法如下：

```
var aArray = [element0, element1, ..., elementN];
```

例如，下面的语句定义了一个包含 6 个数字的数组：

```
var aNums = [2, 5, 6, 9, 12, 18];
```

1. Array 对象的属性

Array 对象具有以下属性。

（1）Array.constructor：用于返回对 Array 对象实例的构造函数的引用。

（2）Array.prototype：用于返回 Array 对象类型原型的引用。

（3）length：返回一个整数值，这个整数比数组中所定义的最高位元素的下标大 1。

由于一个数组中的元素并不一定是连续的，所以 length 属性也并不一定就等于数组中的元素个数。

例如，在下面的数组定义中，数组 aArray 包含 7 个元素，而不是 2 个：

```
var aArray = new Array();
aArray[0] = "One element";
```

```
aArray[6] = "Another element";
```

此时数组 aArray 的长度为 7，数组中元素 aArray[1]到 aArray[5]的值都是 undefined。

如果 length 属性被赋予了一个比原先值小的数值，则数组就被截断，所有数组下标等于或者大于 length 属性的新值的元素都会被丢失；如果 length 属性被赋予了一个比原先值大的数值，则数组就被扩展，并且所有新建元素都被赋值为 undefined。

2. Array 对象的方法

Array 对象提供了以下方法，这些方法都是 Array.prototype 属性的成员。

（1）concat：把两个数组组合成一个新数组并返回该数组，语法如下：

```
aArray1.concat(aArray2)
```

其中，aArray1 是一个与 aArray2 进行连接的 Array 对象；aArray2 是一个连接到 aArray1 末尾的 Array 对象。

concat 方法返回一个 Array 对象，其中包含了 aArray1 与 aArray2 的连接。

（2）join：把数组的所有元素连接起来形成一个 String 对象并返回该对象，语法如下：

```
aArray.join(sSeparator)
```

其中，aArray 引用一个 Array 对象；sSeparator 参数是一个 String 对象，指定在最终的 String 对象中数组元素之间的分隔符。如果省略该参数，则数组元素之间用一个空字符串来分隔。

join 方法返回一个 String 对象，这个对象中包括了数组 aArray 中的所有元素，这些元素都已被转换成字符串并且被连接在一起。

（3）pop：移除数组中的最后一个元素并返回该元素，语法如下：

```
aArray.pop()
```

其中，aArray 引用一个 Array 对象。如果该数组为空，则将返回 undefined。

（4）push：把新元素添加到数组中并返回数组的新长度值，语法如下：

```
aArray.push([item1 [item2 [...[itemN ]]]])
```

其中，aArray 引用一个 Array 对象，item、item2、…、itemN 指定要添加到该数组的新元素。push 方法将以新元素出现的顺序添加这些元素。如果参数中包含数组，则该数组将作为单个元素添加到数组中。

（5）reverse：反转数组的元素顺序并返回反转后的数组，语法如下：

```
aArray.reverse()
```

其中，aArray 引用一个 Array 对象。

reverse 方法把数组 aArray 中的元素位置进行反转。在执行过程中，这个方法并不会创建一个新的 Array 对象。若数组是不连续的，reverse 方法将在数组中创建元素以便填充数组中的间隔，这样所创建的全部元素的值都是 undefined。

（6）shift：移除数组 aArray 中的第一个元素并返回该元素，语法如下：

```
aArray.shift()
```

其中，aArray 引用一个 Array 对象。

（7）slice：返回数组的一段，语法如下：

```
aArray.slice(iStart, [iEnd])
```

其中，aArray 引用一个 Array 对象，iStart 参数表示该数组中所指定的部分开始元素的下标；iEnd 参数表示该数组中所指定的部分结束元素的下标。

slice 方法返回一个 Array 对象，其中包含了数组 aArray 的指定部分。slice 方法一直复制到 iEnd 所指定的元素，但是不包括该元素。若 iEnd 值为负，则 iEnd 为从数组 aArray 结尾计算的偏移量，而不是从 0 开始计数的。若省略了该参数，则 slice 方法将一直复制到数组 aArray 的结尾。

（8）sort：返回一个元素已经进行了排序的 Array 对象，语法如下：

```
aArray.sort(sSortfunction)
```

其中，aArray 引用要排序的数组；sSortfunction 参数是用来确定元素顺序的函数的名称。若省略该参数，则元素将按照 ASCII 字符顺序进行升序排列。

sort 方法将 Array 对象进行适当的排序；在执行过程中并不会创建新的 Array 对象。若为 sSortfunction 参数提供了一个函数，则该函数必须返回下列值之一：

- 负值，若所传递的第一个参数比第二个参数小。
- 0，若两个参数相等。
- 正值，若第一个参数比第二个参数大。

（9）splice：从一个数组中移除一个或多个元素，如果必要，在所移除元素的位置上插入新元素，返回所移除的元素，语法如下：

```
aArray.splice(iStart, iDeleteCount, [item1[, item2[, . . . [,itemN]]]])
```

其中，aArray 引用一个 Array 对象，参数 iStart 指定从数组中移除元素的开始位置，这个位置是从 0 开始计算的；iDeleteCount 指定要移除的元素的个数；item1、item2、…、itemN 指定要在所移除元素的位置上插入的新元素。

splice 方法可以移除从 iStart 位置开始的指定个数的元素并插入新元素，从而修改数组 aArray，该方法的返回值是一个由所移除的元素组成的新 Array 对象。

splice 方法可用于删除、插入或替换并删除元素，下面的语句演示了这些用法。

```
var aArray = new Array(1, 2, 3, 4, 5, 6);
document.writeln(aArray.splice(2, 3) + "<br />");          // 输出 3，4，5，删除元素
document.writeln(aArray.toString() + "<br />");            // 输出 1，2，6
document.writeln(aArray.splice(1, 0, 9, 8) + "<br />");    // 输出为空，插入元素
document.writeln(aArray.toString() + "<br />");            // 输出 1，9，8，2，6
document.writeln(aArray.splice(3, 1, 10, 11) + "<br />");  // 输出 2，替换元素
document.writeln(aArray.toString() + "<br />");            // 输出 1，9，8，10，11，6
```

（10）toLocaleString：返回由数组 aArray 的元素构成的字符串，若数组元素为日期对象，则该日期使用当前区域设置转换为字符串，语法如下：

```
aArray.toLocaleString()
```

其中，aArray 引用一个 Array 对象。

（11）toString：返回数组对象的字符串表示，语法如下：

```
aArray.toString()
```

toString 方法将数组 aArray 的元素转换为字符串，结果字符串由逗号分隔且连接起来。

（12）unshift：把指定的元素插入数组开始位置并返回该数组，语法如下：

```
aArray.unshift([item1[, item2 [, . . . [, itemN]]]])
```

其中，aArray 引用一个 Array 对象，item1、item2、…、itemN 指定将要插入到该数组开始部分的元素。unshift 方法把这些元素插入到一个数组的开始部分，这些元素将以参数序列中的次序出现在数组中。

（13）valueOf：返回指定 Array 对象的原始值，语法如下：

```
aArray.valueOf()
```

其中，aArray 引用一个 Array 对象；valueOf 方法将数组 aArray 的元素转换为字符串，这些字符串由逗号分隔，连接在一起。

valueOf 方法的行为与 Array 对象的 toString 方法和 join 方法相同。

【例 6.5】 本例说明如何使用 Array 对象的有关属性和方法处理数组，如图 6.5 所示。

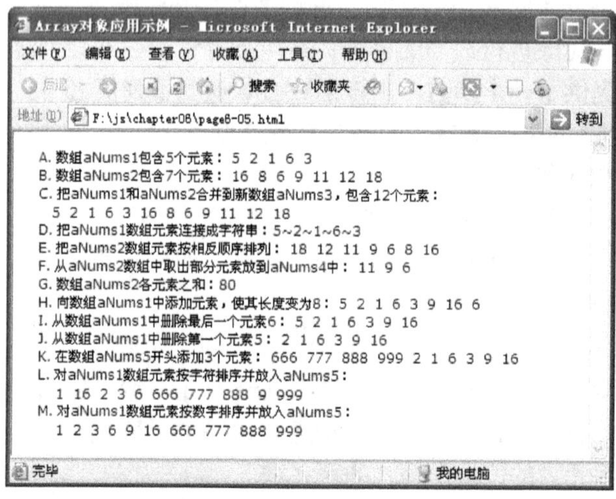

图 6.5 Array 对象应用示例

【代码清单】

```
<!-- F:\js\chapter06\page6-05.html -->
<html>
<head>
<title>Array 对象应用示例</title>
<style type="text/css">
<!--
  body{font-family:Verdana; font-size:9pt; margin-left:2em;line-height:1.3em;}
-->
</style>
</head>
<body>
<script language="javascript" type="text/javascript">
  function fnOutputArray(aNums){                    // 定义数组输出函数 fnOutputArray
    for(var i = 0; i < aNums.length;i++){
      document.writeln(aNums[i] + " ")
      //document.writeln(i < aNums.length-1 ? "," : "");
    }
  }
  function fnCompareNumber(iNum1, iNum2){    // 定义数组元素排序函数，按数字大小排序
    return(iNum1 – iNum2);
```

```
}
var aNums1 = new Array(5, 2, 1, 6, 3);                    // 定义一个数组并初始化
var aNums2 = [16, 8, 6, 9, 11, 12, 18];                   // 定义另一个数组并初始化
var aNums3, aNums4, aNums5, i;
document.writeln("A. 数组 aNums1 包含" + aNums1.length + "个元素:");
fnOutputArray(aNums1);
document.writeln("<br />");
document.writeln("B. 数组 aNums2 包含" + aNums2.length + "个元素:");
fnOutputArray(aNums2);
aNums3 = aNums1.concat(aNums2);
document.writeln("<br />");
document.writeln("C. 把 aNums1 和 aNums2 合并到新数组 aNums3,包含" +
        aNums3.length + "个元素:<br />  ");
fnOutputArray(aNums3);
document.writeln("<br />");
document.writeln("D. 把 aNums1 数组元素连接成字符串:" + aNums1.join("~"));
document.writeln("<br />");
document.writeln("E. 把 aNums2 数组元素按相反顺序排列:");
fnOutputArray(aNums2.reverse());
aNums4 = aNums2.slice(2, 5);
document.writeln("<br />");
document.writeln("F. 从 aNums2 数组中取出部分元素放到 aNums4 中:");
fnOutputArray(aNums4);
// 为 Array 对象添加一个新方法 sum，用于计算所有数组元素之和
Array.prototype.sum = function(){
  var x = 0;
  for(var i = 0; i<this.length; i++){
    x += this[i];
  }
  return x;
};
document.writeln("<br />");
document.writeln("G. 数组 aNums2 各元素之和:" + aNums2.sum());
document.writeln("<br />");
document.writeln("H. 向数组 aNums1 中添加元素,使其长度变为" +
        aNums1.push(9, 16, 6)+":");
fnOutputArray(aNums1);
document.writeln("<br />");
document.writeln("I. 从数组 aNums1 中删除最后一个元素"+aNums1.pop()+":");
fnOutputArray(aNums1);
document.writeln("<br />");
document.writeln("J. 从数组 aNums1 中删除第一个元素"+aNums1.shift()+":");
fnOutputArray(aNums1);
document.writeln("<br />");
aNums1.unshift(666, 777, 888, 999);
document.writeln("K. 在数组 aNums5 开头添加 3 个元素"+":");
fnOutputArray(aNums1);
aNums5 = aNums1.sort();
document.writeln("<br />");
document.writeln("L. 对 aNums1 数组元素按字符排序并放入 aNums5:<br />" +
        "   ");
fnOutputArray(aNums5);
aNums5 = aNums1.sort(fnCompareNumber);
```

```
    document.writeln("<br />");
    document.writeln("M. 对 aNums1 数组元素按数字排序并放入 aNums5:<br />" +
                "   ");
    fnOutputArray(aNums5);
</script>
</body>
</html>
```

6.3.5 Date 对象

Date 对象提供日期和时间的基本存储和检索。Date 对象可利用 new 运算符来创建，所使用的构造函数为 Global 对象的 Date 属性，语法如下：

```
var oDate = new Date();
var oDate = new Date(vDate);
var oDate = new Date(iYear, iMonth, iDate[, iHours[, iMinutes[, iSeconds[, iMs]]]]);
```

其中，参数 vDate 可以是数字或字符串。如果是数字值，则 vDate 表示指定日期与 1970 年 1 月 1 日午夜间全球标准时间（UTC，Universal Time Code）的毫秒数；如果是字符串，则 vData 按照 parse 方法中的规则进行解析。

iYear 参数指定完整的年份，例如，1976（而不是 76）；iMonth 参数表示月份，用整数 0～11 表示 1 月至 12 月；iDate 参数表示日期（1～31）；iHours 为可选项，如果提供了 iMinutes，则必须给出 hours，表示小时（0～23）；iMinutes 为可选项，如果提供了 iSeconds，则必须给出 iMinutes，表示 min（0～59）；iSeconds 为可选项，如果提供了 iMs，则必须给出 iSeconds，表示 s（0～59）；iMs 为可选项，表示 ms（0～999）。如果未向 Date 对象传递参数，它将被初始化为当前时间（UTC）。

下面给出两个创建日期对象的例子。

```
var oDate=new Date();                    // 用当前时间创建新的日期对象
var oDate=new Date(2008, 7, 8, 20);      // 其中第二个参数为 7，表示 8 月份
```

Date 对象表示特定时间段，以 ms 为单位保存。若某个参数的值大于其范围或为负数，则存储的其他值将做相应的调整。例如，若指定 150s，则将该数字重新定义为 2min 30s。若数字为 NaN，则表示该对象不代表特定的时间段。Date 对象能够表示的日期范围约等于 1970 年 1 月 1 日前后各 285 616 年。

1. Date 对象的属性

Date 只有以下两个属性。

（1）constructo：返回对 Date 对象实例的构造函数的引用。

（2）prototype：返回对象类型原型的引用。

2. Date 对象的方法

Date 对象的大多数方法都属于 Date.prototype 的成员。不过，也有两个静态方法不是 Date.prototype 的成员：parse 方法和 UTC 方法。不创建 Date 对象就可以调用这些静态方法。

Date 对象的常用方法如下。

（1）toString：把日期对象转换为字符串并返回该字符串，语法如下：

```
oDate.toString()
```

toString 方法返回一个表示日期的字符串，例如："Fri Feb 1 16:02:03 UTC+0800 2008"。

（2）valueOf。返回日期的毫秒数表示，语法如下：

```
oDate.valueOf()
```

（3）toLocaleString：把日期对象转换为一个包含日期和时间的字符串并返回该字符串，其中的日期部分使用当前国别的默认格式表示，语法如下：

```
oDate.toLocaleString()
```

toLocaleString 方法返回一个 String 对象，这个对象中包含了用当前国别的默认格式表示的日期，返回值的格式根据当前的国别来确定。

（4）toLocaleDateString：把日期对象转换为一个包含日期的字符串并返回该字符串，该日期使用当前国别的默认格式表示，语法如下：

```
oDate.toLocaleDateString()
```

toLocaleDateString 方法返回一个 String 对象，该对象中包含了用当前国别的默认格式表示的日期。返回值的格式要根据当前的国别来确定。

（5）toUTCString：把日期转换为一个字符串并返回该字符串，用全球标准时间（UTC）表示日期和时间，语法如下：

```
oDate.toUTCString()
```

toUTCString 方法返回一个 String 对象，此对象中包含了使用 UTC 惯例以一种方便、易读的形式进行格式化的日期。

（6）getTimezoneOffset：返回宿主计算机上的时间和全球标准时间（UTC）之间的差值（以分钟表示），语法如下：

```
oDate.getTimezoneOffset()
```

getTimezoneOffset 方法返回一个整数值，表示当前计算机上的时间与 UTC 之间相差的分钟数，该值与执行脚本的计算机相关。如果这个方法被一个服务器脚本调用，则返回值和服务器相关。如果这个方法被一个客户机脚本调用，则返回值就根据客户机上的时间来确定。

如果所在位置的时间落后于 UTC，则这个值就是正值；如果所在位置的时间超前于 UTC，则这个值就是负值。

（7）parse：解析一个包含日期的字符串，并返回该日期与 1970 年 1 月 1 日午夜之间的毫秒数，语法如下：

```
Date.parse(sDate)
```

其中，sDate 是一个包含以诸如 "Jan 5，1996 08:47:00"的格式表示的日期的字符串。

parse 方法返回一个整数值，这个整数表示 sDate 中所包含的日期与 1970 年 1 月 1 日午夜之间的毫秒数。

parse 方法是 Date 对象的一种静态方法。正因为它是一种静态方法，所以应该通过下面例子中所示的方法来调用，而不是作为一个已创建 Date 对象的一种方法来调用。

```
var sDate = "2008/8/8 8:00 PM";                // 设置一个表示日期和时间的字符串
var oDate = new Date(Date.parse(sDate));       // 把该字符串解析为毫秒数并用来创建 Date 对象
```

（8）UTC：返回全球标准时间的 1970 年 1 月 1 日到所指定日期之间所间隔的毫秒数，语法如下：

```
Date.UTC(iYear, iMonth, iDate[, iHours[, iMinutes[, iSeconds[,iMs]]]])
```

其中，iYear 参数用于指定年份，需要使用完整的年份表示法，如果 iYear 处于 0～99 之间，则 iYear 被假定为 1900+iYear；iMonth 参数指定一个整数（0～11），表示月份（1～12）；iDate 参数指定一个整数（1～31），表示日期；iHours 参数指定一个整数（0～23），表示小时，如果提供了 iMinutes，则必须提供此项；iMinutes 参数指定一个整数（0～59），表示分钟值，如果提供了 iSeconds，则必须提供此项；iSeconds 参数指定一个整数（0～59），表示秒数，如果提供了 milliiSeconds，则必须提供此项；iMs 参数指定一个整数（0～999），表示毫秒数。

UTC 方法返回从 UTC 的 1970 年 1 月 1 日午夜到所指定日期之间的毫秒数。这个返回值可以用在 Date 对象的构造函数中。例如，下面的语句利用指定的 UTC 时间创建一个新的 Date 对象：

```
var iMs = Date.UTC(2008, 7, 8, 12, 0, 0);          // 设置指定日期的毫秒数
var oDate = new Date(iMs);                          // 由毫秒数创建 Date 对象
```

如果一个参数的值超出其范围或者是一个负数，则其他保存过的值将相应地得到改变。例如，如果使用者指定 150s，则会将该数值重新定义为 2min 30s。

UTC 方法和 Date 对象的接受日期值的构造函数之间的差别在于：UTC 方法假设 UTC，而 Date 对象的构造函数假定本地时间。

（9）getDate：返回 Date 对象中用本地时间表示的一个月中的日期值（1～31），语法如下：

```
oDate.getDate()
```

其中，oDate 引用一个 Date 对象。

（10）getDay：返回 Date 对象中用本地时间表示的一周中的日期值，语法如下：

```
oDate.getDay()
```

其中，oDate 引用一个 Date 对象。该方法返回一个整数，用本地时间表示一周中的日期值（0～6）：0 =星期天；1=星期一；2=星期二；3=星期三；4=星期四；5=星期五；6=星期六。

（11）getFullYear：返回 Date 对象中用本地时间表示的年份值，语法如下：

```
oDate.getFullYear()
```

其中，oDate 引用一个 Date 对象。该方法返回一个整数，以绝对数字形式表示年份值。例如，1976 年的返回值就是 1976。

（12）getHours：返回一个整数（0～23），表示从午夜开始计算的小时数，语法如下：

```
oDate.getHours()
```

其中，oDate 引用一个日期对象。

（13）getMilliseconds：返回 Date 对象中用本地时间表示的毫秒值（0～999），语法如下：

```
oDate.getMilliseconds()
```

其中，oDate 引用一个日期对象。

（14）getMinutes：返回 Date 对象中用本地时间表示的分钟值（0～59），语法如下：

```
oDate.getMinutes()
```

其中，oDate 引用一个日期对象。

（15）getMonth：返回 Date 对象中用本地时间表示的月份值，语法如下：

```
oDate.getMonth()
```

其中，oDate 引用一个日期对象。getMonth 返回一个整数，用本地时间表示月份值（0～11），0 表示 1 月份，1 表示 2 月份，依次类推。

（16）getSeconds：返回 Date 对象中用本地时间表示的秒钟值（0～59），语法如下：

```
oDate.getSeconds()
```

其中，oDate 引用一个日期对象。

（17）getTime：返回 Date 对象中的时间值，语法如下：

```
oDate.getTime()
```

其中，oDate 引用一个日期对象。getTime 方法返回一个整数值，表示 1970 年 1 月 1 日开始计算到 Date 对象中的时间之间的毫秒数。

（18）setDate：设置 Date 对象中用本地时间表示的数字日期，语法如下：

```
oDate.setDate(iDate)
```

其中，oDate 引用一个日期对象；iDate 是等于日期值的数值。

（19）setFullYear：设置 Date 对象中用本地时间表示的年份值，语法如下：

```
oDate.setFullYear(iYear[, iMonth [, iDate]])
```

其中，oDate 引用一个日期对象；iYear、iMonth 和 iDate 分别指定年份、月份和日期。

（20）setHours：设置 Date 对象中用本地时间表示的小时值，语法如下：

```
oDate.setHours(iHours[, iMin[, iSec[, iMilli]]])
```

其中，oDate 引用一个日期对象；参数 iHours、iMin、iSec 和 iMilli 分别指定小时、分、秒和毫秒的数值。

（21）setMilliseconds：设置 Date 对象中用本地时间表示的毫秒值，语法如下：

```
oDate.setMilliseconds(iMilli)
```

其中，oDate 引用一个日期对象；参数 iMilli 指定等于毫秒值的数值。

（22）setMinutes：设置 Date 对象中用本地时间表示的分钟值，语法如下：

```
oDate.setMinutes(iMinutes[, iSeconds[, iMilli]])
```

其中，oDate 引用一个日期对象；参数 iMinutes、iSeconds 和 iMilli 分别指定分、秒和毫秒的数值。

（23）setSeconds：设置 Date 对象中用本地时间表示的秒值，语法如下：

```
oDate.setSeconds(iSeconds[, iMilli])
```

其中，oDate 引用一个日期对象；参数 iSeconds 和 iMilli 分别指定秒和毫秒的数值。

（24）setTime：设置 Date 对象的日期和时间值，语法如下：

```
oDate.setTime(iMilliseconds)
```

其中，oDate 引用一个日期对象；参数 iMilliseconds 是一个整数值，代表从格林威治标准时间（GMT）的 1970 年 1 月 1 日午夜开始所经过的毫秒数。

除了上述方法外，Date 对象还提供了一组用于获取或设置全球标准时间（UTC）的方法，包括：getUTCDate，getUTCDay，getUTCFullYear，getUTCHours，getUTCMilliSeconds，getUTCMinutes，getUTCMonth，getUTCSeconds，setUTCDate，setUTCFullYear，setUTCHours，setUTCMilliseconds， setUTCMinutes，setUTCMonth，setUTCSeconds。

【例 6.6】　本例说明如何使用 Date 对象的有关方法来处理日期数据，如图 6.6 所示。

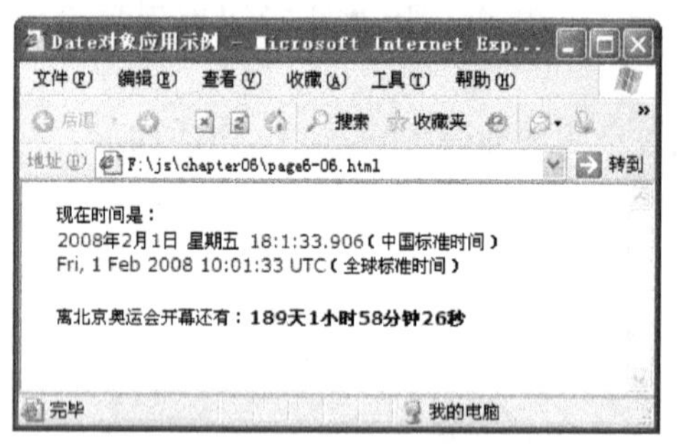

图 6.6　Date 对象应用示例

【代码清单】

```
<!-- F:\js\chapter06\page6-06.html -->
<html>
<head>
<title>Date 对象应用示例</title>
<style type="text/css">
<!--
   body{font-family:Verdana; font-size:9pt; margin-left:2em; line-height:1.3em;}
-->
</style>
</head>
<body>
<script language="javascript" type="text/javascript">
<!--
   var oNow = new Date();
   var sDays = ["日", "一", "二", "三", "四", "五", "六"];
   var sDate = oNow.getYear() + "年" +
         (oNow.getMonth() + 1 )+ "月" + oNow.getDate() +
         "日  星期" + sDays[oNow.getDay()] + " " +
         oNow.getHours() + ":" + oNow.getMinutes() +
         ":" + oNow.getSeconds() + "." + oNow.getMilliseconds();
   var oDate = new Date(2008, 7, 8, 20);
   var iInterval = oDate.getTime() – oNow.getTime();
   var iDays = Math.floor(iInterval / (24 * 60 * 60 * 1000));
   var iHours = Math.floor((iInterval / (24 * 60 * 60 * 1000) –
                        iDays) * 24);
   var iMins = Math.floor(((iInterval / (24 * 60 * 60 * 1000) –
                        iDays) * 24 – iHours) * 60);
   var iSecs = Math.floor((((iInterval / (24 * 60 * 60 * 1000) –
                        iDays) * 24 – iHours) * 60 – iMins) * 60);
   document.writeln("<p>现在时间是:<br />"   + sDate + "（中国标准时间）<br />");
   document.writeln(oNow.toUTCString() + "（全球标准时间）</p>");
   document.writeln("<p>离北京奥运会开幕还有:" + (iDays + "天" + iHours +
                "小时" + iMins + "分" + iSecs + "秒").bold() + "</p>");
//-->
</script>
</body>
</html>
```

6.3.6　Object 对象

在 JavaScript 中，Object 对象是一个重要的本地对象，它是其他本地对象（如 Array、Date、String 等）的根对象，并提供了创建自定义对象的基础。

在 JavaScript 中，可以利用 new 运算符和 Object 类来创建一个对象，然后为该对象添加一些属性和方法：

```
var oObject = new Object();              // 创建一个新对象
oObject.propertyName = value;            // 为该对象定义属性
oObject.methodName = function(){         // 为该对象定义方法
  statements
};
```

创建一个对象后，可以通过以下形式访问该对象的属性：

```
oObject.property 或 oObject.["property"]
```

若要调用该对象的方法，应遵循以下语法：

```
oObject.method(argList)
```

1．Object 对象的属性

Object 对象具有以下属性。

（1）constructor：表示创建对象的函数。

（2）prototype：返回对象类型原型的引用。

2．Object 对象的方法

Object 对象具有以下方法。

（1）HasOwnProperty：判断对象是否具有某个特定的属性。

（2）IsPrototypeOf：判断对象是否为另一个对象的原型。

（3）PropertyIsEnumerable：判断给定属性能否用 for-in 语句进行枚举。

（4）toString：对于 Object 对象，该方法的返回值为“[object Object]”。

（5）valueOf：对于 Object 对象，该方法的返回值为“[object Object]”。

Object 对象的属性和方法将会被其他类覆盖。

【例 6.7】　本例说明如何使用 Object 类创建自定义对象，用于计算圆面积，如图 6.7 所示。

图 6.7　Object 对象应用示例

【代码清单】

```
<!-- F:\js\chapter06\page6-07.html -->
<html>
<head>
<title>Object 对象应用示例</title>
<style type="text/css">
<!--
  body{font-family:Verdana; font-size:9pt; margin-left:2em; line-height:1.3em;}
-->
</style>
</head>
<body>
<script language="javascript" type="text/javascript">
<!--
  oCircle = new Object();                // 创建一个新对象，用于表示圆
  oCircle.radius = 3;                    // 为该对象定义属性，用于设置和获取圆半径
  oCircle.getArea = function(){          // 为该对象定义方法，用于计算圆面积
```

```
        return this.radius * this.radius * Math.PI;
    };
    document.writeln("设圆半径为" + oCircle.radius + ",则<br />");
    document.writeln("圆面积为" + oCircle.getArea() + "<br />");
    oCircle.radius = 5;
    document.writeln("设圆半径为" + oCircle.radius + ",则<br />");
    document.writeln("圆面积为" + oCircle.getArea() + "<br />");
    oCircle.radius = 18;
    document.writeln("设圆半径为" + oCircle.radius + ",则<br />");
    document.writeln("圆面积为" + oCircle.getArea() + "<br />");
//-->
</script>
</body>
</html>
```

6.3.7 Function 对象

在 JavaScript 中，Function 对象用于创建新的函数。

创建函数有以下两种语法格式：

```
function functionName([argname1[, ...[, argnameN]]]){
    statements
}
functionName = new Function([argname1,[... argnameN,]]statements);
```

其中，参数 functionName 指定要创建函数的名称；argname1…argnameN 为可选项，指定函数接收的参数列表；statements 为包含调用该函数时要执行的 JavaScript 代码块（第一种语法）或语句字符串（第二种语法）。

第一种语法是 JavaScript 中创建函数的基本方法，第二种语法用于显式创建函数对象。

1．Function 对象的属性

Function 对象具有以下属性。

（1）arguments：为当前执行的函数对象返回一个 arguments 对象。通过该对象，可以在函数中处理可变数量的参数。arguments 对象的 length 属性包含了传递给函数的参数的数目。对于 arguments 对象所包含的参数，其访问方法与数组元素的访问方法相同。

（2）caller：返回一个对函数的引用，该函数调用了当前函数。对于函数来说，caller 属性只有在函数执行时才有定义。如果函数是由 JavaScript 程序的顶层调用的，则 caller 包含的就是 null。如果在字符串上下文中使用 caller 属性，将返回函数的反编译文本。

（3）constructor：表示创建对象的函数，称为构造函数。constructor 属性是所有具有 prototype 的对象的成员，它保存了对构造特定对象实例的函数的引用。

（4）prototype：返回对象类型原型的引用。在 JavaScript 中，用 prototype 属性提供对象的类的一组基本功能。对象的新实例“继承”赋予该对象原型的操作。

2．Function 对象的方法

Function 对象提供了以下方法。

（1）apply：调用某对象的一种方法，用另一个对象替换当前对象，语法如下：

```
oObject.methodName.apply([oThis[, aArgs]])
```

其中，methodName 为对象 oObject 的一种方法；oThis 指定将被用做当前对象的对象；aArgs 指定将被传递给该函数的参数数组。

如果 aArgs 不是一个有效的数组或者不是 arguments 对象，则将导致一个 TypeError。

如果未提供 oThis 和 aArgs 任何一个参数，则 Global 对象将被用做 oThis，并且无法传递任何参数。

（2）call：调用某对象的一种方法，用另一个对象替换当前对象，语法如下：

```
oObject.methodName.call([oThis[, arg1, arg2, … argN]])
```

其中，methodName 为对象 oObject 的一种方法；oThis 指定将被用做当前对象的对象；arg1…argN 指定将被传递给该函数的一组参数。

call 方法与 apply 方法类似，所不同的是参数的传递方式。

（3）toString：返回对象的字符串表示。对于 Function 对象，toString 方法返回以下格式的字符串：function functionName(){[native code]}，其中，functionName 是被调用 toString 方法函数的名称。

（4）valueOf：返回指定对象的原始值。对于 Function 对象而言，valueOf 方法的返回值与 toString 方法的返回值相同。

【例 6.8】　本例说明如何通过 apply 或 call 方法调用 Array.prototype.push 方法，从而把一个数组的每个元素或多个字符串依次追加到另一个数组中，如图 6.8 所示。

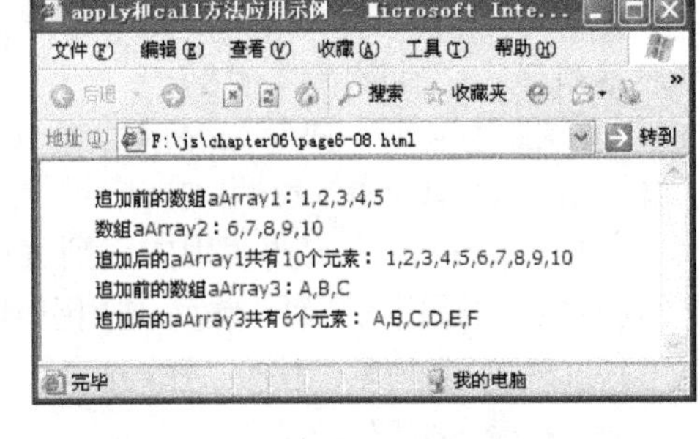

图 6.8　apply 或 call 方法应用示例

【代码清单】

```
<!-- F:\js\chapter06\page6-08.html -->
<html>
<head>
<title>Function 对象应用示例</title>
<style type="text/css">
<!--
  body{font-family:Verdana; font-size:9pt; margin-left:3em; line-height:2em;}
-->
</style>
</head>
<body>
<script language="javascript" type="text/javascript">
<!--
  var aArray1 = [1, 2, 3, 4, 5];
  var aArray2 = [6, 7, 8, 9, 10];
  document.writeln("追加的前数组 aArray1:" + aArray1 + "<br />");
  document.writeln("数组 aArray2:" + aArray2 + "<br />");
  // 下面的语句使 aArray2 的每个元素分别成为数组 aArray1 的元素
  // 若执行 aArray1.push(aArray2)，则使数组 aArray2 整体成为 aArray1 的一个元素
  Array.prototype.push.apply(aArray1, aArray2)
  document.writeln("追加后的 aArray1 共有" + aArray1.length + "个元素:");
  document.writeln(aArray1 + "<br />");
```

```
    aArray3 = ["A", "B", "C"];
    document.writeln("追加前的数组 aArray3:" + aArray3 + "<br />");
    // 下面的语句把 3 个字符串依次追加到数组 aArray3 中，扩展了 push 方法的功能
    Array.prototype.push.call(aArray3, "D", "E", "F")
    document.writeln("追加后的 aArray3 共有" + aArray3.length + "个元素:");
    document.writeln(aArray3);
//-->
</script>
</body>
</html>
```

6.3.8 RegExp 对象

正则表达式是具有特殊语法的字符串，用于从左向右去匹配目标字符串。正则表达式模式由普通字符和元字符组成，元字符包括：([{ \ ^ $ |) ? * + .。普通字符在模式中表示它们自身并匹配目标中相应的字符。如果使用一个不包含任何元字符的正则表达式，则只能执行纯文本搜索。正是元字符才使正则表达式具有强大的字符串处理能力。

在 JavaScript 中，通过 RegExp 对象实现对正则表达式的支持。RegExp 对象用于保存正则表达式模式，有以下两种语法：

```
var reExpr = /pattern/[switch];
var reExpr = new RegExp("pattern",["switch"]);
```

其中，pattern 指定要使用的正则表达式模式。如果用第一种语法，则用斜线字符“/”分隔模式；如果用第二种语法，则用引号将模式括起来。

switch 为可选项。用第二种语法时，要用引号把 switch 括起来。有以下 3 个开关选项。

- i：表示忽略大小写。
- g：表示全文查找出现的所有 pattern。
- gi：表示全文查找、忽略大小写。

正则表达式对象保存用于查找字符串中的字符组合时的模式。创建正则表达式对象后，可以把它传递给字符串方法，或者把字符串传递给一个正则表达式方法。有关最近进行查找的信息保存在 RegExp 对象中。

当预先知道查找字符串时用第一种语法。当查找字符串经常变动或不知道时用第二种语法，例如由用户输入得到的字符串。

1. RegExp 对象的属性

RegExp 对象的属性如下。

（1）lastIndex：指定一个索引，下一个匹配从该索引处开始，语法如下：

```
reExpr.lastIndex[ = iIndex]
```

其中，reExpr 为正则表达式对象，可以是变量名或文字。

lastIndex 属性可被正则表达式的 exec 方法以及 String 对象的 match、replace 和 split 方法修改。应用于 lastIndex 属性值的规则如下：

- 如果 lastIndex 大于字符串的长度，则 test 和 exec 方法失败，且 lastIndex 被设置为 0。
- 如果 lastIndex 等于字符串的长度，且模式与空字符串匹配，则正则表达式匹配。否

则匹配失败，且 lastIndex 被重置为 0。

➢ 否则，lastIndex 被设置为紧接最近的匹配的下一个位置。

（2）source：返回正则表达式模式的文本的复本（只读），语法如下：

```
reExpr.source
```

其中，reExpr 参数是正则表达式对象，可以是变量名或文字。

2. RegExp 对象的方法

RegExp 对象具有以下方法。

（1）compile：把一个正则表达式编译为内部格式，语法如下：

```
reExpr.compile(sPattern)
```

其中，reExpr 为正则表达式对象，可以是变量名或文字；sPattern 是一个字符串表达式，包含要被编译的正则表达式模式。

compile 方法把 pattern 转换为内部格式，从而执行得更快。

（2）exec：在指定字符串中运行查找来获得匹配，语法如下：

```
reExpr.exec(sString)
```

其中，reExpr 为正则表达式对象，可以是变量名或文字。sString 指定要执行查找的字符串。

exec 方法查找的结果被放在一个数组中。如果 exec 方法未找到匹配，则返回 nul；如果找到一个或多个匹配，则返回一个数组，并更新 RegExp 对象来反映查找结果。

（3）test：返回一个布尔值，指出在被查找的字符串中是否存在模式，语法如下：

```
reExpr.test(sString)
```

其中，reExpr 为正则表达式对象，可以是变量名或文字。参数 sString 指定要在其上测试查找的字符串。

test 方法检查在字符串中是否存在一个模式，如果存在则返回 true，否则返回 false。

RegExp 对象不用 test 方法来修改。

【例 6.9】 本例说明如何使用正则表达式来检查 IP 地址、电子邮件地址和日期的有效性，如图 6.9 所示。

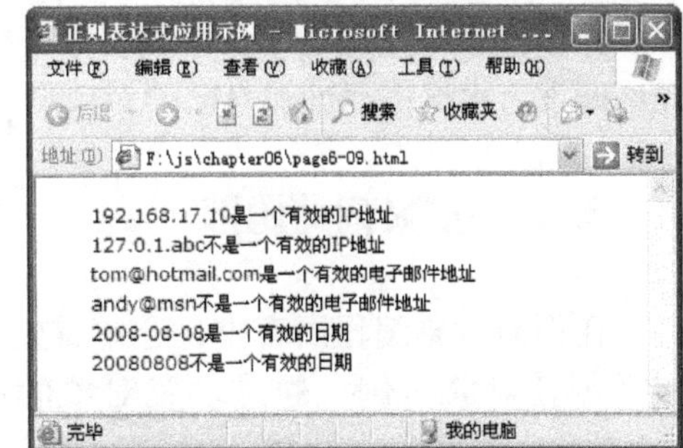

图 6.9 正则表达式应用示例

【代码清单】

```
<!-- F:\js\chapter06\page6-09.html -->
<html>
<head>
<title>正则表达式应用示例</title>
<style type="text/css">
<!--
  body{font-family:Verdana; font-size:9pt; margin-left:3em; line-height:1.6em;}
-->
</style>
</head>
<body>
<script language="javascript" type="text/javascript">
```

```
<!--
  // 创建 3 个正则表达式对象，分别用于匹配 IP 地址、电子邮件地址和日期格式
  var reIP = /^(\d{1,2}|1\d\d|2[0-4]\d|25[0-5])(\.(\d{1,2}|1\d\d|2[0-4]\d|25[0-5])){3}$/;
  var reEmail = /^[a-zA-Z0-9_ - ]+@[a-zA-Z0-9_ - ]+(\.[a-zA-Z0-9_ - ]+)+$/;
  var reDate = /^\d{4}-(0?[1-9]|1[0-2])-(0?[1-9]|[1-2]\d|3[0-1])$/;
  // 创建 6 个字符串
  var sIP1 = "192.168.17.10", sIP2 = "127.0.1.abc";
  var sEmail1 = "tom@hotmail.com", sEmail2 = "andy@msn";
  var sDate1 = "2008-08-08", sDate2 = "20080808";
  // 检查 IP 地址、电子邮件地址和日期是否有效
  document.writeln(sIP1 + (reIP.test(sIP1) ? "" : "不") + "是一个有效的 IP 地址<br />");
  document.writeln(sIP2 + (reIP.test(sIP2) ? "" : "不") +
              "是一个有效的 IP 地址<br />");
  document.writeln(sEmail1 + (reEmail.test(sEmail1) ? "" : "不") +
              "是一个有效的电子邮件地址<br />");
  document.writeln(sEmail2 + (reEmail.test(sEmail2) ? "" : "不") +
              "是一个有效的电子邮件地址<br />");
  document.writeln(sDate1 + (reDate.test(sDate1)? "" : "不") +
              "是一个有效的日期<br />");
  document.writeln(sDate2 + (reDate.test(sDate2)? "" : "不") +
              "是一个有效的日期<br />");
//-->
</script>
</body>
</html>
```

6.4 用户自定义对象

前面介绍了如何使用 JavaScript 提供的各种内置对象和本地对象，通过这些预定义对象可以完成许多常见的任务，为编程带来很大的方便。除了使用预定义对象外，JavaScript 还允许开发者根据需要创建自己的对象。

6.4.1 定义构造函数

在面向对象编程语言中，通常首先定义一个类并为其添加属性和方法成员，然后基于该类创建对象实例，通过设置对象的属性和调用对象的方法完成某种任务。不过，在 JavaScript 语言中没有类，与访问类最近似的方法是定义构造函数，构造函数的名称相当于类的名称。

在 JavaScript 语言中，对象是一组名称-值对，可以将对象视为包含字符串关键字的词典。换言之，对象只是一些属性的集合，每个属性用于存储一个基本数据、对象或函数。如果属性存储的是函数，则该函数称为对象的方法。

对象的属性和方法都可以通过构造函数进行封装。定义构造函数的语法如下：

```
function constructorName(argList){
  this.propertyName = value;                    // 设置对象的属性
  this.methodName = function(argList){          // 为对象定义方法
    statements
```

```
    };
}
```

其中，constructorName 表示构造函数的名称，相当于类的名称，按照惯例，此名称通常以大写字母开头；this 为关键字，通常用在构造函数中，表示当前对象；propertyName 表示属性名称；methodName 表示方法名称。在构造函数中可以定义多个属性和方法。

定义一个构造函数之后，就可以利用 new 运算符和该构造函数来创建新的对象实例，然后访问对象的属性，调用对象的方法。语法如下：

```
var oObject = new constructorName(argList);        // 基于构造函数创建对象实例
oObject.propertyName = value;                      // 访问对象的属性
oObject.methodName(argList);                       // 调用对象的方法
```

在 JavaScript 中，对象的应用方式是多种多样的。除了访问对象的属性和调用对象的方法外，还可以把对象赋给变量或作为参数传递给其他函数，也可以把对象作为其他函数的值返回，或者可以作为另一个对象的属性或数组的元素进行存储等。

使用构造函数创建新对象实例时存在一个问题，即方法函数将被重复定义。为此，可以在构造函数中设置一个_initialized 属性，用于指示方法函数是否已被定义，并通过对象的 prototype 属性来添加新的方法：

```
function constructorName(argList){
  this.propertyName = value;                    // 设置对象的属性
  // 如果_initialized 属性不存在（创建首个对象时），则为类定义方法函数
  if(typeof constructorName._initialized == "undefined"){
    constructorName.prototype.methodName = function(argList){
      statements
    };
    constructorName._initialized = true;       // 把_initialized 属性设置为 true
  }
}
```

在改进后的构造函数中，通过检查和设置_initialized 属性的值可以保证为类添加方法时不会重复定义方法函数。

【例 6.10】　本例说明如何定义构造函数并将其用于创建对象，如图 6.10 所示。

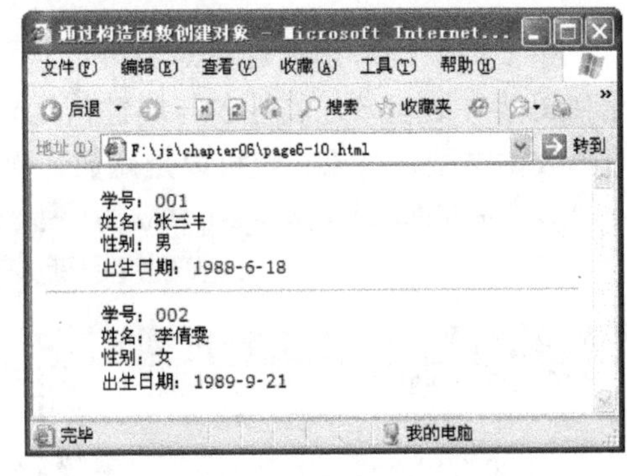

图 6.10　通过构造函数创建对象

【代码清单】

```
<!-- F:\js\chapter06\page6-10.html -->
<html>
<head>
<title>通过构造函数创建对象</title>
<style type="text/css">
<!--
  div{margin-left:3em; font-family:Verdana;}
-->
</style>
<script language="javascript" type="text/javascript">
<!--
  // 定义构造函数 Student，用于创建学生对象
  function Student(sID, sName, sGender, sBirthDate){
    // 为类添加 4 个属性，分别用于表示学号、姓名、性别和出生日期
    this.studentID = sID;
```

```
        this.studentName = sName;
        this.gender = sGender;
        this.birthDate = sBirthDate;
        // 为类添加一个名为 showInfo 的方法，用于显示学生信息
        if(typeof Student._initialized == "undefined"){
          Student.prototype.showInfo = function(){
            document.writeln("<div>学号：" + this.studentID + "<br />");
            document.writeln("姓名：" + this.studentName + "<br />");
            document.writeln("性别：" + this.gender + "<br />");
            document.writeln("出生日期：" + this.birthDate + "</div>");
          };
          Student._initialized = true;
        }
      }
    //-->
    </script>
    </head>
    <body>
    <script language="javascript" type="text/javascript">
    <!--
      // 基于构造函数创建一个对象
      var oStudent1 = new Student("001", "张三丰", "男", "1988-6-18");
      oStudent1.showInfo();                        // 调用对象的 showInfo 方法
      document.writeln("<hr />");
      // 基于构造函数创建另一个对象
      var oStudent2 = new Student("002", "李倩雯", "女", "1989-9-21");
      oStudent2.showInfo();
    //-->
    </script>
    </body>
    </html>
```

6.4.2 对象直接量

除了使用构造函数创建对象外，也可以在脚本中使用对象直接量，即通过花括号把属性和属性值括起来，属性名与属性值用冒号分隔，属性-值对用逗号分隔，属性值既可以是简单数据类型、对象，也可以是函数。例如：

```
var oObject = {"propertyName": "value",
                        "methodName": function(argList){statements}};
```

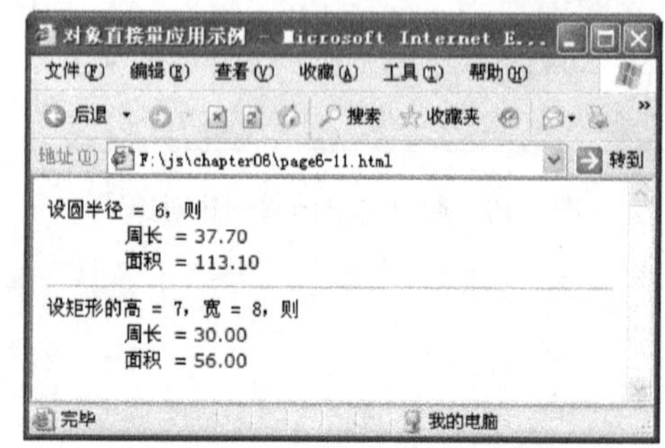

图 6.11　对象直接量应用示例

在 JavaScript 中，对象引用也可以作为函数的参数使用，通常有以下两种处理方式。

- 基于构造函数创建一个对象实例并将该对象的引用存储在一个变量中，然后把该变量作为实际参数用在函数调用中。
- 在函数调用中使用对象直接量作为实际参数。

【例 6.11】　本例说明如何使用对象直接量作为函数的函数，用于计算圆和矩形的周长和面积，如图 6.11 所示。

【代码清单】

```
<!-- F:\js\chapter06\page6-11.html -->
<html>
<head>
<title>对象直接量应用示例</title>
<style type="text/css">
<!--
  div{margin-left:4em; font-family:Verdana;}
-->
</style>
<script language="javascript" type="text/javascript">
<!--
  function showShapeInfo(oShape){
    document.writeln("<div>周长 = " + oShape.getPerimeter().toFixed(2) + "<br />");
    document.writeln("面积 = " + oShape.getArea().toFixed(2) + "</div>");
  }
//-->
</script>
</head>

<body>
<script language="javascript" type="text/javascript">
<!--
  var oCircle = {"radius":6,
    "getPerimeter":function(){return 2 * this.radius * Math.PI;},
    "getArea":function(){return this.radius * this.radius * Math.PI;}
  };
  var oRectangle = {"height":7, "width":8,
    "getPerimeter":function(){return 2 * (this.height + this.width);},
    "getArea": function(){return this.height * this.width;}
  };

  document.writeln("设圆半径 = " + oCircle.radius + "，则<br />");
  showShapeInfo(oCircle);
  document.writeln("<hr />");
  document.writeln("设矩形的高 = " + oRectangle.height + "，宽 = " +
              oRectangle.width + "，则<br />");
  showShapeInfo(oRectangle);
//-->
</script></body>
</html>
```

6.4.3 实现继承机制

继承是面向对象编程的重要内容。通过继承，在基类已经定义的属性和方法的基础上，子类继承基类的属性和方法，并允许在子类中增加新的属性和方法。在 JavaScript 语言中，继承机制是通过模仿来实现的。

在 JavaScript 中，实现继承机制的有各种各样的方式。这里仅介绍其中的一种，即通过 call 方法来实现继承机制。从 6.3.7 节可以知道，call 方法的作用是调用某对象的一个方法函数，传递的第一个参数用于替换当前对象 this，其他参数则传递给该函数自身。

设子类构造函数为 ChildClass，参数列表为 argList1；基类构造函数名称为 BaseClass，参数列表为 argList2，则子类构造函数的结构大致如下：

```
function ChildClass(argList1){
  BaseClass.call(this, argList2);              // this 表示子类实例
  this.newProperty = value;                    // 在子类中增加新属性
  this.newMethod = function(argList){          // 在子类中增加新方法
    statements
  };
}
var oObject = new ChildClass(argList2);        // 子类实例化
```

通过上述方式创建的子类 ChildClass 具有基类的所有属性和方法，并且可以根据需要新增加一些属性和方法。

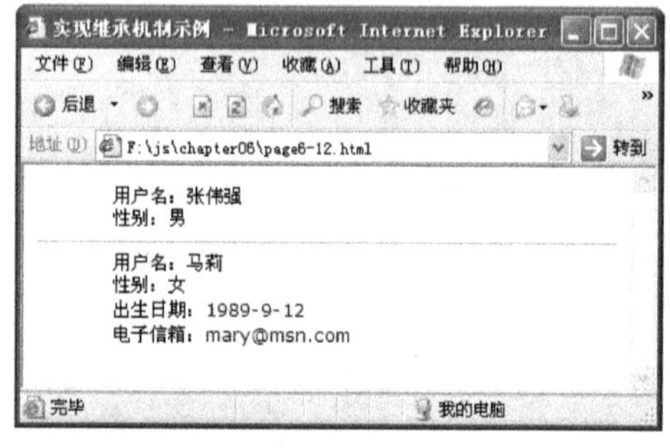

图 6.12 实现继承机制示例

【例 6.12】 本例说明如何使用 call 方法实现继承机制，运行结果如图 6.12 所示。

【代码清单】

```
<!-- F:\js\chapter06\page6-12.html -->
<html>
<title>实现继承机制示例</title>
<style type="text/css">
<!--
  div{margin-left: 4em; font-family:Verdana;}
-->
</style>
<script language="javascript" type="text/javascript">
<!--
  // 定义构造函数 UserClassA，用做基类
  function UserClassA(sName, sGender){
    this.name = sName;
    this.gender = sGender;
    this.showInfo = function(){
      document.writeln("<div>用户名：" + this.name + "<br />");
      document.writeln("性别：" + this.gender + "</div>");
    };
  }
  // 定义构造函数 UserClassB，用做子类
  function UserClassB(sName, sGender, sBirthDate, sEmail){
    // 通过调用 call 方法来继承 UserClassA 的所有属性和方法
    UserClassA.call(this, sName, sGender);
    // 增加两个新的属性
    this.birthdate = sBirthDate;
    this.email = sEmail;
    // 增加一种新的方法
    this.showMore = function(){
      document.writeln("<div>出生日期：" + this.birthdate + "<br />");
      document.writeln("电子信箱：" + this.email + "</div>");
    };
  }
//-->
</script>
</head>
```

```
<body>
<script language="javascript" type="text/javascript">
<!--
   var oUser1 = new UserClassA("张伟强", "男");
   oUser1.showInfo();

   document.writeln("<hr />");
   var oUser2 = new UserClassB("马莉", "女", "1989-9-12", "mary@msn.com");
   oUser2.showInfo();
   oUser2.showMore();
//-->
</script>
</body>
</html>
```

习题 6

一、填空题

1. 在 JavaScript 中可以使用的对象类型：__________、__________、__________和____________。
2. 内置对象在______________时创建；在 JavaScript 中有两个内置对象：__________和__________。
3. 若想生成 1～100 的随机数，可用语句：var iNum = Math._____(Math._______() * 100 + 1); 。
4. 若要获取指定字符的 Unicode 编码，可用 String 对象的___________方法。
5. Array 对象的 spice 方法可用于_________、__________或__________元素。
6. 若调用 Date 对象的 getMonth 方法获得的值为 7，则表示的月份为____。
7. Function 对象的 constructor 属性表示创建_______的函数，称为__________。
8. RegExp 对象的 test 方法检查在字符串中是否存在一个_____。

二、选择题

1. 关于 Global 对象的方法，错误的是（　　）。

   A. escape 对字符串进行编码　　B. unescape 对用 escape 编码的字符串进行解码
   C. eval 解析 JavaScript 代码并执行　　D. encodeURIComponent 将字符串编码为 URI

2. 若要指定数字 fNum 带 3 位小数，应选用的方法是（　　）。

   A. fNum.toExponential(3)　　B. fNum.toFixed(3)
   C. fNum.toString(3)　　D. fNum.toPrecision(3)

3. "JavaScript 动态网页编程".substring(10, –3) 的返回值为（　　）。

   A. JavaScript　　B. Java　　C. 动态网页　　D. 动态网页编程

上机实验 6　面向对象编程

【实验目的】

1. 掌握内置对象和本地对象的常用属性和方法。

2. 掌握用户自定义对象的创建和使用方法。

【实验内容】

1. 创建一个 HTML 网页，通过 Global 对象的相关方法进行编码和解码处理。
2. 创建一个 HTML 网页，通过 Math 对象的相关属性和方法进行数学计算。
3. 创建一个 HTML 网页，通过 String 对象的相关属性和方法对字符串进行处理。
4. 创建一个 HTML 网页，创建一个数组并通过 Array 对象的相关方法对该数组进行处理。
5. 创建一个 HTML 网页，以“yyyy 年 mm 月 dd 日 星期 D hh:mm:ss.ms”格式显示当前日期和时间。
6. 创建一个 HTML 网页，使用正则表达式来检查 IP 地址、电子邮件地址和日期的有效性。
7. 定义一个名为 ClassA 的构造函数，然后继承该类定义 ClassB 的构造函数，并增加新的属性和方法。

第7章 浏览器对象模型

第 6 章介绍了面向对象编程的基础知识，重点讨论了如何使用 JavaScript 内置对象、本地对象以及用户自定义对象，通过这些对象可以对数值、字符串、日期以及数组等数据类型进行处理，从而完成一些基本的编程任务。嵌入 HTML 代码中的 JavaScript 脚本是在浏览器中加载网页时运行的，为了实现与浏览器窗口的交互，还需要使用 JavaScript 实现的环境提供的宿主对象，BOM 对象便是这样的宿主对象。BOM 是 Brower Object Model 的缩写，意即浏览器对象模型。本章介绍各种 BOM 对象的应用，主要包括 window 对象、document 对象、location 对象、navigagor 对象以及 screen 对象等。

7.1 window 对象

浏览器对象模型由一些相关的对象组成。在浏览器对象模型中，window 对象位于最顶层对象，它是整个体系结构的核心，如图 7.1 所示。window 对象表示在浏览器中打开的一个窗口，通过该对象可以获取浏览器窗口的状态信息、访问页面元素并处理在浏览器窗口中发生的事件。

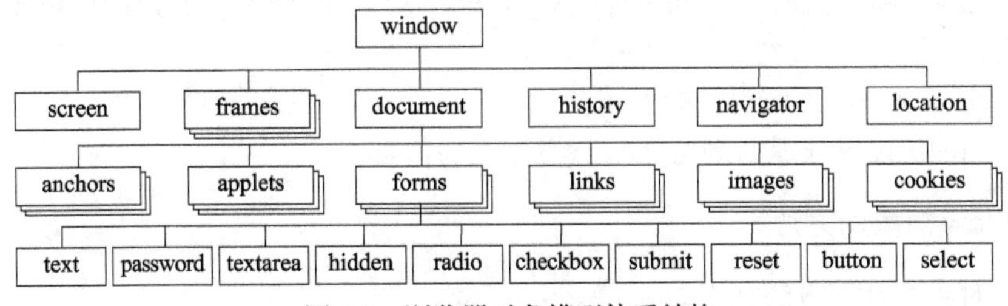

图 7.1　浏览器对象模型体系结构

7.1.1 window 对象概述

每当在浏览器中打开一个 HTML 网页时，就会创建一个 window 对象。若在 HTML 文档中定义了一个或多个框架，则浏览器将为框架页文档创建一个父 window 对象，然后为每个框架创建一个子 window 对象。对父 window 对象进行的操作可以影响各个子 window 对象。例如，对父 window 对象调用 close 方法时，将在关闭父窗口的同时关闭所有子窗口。

在脚本程序中可以访问当前窗口的属性、方法和集合，语法如下：

```
[oWin.]{property|method(argList)|collection}
```

其中，oWin 表示窗口对象，对于当前窗口可以用 window 或 self 关键字表示，也可以省略这些关键字。若要对指定的窗口对象进行访问，则必须指定窗口对象。

1．window 对象的属性

window 对象的常用属性如下。

（1）closed：返回引用的窗口是否已经关闭。

（2）defaultStatus：指定在浏览器窗口状态栏显示的默认信息。

（3）document：返回对 document 对象的引用，表示在浏览器窗口打开的 HTML 文档。

（4）event：返回表示一个事件状态的对象，通过它可获取事件发生时的键盘按键状态、鼠标位置和鼠标按钮状态。

（5）history：返回对 history 对象的引用，通过该对象可以获取客户端先前已经访问过的 URL 的信息。

（6）innerWidth 和 innerHeight：返回浏览器用于显示 HTML 页面的区域的宽度和高度，这两个属性仅适用于 Mozilla。对于 Internet Explorer，可以使用 document.body.offsetWidth 属性和 document.body.offsetHeight 属性。

（7）length：返回一个窗口包含的框架的数目。

（8）location：返回对 location 对象的引用，通过该对象可以获取当前 url 的信息。

（9）name：指定窗口或框架的名称，该名称可以用做其他文档链接的目标位置。

（10）navigator：返回对 navigator 对象的引用，通过该对象可获取客户端浏览器的信息。

（11）opener：设置或返回对创建当前窗口的引用。

（12）returnValue：获取或设置模式对话框窗口的返回值。

（13）screen：返回对 screen 对象的引用，通过该对象可获取客户端显示器的信息。

（14）screenLeft 和 screenTop：返回浏览器客户区域左上角相对于屏幕左上角的 x 坐标和 y 坐标，这两个属性仅适用于 Internet Explorer。对于 Mozilla，可以使用 screenX 属性和 screenY 属性。

（15）self：返回对当前窗口的引用。

（16）status：设置或返回浏览器状态栏显示的信息。

2．window 对象的方法

window 对象的常用方法如下。

（1）alert：显示一个警告对话框。

（2）clearInterval：取消先前用 setInterval 方法开始的计时器。

（3）clearTimeout：取消一个先前用 setTimeout 方法设置的计时器。

（4）close：关闭浏览器窗口。

（5）confirm：显示一个确认对话框。

（6）focus：使得元素获取焦点并执行由 onfocus 事件指定的代码。

（7）moveBy：将浏览器窗口相对于当前位置移动指定的像素数。

（8）moveTo：将浏览器窗口移动到屏幕上的指定位置。

（9）navigate：调用该方法等价于设置 window.location.href 属性。

（10）open：打开一个浏览器窗口并加载指定的文档。

（11）print：打印当前窗口内的文档，相当于从“文件”菜单中选择了“打印”命令。
（12）prompt：显示一个提示对话框，允许用户输入值。
（13）resizeBy：将浏览器窗口相对于当前大小缩小或扩大指定的像素数。
（14）resizeTo：将浏览器窗口调整到指定的大小。
（15）scroll：将窗口滚动到自左上角起指定的偏移量。
（16）scrollBy：将窗口相对于当前位置滚动指定的偏移量。
（17）scrollTo：将窗口滚动到指定的偏移量。
（18）setInterval：设置一个计时器，每经过指定毫秒数之后重复执行 JavaScript 语句。
（19）setTimeout：设置一个计时器，经过指定毫秒数之后执行 JavaScript 语句。

7.1.2　打开和关闭窗口

window 对象的 open 方法打开一个新窗口并加载由给定 URL 指定的文档，语法如下：

```
oNewWindow = window.open([sURL][, sName][, sFeatures]);
```

其中，参数 sURL 指定要显示的文档的 URL。若未指定该参数，则显示一个带有 about:blank 的窗口。参数 sName 指定窗口的名称。该名称可用做 form 元素或 a 元素的 target 属性值。可以使用以下保留字：_blank、_parent、_self、_top。

参数 sFeatures 给出一些用逗号分隔的项目，每个项目由一个选项和值组成，选项和值用等号分隔（例如 "fullscreen=yes, toolbar=yes"）。利用参数 sFeatures 可以设置以下选项。

- fullscreen = { yes | no }：指定浏览器是否以全屏幕方式显示，默认值为 no。
- height = 数字：设置窗口的高度，以像素为单位。最小值为 100。
- left = 数字：指定窗口的左坐标，以像素为单位。该值相对于屏幕的左上角，必须大于或等于 0。
- location = { yes | no }：指定是否显示地址栏，默认值为 yes。
- menubar = { yes | no }：指定是否显示菜单栏，默认值为 yes。
- resizable = { yes | no }：指定能否通过拖动边角改变窗口大小，默认值为 yes。
- scrollbars = { yes | no }：指定是否显示滚动条，默认值为 yes。
- status = { yes | no }：指定是否显示窗口底部的状态栏，默认值为 yes。
- toolbar = { yes | no }：指定是否显示工具栏，默认值为 yes。
- top = 数字：指定窗口的上坐标，以像素为单位。该值相对于屏幕的左上角，必须大于或等于 0。
- width =数字：指定窗口的宽度，以像素为单位。最小值为 100。

open 方法返回对新 window 对象的引用，通过该引用可以访问新窗口的属性和方法。新窗口的 opener 属性保存了对打开它的窗口的引用。

对于使用 open 方法打开的浏览器窗口，可通过对其调用 close 方法来关闭，语法如下：

```
oNewWindow.close();
```

如果在新窗口中加载的网页包含 JavaScript 代码，也可以通过以下语句来关闭：

```
window.close();
```

在上述两种情况下，调用 close 方法时都会立即关闭新窗口，而不显示确认对话框。

图 7.2 提示关闭窗口

如果在主浏览器加载的网页中调用 window.close()，将会弹出一个确认对话框，提示是否关闭此窗口，单击“是”按钮即可关闭窗口，单击“否”按钮则返回窗口，如图 7.2 所示。

如果希望在调用 close 方法时避免显示确认对话框，可以将 window 对象的 opener 属性设置为 null。即

```
window.opener = null;
window.close();
```

【例 7.1】 本例说明如何打开和关闭弹出式窗口，如图 7.3 所示。

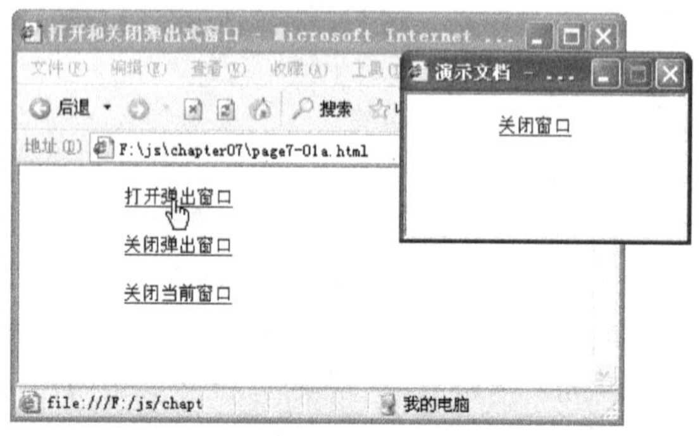

图 7.3 打开和关闭弹出式窗口

【代码清单】

```
<!-- F:\js\chapter07\page7-01a.html -->
<html>
<head>
<title>打开和关闭弹出式窗口</title>
<style type="text/css">
<!--
  p{margin-left:5em;}
-->
</style>
</head>
<body>
<!-- 注意：如果在变量名 oWin 前面使用 var 关键字，则该变量为局部变量，后面将无法访问它 -->
<p><a href="#" onclick="oWin=window.open('page7-01b.html', 'newWin', 'height=100,
width=200,resizeable=no'); return false;">打开弹出窗口</a></p>
<p><a href="#" onclick="if(!oWin.closed)oWin.close(); return false;">关闭弹出窗口</a></p>
<p><a href="#" onclick="window.opener=null; window.close(); return false;">关闭当前窗口</a></p>
</body>
</html>
<!-- F:\js\chapter07\page7-01b.html -->
<html>
<head>
<title>演示文档</title>
<style type="text/css">
<!--
p{margin-left:5em;}
-->
</style>
```

```
</head>
<body>
<a href="#" onclick="window.close();">关闭窗口</a>
</body>
</html>
```

7.1.3　操作浏览器窗口

使用 window 对象的有关方法可以移动浏览器窗口在屏幕上的位置，也可以调整浏览器窗口的大小，或者对浏览器窗口执行滚动操作。

1．移动浏览器窗口

移动浏览器窗口的屏幕位置可以通过以下两种方法来实现。

（1）使用 moveBy 方法根据指定的偏移量移动浏览器窗口左上角的屏幕位置，语法如下：

```
window.moveBy(iX, iY);
```

其中，参数 iX 是一个整数，用于指定在水平方向移动的像素数。该值为正表示向右移动，为负表示向左移动。参数 iY 也是一个整数，用于指定在垂直方向移动的像素数。该值为正表示向下移动，为负表示向上移动。

（2）使用 moveTo 方法把浏览器窗口左上角移动到屏幕上的指定位置，语法如下：

```
window.moveTo(iX, iY);
```

其中，参数 iX 是一个整数，指定浏览器窗口左上角的水平坐标。参数 iY 也是一个整数，指定浏览器窗口左上角的水平坐标。这两个参数可以为正，也可以为负。当设置负值时，有可能把浏览器窗口移出桌面。

2．调整浏览器窗口大小

调整浏览器窗口的大小可以通过以下两种方法来实现。

（1）使用 resizeBy 方法把浏览器窗口相对于当前大小改变指定的像素数，语法如下：

```
window.resizeBy(iX, iY);
```

其中，参数 iX 是一个整数，指定浏览器窗口相对于当前宽度改变的像素数。参数 iY 也是一个整数，指定浏览器窗口相对于当前高度改变的像素数。这两个参数可正可负。

（2）使用 resizeTo 方法把浏览器窗口调整为指定的宽度和高度，语法如下：

```
window.resizeBy(iX, iY);
```

其中，参数 iX 和 iY 都是整数，分别指定浏览器窗口的宽度和高度，以像素为单位。

3．滚动浏览器窗口

滚动浏览器窗口有以下两种方法。

（1）使用 scrollBy 方法将浏览器窗口相对于当前滚动位置滚动指定的偏移量，语法如下：

```
window.scrollBy(iX, iY)
```

其中，参数 iX 是一个整数，用于指定水平偏移量，以像素为单位。iX 为正值，则向右滚动，为负值则向左滚动。参数 iY 也是一个整数，用于指定垂直偏移量，以像素为单位。iY

为正值，则向下滚动，为负值则向上滚动。

scrollBy 方法没有返回值。

（2）使用 scrollTo 方法将浏览器窗口滚动到指定的偏移量，语法如下：

```
window.scrollTo(iX, iY)
```

其中，参数 iX 和 iY 都是整数，分别用于指定水平偏移量和垂直偏移量，以像素为单位。这两个偏移量均相对于窗口的左上角。

【例 7.2】 本例说明如何通过脚本移动窗口、调整窗口大小或滚动窗口，如图 7.4 所示。

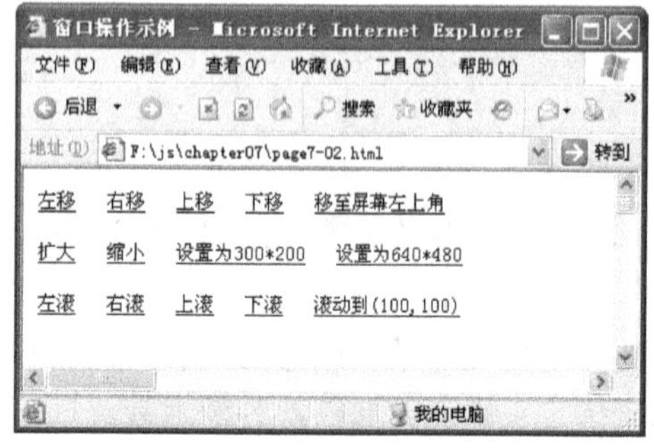

图 7.4 窗口操作示例

【代码清单】

```
<!-- F:\js\chapter07\page7-02.html -->
<html>
<head>
<title>窗口操作示例</title>
</head>
<body>
<p><a href="#" onclick="window.moveBy(-10, 0); return false;">左移</a>  
  <a href="#" onclick="window.moveBy(10, 0); return false;">右移</a>  
  <a href="#" onclick="window.moveBy(0, -10); return false;">上移</a>  
  <a href="#" onclick="window.moveBy(0, 10); return false;">下移</a>  
  <a href="#" onclick="window.moveTo(0, 0); return false;">移至屏幕左上角</a>
</p>
<p><a href="#" onclick="window.resizeBy(10, 10); return false;">扩大</a>  
  <a href="#"onclick="window.resizeBy(-10, -10); return false;">缩小</a>  
  <a href="#" onclick="window.resizeTo(300, 200); return false;">设置为 300*200</a>  
  <a href="#" onclick="window.resizeTo(640, 480); return false;">设置为 640*480</a>
</p>
<p><a href="#" onclick="window.scrollBy(10, 0);return false;">左滚</a>  
  <a href="#" onclick="window.scrollBy(-10, 0);return false;">右滚</a>  
  <a href="#" onclick="window.scrollBy(0, -10);return false;">上滚</a>  
  <a href="#" onclick="window.scrollBy(0, 10);return false;">下滚</a>  
  <a href="#" onclick="window.scrollTo(100, 100);return false;">滚动到(100,100)</a>
</p>
<table height="1000" width="2000">
<tr><td> </td></tr>
</table>
</body>
</html>
```

7.1.4 创建系统对话框

除了使用 window.open 方法弹出新的浏览器窗口外，也可以通过调用 window 对象的其他方法来创建系统对话框，包括警告对话框、确认对话框以及提示对话框等。下面介绍这些方法。

1．创建警告对话框

使用 alert 方法可以显示一个警告对话框，其中包含一个感叹号图标、一条信息和“确定”按钮。语法如下：

```
window.alert([sMessage]);
```

其中，参数 sMessage 是一个字符串，指定在对话框中显示的信息。

当用户输入无效数据时，通常可以使用警告对话框显示相关提示信息。这个警告对话框的标题是不能修改的。

2．创建确认对话框

使用 confirm 方法可以显示一个确认对话框，其中包含一个问号图标、一条信息、一个“确定”按钮和一个“取消”按钮。语法如下：

```
bConfirmed = window.confirm([sMessage]);
```

其中，参数 sMessage 是一个字符串，指定在确认对话框中显示的信息。如果不提供参数值，则该对话框不包含信息。

confirm 方法返回一个 Boolean 值。如果用户单击“确定”按钮，则返回 true；如果用户单击“取消”按钮，则返回 false。

与警告对话框一样，确认对话框的标题也是不能修改的。

例如，下面的代码创建了一个“删除用户”超链接，当单击该链接时将显示一个确认对话框。如果单击“确定”按钮，则转到 ASP 动态网页 delete.asp 并执行删除操作；如果单击“取消”按钮，则取消删除操作并返回当前页面。

```
<a href="delete.asp?userid=001"
  onclick="return window.confirm('您确实要删除这条记录吗？')">删除用户</a>
```

3．创建提示对话框

使用 prompt 方法可以显示一个提示对话框，其中包含一条信息、一个文本框、一个“确定”按钮和一个“取消”按钮。语法如下：

```
vTextData = window.prompt([sMessage][, sDefaultValue]);
```

其中，参数 sMessage 是一个字符串，指定在对话框中显示的信息，默认值为空字符串（""）；参数 sDefaultValue 也是一个字符串，指定输入框的默认值，该参数的默认设置为 "undefined"。

prompt 方法是一个字符串或整数，返回用户输入的值。

提示对话框的标题是不能修改的。

【例 7.3】 本例说明如何创建和使用各种系统对话框，如图 7.5～图 7.7 所示。

图 7.5 提示对话框

图 7.6 警告对话框

图 7.7 确认对话框

【代码清单】

```
<!-- F:\js\chapter07\page7-03.html -->
<html>
<head>
<title>创建系统对话框示例</title>
<script language="javascript" type="text/javascript">
<!--
  // 加载网页时自动执行的事件处理函数
  function showDialogBox(){
    var sUsername = prompt("请输入您的大名", "无名氏");
    if(sUsername)alert(sUsername + "，欢迎您的光临");
    if(confirm("您确实要关闭当前窗口吗？")){
      window.opener = null;
      window.close();
    }
  }
//-->
</script>
</head>
<body onload="showDialogBox();">
本页面用于演示各种系统对话框的使用
</body>
</html>
```

7.1.5 定时执行代码

在 JavaScript 中，可以在延迟一段时间后执行代码，或者每隔一段时间后反复执行代码。这些功能分别通过 window 对象的 setTimeout 方法和 setInterval 方法来实现。

1．设置暂停

使用 setTimeout 方法可以在指定的毫秒数之后执行代码，语法如下：

```
iTimerID = window.setTimeout(vCode, iMilliSeconds);
```

其中，参数 vCode 指定一个函数指针或代码字符串；参数 iMilliSeconds 是一个整数，指定执行函数或代码前要等待的毫秒数。

setTimeout 方法返回一个整数标识符，把该标识符传递给 clearTimeout 方法可以取消暂停，语法如下：

```
window.clearTimeout(iTimeoutID);
```

在下面的代码中，为 setTimeout 方法传递的第一个参数是表示代码的字符串，这段代码的功能是在 1s 后显示一个警告框。

```
var sMsg = "Hello, world";
window.setTimeout("alert('" + sMsg + "')", 1000);
```

在下面的例子中，为 setTimeout 方法传递的第一个参数是一个包含参数的函数调用，这段代码的功能是在 3s 后显示一个警告框。

```
function showMsg(sMsg){
  alert(sMsg);
}
window.setTimeout(showMsg("hi"), 3000);
```

2．设置时间间隔

使用 setInterval 方法可以设置经过指定时间间隔后反复执行代码，语法如下：

```
iTimerID = window.setInterval(vCode, iMilliSeconds);
```

其中，参数 vCode 指定一个函数指针或代码字符串；参数 iMilliSeconds 是一个整数，指定执行函数或代码前要等待的毫秒数。

setInterval 方法返回一个整数标识符，把该标识符传递给 clearInterval 方法可以取消计时器，语法如下：

```
window.clearTimeout(iTimerID);
```

setInterval 方法每隔指定的毫秒数反复执行指定的代码，直到调用 clearInterval 方法移除计时器为止。

【例 7.4】　本例说明如何设置暂停和时间间隔。加载页面后按钮被禁用并在该按钮上显示倒计时信息如图 7.8 所示，10s 后“同意”按钮可用，如图 7.9 所示。

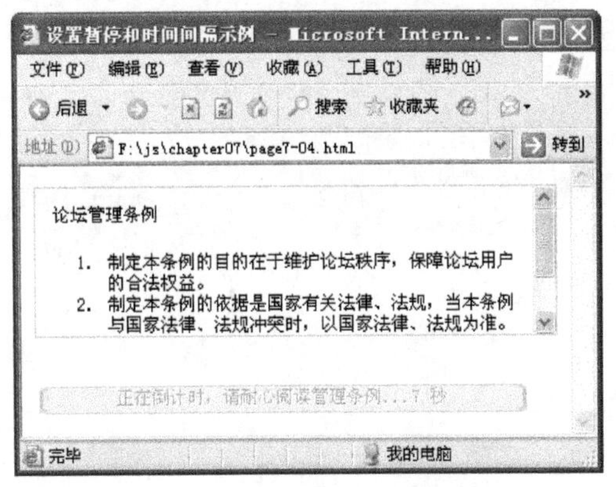

图 7.8　处在倒计时状态的按钮

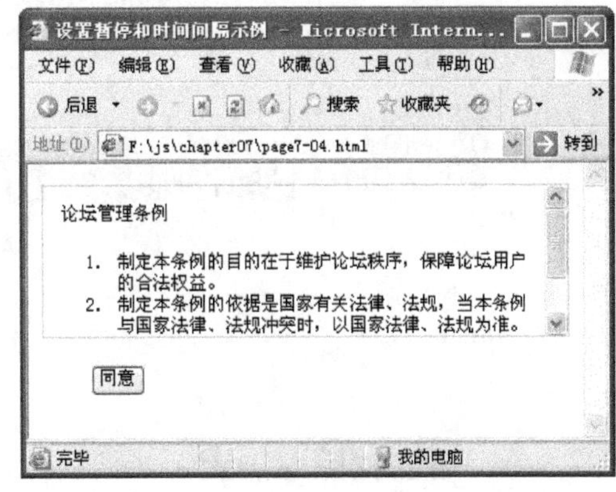

图 7.9　“同意”按钮可用

【代码清单】

```
<!-- F:\js\chapter07\page7-04.html -->
<html>
<head>
<title>设置暂停和时间间隔示例</title>
<style type="text/css">
<!--
  #Div1{left:12px; top:10px; width:356px;
            height:80px; border: 1px solid #ADC9F9;
            overflow: auto; padding: 1em;}
```

```
-->
</style>
</head>
<body>
<div id="Div1">
<p>论坛管理条例</p>
<ol>
<li>制定本条例的目的在于维护论坛秩序，保障论坛用户的合法权益</li>
<li>制定本条例的依据是国家有关法律、法规，当本条例与国家法律、法规冲突时，以国家法律、法规为准</li>
<li>用户愿意接受本条例，方可注册为本论坛正式用户</li>
</ol>
</div>
<p>    
  <input id="btnAgree" type="button" value="同意"
    onclick="alert('您同意论坛管理条例！ ');" /></p>
<script language="javascript" type="text/javascript">
<!--
  var iSec = 10;
  var btn = document.all.btnAgree;
  btn.disabled = true;
  function enabledBtn(){
    btn.value = "同意";
    btn.disabled = !btn.disabled;
    clearInterval(iTimerID);
  }
  function showInfo(){
    sMsg = "正在倒计时，请耐心阅读管理条例…";
    document.all.btnAgree.value = sMsg + iSec +" s";
    iSec--;
  }
  iTimerID = window.setInterval(showInfo, 1000);
  setTimeout(enabledBtn, 10001);
//-->
</script>
</body>
</html>
```

7.1.6 导航浏览器历史

window 对象有一个 history 属性，该属性本身是一个对象，其中包含客户端已访问过的网址的信息。使用 history 对象的 length 属性可以获取历史列表的元素数目。length 属性是只读的，而且没有默认值。

出于安全原因，history 对象不暴露浏览器历史上的实际网址，但允许通过 back、forward 和 go 方法对浏览器历史进行导航。浏览器历史中的特定文档可以通过相对于当前页面的索引来标识。例如，调用 go 方法时指定页面索引为-1 等价于单击“后退”按钮。

（1）back。从历史列表中加载上一个页面，语法如下：

```
history.back([iDistance]);
```

其中，参数 iDistance 是可选的，其值是一个整数，指定要后退的页面数。如果未提供该参数，则加载上一个页面，与调用 history.go(-1)效果相同。

history 方法没有返回值。调用该方法与用户单击浏览器的“后退”按钮效果相同。

（2）forward。从历史列表中加载下一个页面，语法如下：

```
history.forward();
```

forward 方法没有返回值。该方法所起的作用与用户单击浏览器的“前进”按钮相同，其效果相当于调用 history.go(1)效果。

（3）go。从历史列表中加载指定的页面，语法如下：

```
history.go(vLocation);
```

其中，参数 vLocation 是必需的，其值是一个整数或字符串，整数用于指定页面在历史列表中的相对位置，字符串则用于指定历史列表中的精确网址。

go 方法没有返回值。

【例 7.5】　本例说明如何使用 history 对象的相关方法对浏览器历史进行导航，其页面如图 7.10 和图 7.11 所示。

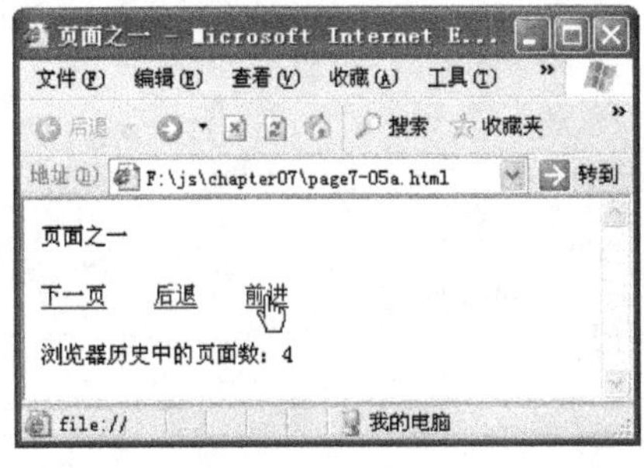

图 7.10　页面之一

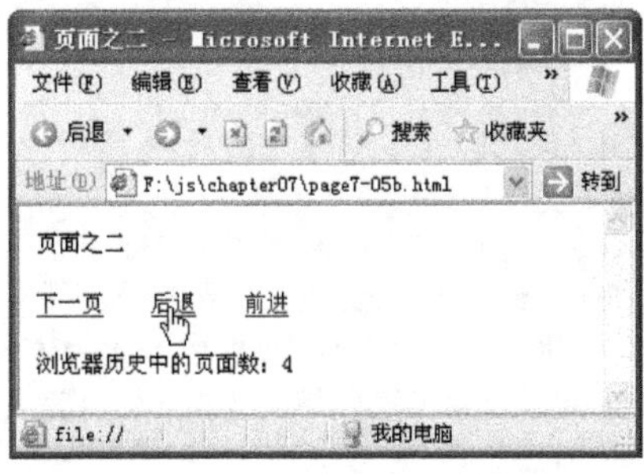

图 7.11　页面之二

【代码清单】

```
<!-- F:\js\chapter07\page7-05a.html -->
<html>
<head>
<title>页面之一</title>
</head>
<body>
<p>页面之一</p>
<p><a href="page7-05b.html">下一页</a>
    
<a href="#" onclick="history.back(); return false;">后退</a>
    
<a href="#" onclick="history.forward(); return false;">前进</a></p>
<script language="javascript" type="text/javascript">
<!--
  document.writeln("浏览器历史中的页面数：" + history.length);
//-->
</script>
</body>
</html>
<!-- F:\js\chapter07\page7-05b.html -->
```

```
<html>
<head>
<title>页面之二</title>
</head>
<body>
<p>页面之二</p>
<p><a href="page7-05c.html">下一页</a>
    
<a href="#" onclick="history.back(); return false;">后退</a>
    
<a href="#" onclick="history.forward(); return false;">前进</a></p>
<script language="javascript" type="text/javascript">
<!--
  document.writeln("浏览器历史中的页面数：" + history.length);
//-->
</script>
</body>
</html>
<!-- F:\js\chapter07\page7-05c.html -->
<html>
<head>
<title>页面之三</title>
</head>
<body>
<p>页面之三</p>
<p><a href="page7-05c.html">下一页</a>    
<a href="#" onclick="history.back(); return false;">后退</a>
    
<a href="#" onclick="history.forward(); return false;">前进</a></p>
<script language="javascript" type="text/javascript">
<!--
  document.writeln("浏览器历史中的页面数：" + history.length);
//-->
</script>
</body>
</html>
```

7.2 document 对象

document 对象是 window 对象的一个属性，该对象表示在给定浏览器窗口或框架中打开的 HTML 文档。使用 document 对象可以对 HTML 文档进行检查、修改或添加内容，并处理该文档内部的事件。

7.2.1 document 对象概述

在脚本中可以访问 document 对象的属性、集合和方法，语法如下：

```
[oWindow.]document.{property|collection|method(argList)}
```

其中，oWindow 表示文档所在浏览器窗口的 window 对象。对于当前窗口，可以用关键字 window 来表示，该关键字通常也可以省略。

1. document 对象的属性

document 对象的常用属性如下。

（1）activeElement：获取当前获得焦点的元素。

（2）alinkColor：获取或设置文档中活动链接的颜色。

（3）bgColor：获取或设置文档的背景颜色。

（4）body：用来访问 HTML 文档的 body 元素，用于指定文档正文的开始和结束。

（5）charset：获取或设置 HTML 文档的编码字符集。

（6）cookie：获取或设置一个 cookie 的字符串值。

（7）fgColor：获取或设置文档中文本的颜色。

（8）lastModified：获取当前文档的最后修改日期。

（9）linkColor：获取或设置文档中超链接的颜色。

（10）location：获取或设置关于当前 URL 的信息。

（11）parentWindow：获取当前文档的 window 对象的引用。

（12）readyState：获取正在下载的文档的当前状态。

（13）selection：表示文档中的活动选择，可以是用户或脚本对其进行某些处理的一个高亮度的文本块或其他元素。

（14）referrer：获取导航到当前网页的超链接所在网页的 URL。

（15）title：获取或设置当前文档的标题。

（16）URL：获取或设置当前文档的 URL。

（17）vlinkColor：获取或设置已经访问过的超链接的颜色。

在上述属性中，body、location、selection 和 title 属性都是对象，这些对象本身又具有许多属性、方法和事件。

2. document 对象的集合

document 对象具有以下集合。

（1）all：返回文档所包含的元素集合的引用。

（2）anchors：获取文档中所有带有 name 和/或 id 的 a 元素组成的集合。

（3）applets：获取文档中所有 applet 元素组成的集合。

（4）embeds：获取文档中所有 embed 元素组成的集合。

（5）forms：获取文档中所有 form 元素组成的集合。

（6）frames：获取由给定文档或与给定窗口相关联的文档定义的所有 window 对象组成的集合。

（7）images：获取文档中所有 img 元素组成的集合。

（8）links：获取文档中所有指定了 href 的 a 元素和由所有 area 元素组成的集合。

（9）scripts：获取文档中由所有 script 元素组成的集合。

（10）styleSheets：获取与文档中每个 link 或 style 元素的实例相对应的由样式表的 styleSheet 对象组成的集合。

3. document 对象的常用方法

document 对象的常用方法如下。

（1）close：关闭输出流并强制发送要显示的数据。

（2）open：打开一个文档用于收集 write 方法和 writeln 方法的输出。

（3）write：把一个或多个 HTML 表达式写入指定窗口中的文档。

（4）writeln：把一个或多个 HTML 表达式写入指定窗口中的文档，并在写入的内容末尾添加一个换行符（\n）。

7.2.2 访问页面元素

通过 document 对象的集合可以访问文档的各个部分。对于 document 对象的各个集合，可以使用集合的 length 属性来获取集合中包含的元素数目，也可以使用数字或名称来访问集合中的每个元素。例如，使用 document.forms[0]、document.forms["form1"]或 document.form1 来访问表单；使用 document.imgs[0]、document.imgs["img1"]或 document.img1 来访问图像，等等。

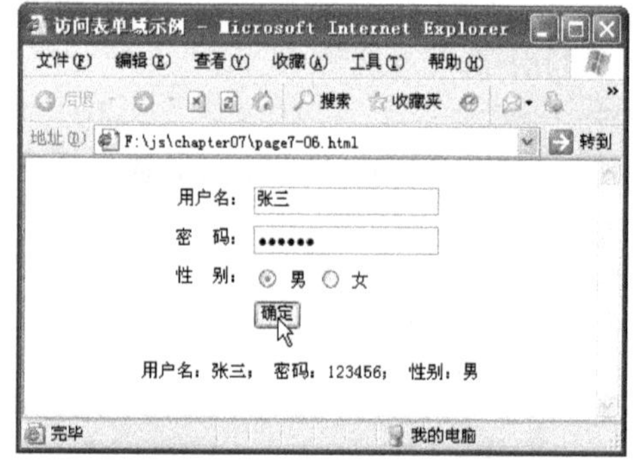

图 7.12　访问表单域示例

由表单内部包含的表单域（input、textarea 和 select 元素等）组成了表单的 elements 集合。该集合中的各个表单域可以使用数字或名称来访问。例如，document.form[0].elements[0]、document.form1.elements["txtUsername"]或 document.form1.txtUsername 等。

【例 7.6】　本例说明如何访问表单域。在页面上输入用户名和密码、选择性别并单击“确定”按钮即可看到输出结果，如图 7.12 所示。

【代码清单】

```
<!-- F:\js\chapter07\page7-06.html -->
<html>
<head>
<title>访问表单域示例</title>
<style type="text/css">
<!--
  input{font-family:Verdana; font-size:9pt;}
-->
</style>
<script language="javascript" type="text/javascript">
<!--
  function showFormFields(){
    var userInfo = "";
    // 检查文本框和密码框是否为空
    for(var i = 0; i < document.form1.length; i++){
      var oElement = document.form1.elements[i];
      if(oElement.type == "text" || oElement.type == "password"){
        if(oElement.value == ""){
          alert("此表单字段不能为空！");
```

```
                oElement.focus();
                return;
            }
        }
    }
    userInfo = "用户名：" + document.form1.elements["txtUsername"].value + "；  ";
    userInfo += "密码：" + document.form1.txtPassword.value + "；  ";
    userInfo += "性别：" + (document.form1.radio1.checked ? "男" : "女");
    document.all.p1.innerHTML = userInfo;
}
//-->
</script>
</head>
<body>
<form id="form1" name="form1" method="post" action="">
  <table width="300" height="111" align="center">
    <tr><td width="100" align="right">用户名：</td>
      <td><input type="text" name="txtUsername" id="txtUsername" /></td>
    </tr>
    <tr><td align="right">密  码：</td>
      <td><input type="password" name="txtPassword" id="txtPassword" /></td>
    </tr>
    <tr><td align="right">性  别：</td>
      <td><input name="radioGender" type="radio" id="radio1"
        value="男" checked="checked" />男
        <input type="radio" name="radioGender" id="radio2" value="女" />女</td>
    </tr>
    <tr><td align="right"> </td>
      <td><input name="btnOK" type="button" id="btnOK"
        onclick="showFormFields();" value="确定" /></td>
    </tr>
  </table>
</form>
<p align="center" id="p1"></p>
</body>
</html>
```

7.2.3 向文档中写入内容

使用 document 对象的相关方法可以向 HTML 文档中写入内容。写入过程通常包含打开文档、写入内容、关闭文档三个步骤。

（1）使用 open 方法打开一个文档，用于收集 write 方法和 writeln 方法的输出，语法格式如下：

```
oNewDoc = document.open([sUrl][, sName]);
```

其中，参数 sUrl 是一个字符串，用于指定该文档的 MIME 类型，默认值为 text/html。参数 sName 是一个字符串，可将其值设置为 "replace"，表示打开一个新文档时用新文档替换历史列表中的当前文档；如果未指定该参数，则打开一个新文档时在历史列表中添加一个新项。

open 方法的返回值是对新文档对象的一个引用，通过这个引用可以访问新文档对象的属性和方法。

（2）使用 write 方法或 writeln 方法把一个或多个 HTML 表达式写入指定窗口中的文档，语法格式如下：

```
document.write(sText1, sText2, ...);
document.writeln(sText1, sText2, ...);
```

其中，参数 sText1、sText2 等是字符串，用于指定要写入的文本和 HTML 标记。

使用 write 或 writeln 方法都可以向文档写入数据，所写入的内容会当做标准 HTML 文档来处理。两者的区别在于，writeln 在写入数据以后会加一个换行符（\n）。这个换行符只是在 HTML 代码中换行，能否在页面上产生文字换行效果，视插入 JavaScript 代码的位置而定。如果是在<pre>与</pre>标记之间插入代码，则会在页面上产生换行效果。

注意：

必须在文档加载完成前调用 write 或 writeln 方法。如果在文档完全加载后调用这些方法，在显示指定内容前将会清除页面的内容。

（3）使用 close 方法关闭输出流并强制发送要显示的数据，语法格式如下：

```
document.close();
```

【例 7.7】 本例说明如何使用 document 的相关方法在网页上创建新网页，如图 7.13 所示。

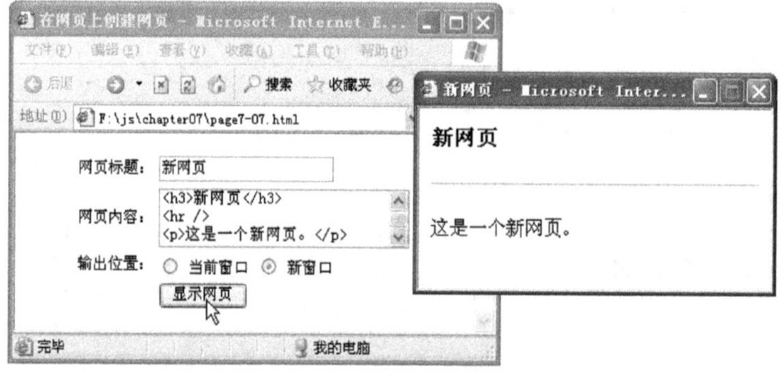

图 7.13　在网页上创建新网页

【代码清单】

```
<!-- F:\js\chapter07\page7-07.html -->
<html>
<head>
<title>在网页上创建新网页</title>
<script language="javascript" type="text/javascript">
<!--
  function showDoc(){
    var sTitle = document.form1.txtTitle.value;
    var sContent = document.form1.txtContent.value;
    if(sTitle == ""){
      alert("请输入网页标题！ ");
      document.form1.txtTitle.focus();
      return;
```

```
        }
        if(sContent == ""){
            alert("请输入网页内容！");
            document.form1.txtContent.focus();
            return;
        }
        var sTarget = (document.form1.radio1.checked ? "current" : "new");
        var sPage = "<html>\n<head>\n<title>" + sTitle + "</title>\n</head>\n"
        sPage += "<body>\n" + sContent + "\n</body>\n</html>";
        if(sTarget == "current"){
            document.open();
            document.writeln(sPage);
            document.close();
        }else{
            var oWin = window.open("about:blank", "newWin", "height=150,width=300");
            var oDoc = oWin.document.open();
            oDoc.writeln(sPage);
            oDoc.close();
        }
    }
//-->
</script>
</head>
<body>
<form id="form1" name="form1" method="post" action="">
    <table height="128" align="center">
        <tr>
            <td align="right">网页标题：</td>
            <td><input type="text" name="txtTitle" id="txtTitle" /></td>
        </tr>
        <tr>
            <td align="right">网页内容：</td>
            <td><textarea name="txtContent" cols="28" rows="3" id="txtContent">
             </textarea></td>
        </tr>
        <tr>
            <td align="right">输出位置：</td>
            <td><input name="radioTarget" type="radio" id="radio1"
                        value="current" checked="checked" />当前窗口
                <input type="radio" name="radioTarget" id="radio2" value="new" />新窗口</td>
        </tr>
        <tr>
            <td align="right"> </td>
            <td><input name="btnShow" type="button" id="btnShow"
                        onclick="showDoc();" value="显示网页" /></td>
        </tr>
    </table>
</form>
</body>
</html>
```

7.3　location 对象

location 对象是 window 对象和 document 对象的属性。location 对象包含关于当前 URL

的信息，可以用于解析 URL；该对象也可以用于加载一个新的 HTML 文档，或者重新加载当前文档以及用其他文档替换当前文档。

7.3.1 location 对象概述

由于 location 对象同时是 window 对象和 document 对象的属性，因此在脚本中可以通过以下语法格式来访问它的属性或方法：

```
[window.]location.{property|method(argList)}
[document.]location.{property|method(argList)}
```

1．location 对象的属性

location 对象的属性如下。

（1）hash：获取或设置 href 属性中跟在数字符号（#）之后的内容。假如 href 属性为 http://www.site.com/index.html#top，则 hash 属性值为#top。

（2）host：获取或设置 location 或 URL 的主机名和端口号，例如，www.phei.com.cn。

（3）hostname：获取或设置 location 或 URL 的主机名部分，通常与 host 相同。

（4）href：获取或设置当前页面的完整 URL。location 对象的默认属性就是 location.href。href 属性包含了整个 URL，而其他属性仅包含 URL 的某个部分。例如，设置 location="http://www.microsoft.com" 就等价于设置 location.href="http://www.microsoft.com"。

（5）pathname：获取或设置 URL 中主机名后面的文件名或路径部分。假如 href 属性为 http://www.site.com/admin/index.html，则 pathname 属性值为/admin/index.html。

（6）port：获取或设置与 URL 关联的端口号。假如 href 属性为 http://www.site.com:8080，则 port 属性值为 8080。

（7）protocol：获取或设置 URL 中的协议部分，即双斜线（//）之前的部分。假如 href 属性为 http://www.phei.com.cn，则 protocol 属性值为 http:；假如 href 属性为 ftp://www.site.com，则 protocol 属性值为 ftp:。

（8）search：获取或设置 URL 中跟在问号（?）后面的部分，这部分通常称为查询字符串。假如 href 属性为 http://www.site.com/search.asp?username=jack，则 search 属性为?username =jack。

2．location 对象的方法

location 对象的方法如下。

（1）assign：加载一个新的 HTML 文档，语法如下：

```
location.assign(sURL)
```

其中，参数 sURL 是一个字符串，用于指定要加载的文档的 URL。

（2）reload：重新加载当前页面，语法如下：

```
location.reload([bReloadSource])
```

其中，参数 bReloadSource 是可选的，其值是一个 Boolean 值，如果为 false（默认值），则从浏览器缓存中重新加载页面；如果为 true，则从服务器重新加载页面。

（3）replace：加载由 URL 指定的其他文档来替换当前文档，语法如下：

```
location.replace(sURL)
```

其中，参数 sURL 是必需的，其值是一个字符串，用于指定要插入会话历史中的 URL。

当一个文档被替换时，它也从 history 对象中被移除。此时，不能通过用户界面导航方法（如“后退”和“前进”按钮）访问此 URL。

7.3.2　解析 URL

location 对象包含关于当前 URL 的信息。通过 location 对象的属性可以从当前页面的完整 URL 中解析出各个组成部分，例如，协议名称、主机名、端口号、文件名或路径以及查询字符串等。下面通过一个例子加以说明。

【例 7.8】　本例说明如何使用 location 的相关属性对当前 URL 进行解析，如图 7.14 所示。

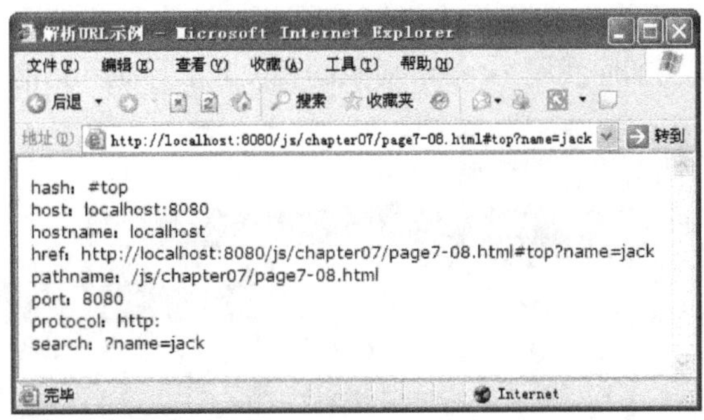

图 7.14　解析 URL 示例

【代码清单】

```
<!-- F:\js\chapter07\page7-08.html -->
<!-- 此网页需要通过 IIS 发布 -->
<html>
<head>
<title>解析 URL 示例</title>
<style type="text/css">
<!--
  body{font-family:Verdana;}
-->
</style>
</head>
<body>
<script language="javascript" type="text/javascript">
<!--
  document.writeln("hash：" + location.hash + "<br />");
  document.writeln("host：" + location.host + "<br />");
  document.writeln("hostname：" + location.hostname + "<br />");
  document.writeln("href：" + location.href + "<br  />");
  document.writeln("pathname：" + location.pathname + "<br />");
  document.writeln("port：" + location.port + "<br  />");
  document.writeln("protocol：" + location.protocol + "<br />");
```

```
    document.writeln("search: " + location.search);
//-->
</script>
</body>
</html>
```

7.3.3 导航到其他网页

使用 location 对象的相关属性和方法导航到其他网页有以下三种方法。

- 设置 location.href 属性。
- 调用 location.assign 方法。
- 调用 location.replace 方法。

使用前面两种方法导航时，当前页面都会保存在浏览器历史列表中，允许用户通过“后退”按钮来访问该页面。使用第三种方法导航时，当前页面将从浏览器历史列表中移除，可以防止用户通过“后退”按钮再次浏览该页面，这在某些情况下是很有用的。

【例 7.9】 本例说明如何使用 location 对象的相关方法导航到其他页面，如图 7.15 所示。

图 7.15 实现页面导航

【代码清单】

```
<!-- F:\js\chapter07\page7-09a.html -->
<html>
<head>
<title>页面 A</title>
<style type="text/css">
<!--
    body{font-family:Verdana;}
-->
</style>
</head>
<body>
<p><script language="javascript" type="text/javascript">
<!--
```

```
    document.writeln("当前页面：" + location.pathname);
//-->
</script></p>
<a href="#" onclick="location.href='page7-09b.html';return false;">页面 B</a>
  
<a href="#" onclick="history.back(); return false;">后退</a>
</body>
</html>
<!-- F:\js\chapter07\page7-09b.html -->
<html>
<head>
<title>页面 A</title>
<style type="text/css">
<!--
body{font-family:Verdana;}
-->
</style>
</head>
<body>
<p><script language="javascript" type="text/javascript">
<!--
    document.writeln("当前页面：" + location.pathname);
//-->
</script></p>
<a href="#" onclick="location.assign('page7-09c.html'); return false;">页面 C</a>
  
<a href="#" onclick="history.back(); return false;">后退</a>
</body>
</html>
<!-- F:\js\chapter07\page7-09c.html -->
<html>
<head>
<title>页面 C</title>
<style type="text/css">
<!--
body{font-family:Verdana;}
-->
</style>
</head>
<body>
<p><script language="javascript" type="text/javascript">
<!--
    document.writeln("当前页面：" + location.pathname);
//-->
</script></p>
<a href="#" onclick="location.replace('page7-09a.html'); return false;">页面 A</a>
  
<a href="#" onclick="history.back(); return false;">后退</a>
</body>
</html>
```

7.4　navigator 对象

navigator 对象是 window 对象的一个属性。navigator 对象包含关于 Web 浏览器的信息，可以用来检测客户端浏览器。

7.4.1 navigator 对象概述

由于 navigator 对象是 window 对象的一个属性，因此在脚本中可以通过 window.navigator 来引用 navigator 对象，也可以直接通过 navigator 来引用该对象。

navigator 对象具有以下属性。

（1）appCodeName：获取浏览器的代码名称。

（2）appMinorVersion：获取应用程序的次版本值。

（3）appName：获取浏览器的名称。

（4）appVersion：获取浏览器运行的平台和版本。

（5）browserLanguage：获取浏览器的当前语言。

（6）cookieEnabled：获取客户端的永久 cookie 是否在浏览器中启用。永久 cookie 是储存在客户端计算机上的。

（7）cpuClass：获取指示 CPU 类别的字符串。

（8）onLine：获取表明系统是否处于全局脱机模式的值。

（9）platform：获取用户的操作系统名称。

（10）systemLanguage：获取操作系统适用的默认语言。

（11）userAgent：获取等同于 HTTP 用户代理请求头的字符串。

（12）userLanguage：获取操作系统的自然语言设置。

（13）userProfile：是一个对象，提供了允许脚本对用户配置信息请求读取访问并执行读取操作的方法。

navigator 对象有一个 plugins 集合，用于获取文档中所有 EMBED 对象的集合。

navigator 对象具有以下方法。

（1）javaEnabled：返回是否已启用 Java。

（2）taintEnabled：返回是否允许数据污点。

7.4.2 检测浏览器

使用 navigator 对象的属性和方法可以获取关于客户端浏览器的信息。下面结合一个例子来加以说明。

【例 7.10】 本例说明如何使用 navigator 的属性和方法对客户端浏览器进行检测，运行结果如图 7.16 所示。

【代码清单】

```
<!-- F:\js\chapter07\page7-10.html -->
<html>
<head>
<title>检测浏览器信息</title>
<style type="text/css">
<!--
  body{font-family:Verdana;}
```

```
-->
</style>
</head>
<body>
<script language="javascript" type="text/javascript">
<!--
  var aProperties = new Array();
  for(var sProperty in navigator){
    aProperties.push(sProperty);
  }
  for(var i = 0; i < aProperties.length; i++){
    eval("document.writeln(\"navigator." + aProperties[i] + ":\".bold())");
    eval("document.writeln(navigator." + aProperties[i] + ")");
    document.writeln("<br />");
  }
  document.writeln("javaEnabled： ".bold() + navigator.javaEnabled() + "<br />");
  document.writeln("taintEnabled： ".bold() + navigator.taintEnabled());
//-->
</script>
</body>
</html>
```

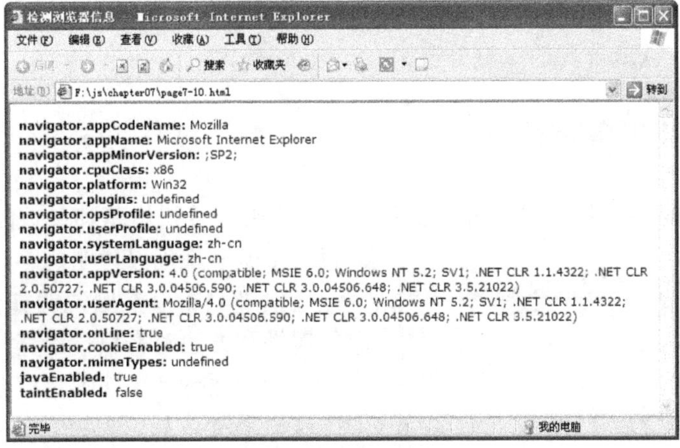

图 7.16　检测浏览器信息

7.5　screen 对象

screen 对象是 window 对象的一个属性。使用 screen 对象的属性可以获取关于客户端计算机屏幕和呈现能力的信息。

7.5.1　screen 对象概述

由于 screen 对象是 window 对象的一个属性，因此在脚本中可以通过 window.screen 来引用 screen 对象，也可以直接引用 screen。

screen 对象的属性如下。

（1）availHeight：获取系统屏幕的工作区域高度，不包括 Windows 任务栏。

（2）availWidth：获取系统屏幕的工作区域宽度，不包括 Windows 任务栏。

（3）bufferDepth：获取或设置用于画面外位图缓冲颜色的每像素位数。

（4）colorDepth：获取用于目标设置或缓冲区的颜色每像素位数。

（5）deviceXDPI：获取或设置系统屏幕水平每英寸点数（DPI）的数值，适用于 Internet Explorer 6 及更高版本。

（6）deviceYDPI：获取或设置系统屏幕垂直每英寸点数（DPI）的数值，适用于 Internet Explorer 6 及更高版本。

（7）fontSmoothingEnabled：获取用户是否在控制面板的显示设置中启用了整屏幕字体边角的选项。

（8）height：获取屏幕的垂直分辨率。

（9）logicalXDPI：获取系统屏幕水平每英寸点数（DPI）的常规数值，适用于 Internet Explorer 6 及更高版本。

（10）logicalYDPI：获取系统屏幕垂直每英寸点数（DPI）的常规数值，适用于 Internet Explorer 6 及更高版本。

（11）updateInterval：获取或设置屏幕的更新间隔。

（12）width：获取屏幕的垂直分辨率。

7.5.2 检测客户端屏幕

使用 screen 对象的相关属性可以获取关于客户端计算机屏幕和呈现能力的信息。下面通过一个例子来加以说明。

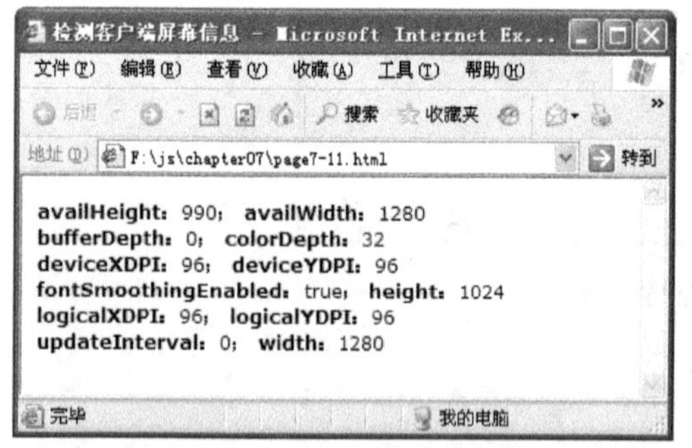

图 7.17 检测客户端屏幕信息

【例 7.11】 本例说明如何使用 screen 对象的属性和方法对客户端计算机屏幕和呈现能力进行检测，运行结果如图 7.17 所示。

【代码清单】

```
<!-- F:\js\chapter07\page7-10.html -->
<html>
<head>
<title>检测客户端屏幕信息</title>
<style type="text/css">
<!--
  body{font-family:Verdana;}
-->
</style>
</head>
<body>
<script language="javascript" type="text/javascript">
<!--
  document.writeln("availHeight: ".bold() + screen.availHeight + "; ");
  document.writeln("availWidth: ".bold() + screen.availWidth + "<br />");
  document.writeln("bufferDepth: ".bold() + screen.bufferDepth + "; ");
  document.writeln("colorDepth: ".bold() + screen.colorDepth + "<br />");
```

```
    document.writeln("deviceXDPI：".bold() + screen.deviceXDPI + "；");
    document.writeln("deviceYDPI：".bold() + screen.deviceYDPI + "<br />");
    document.writeln("fontSmoothingEnabled：".bold() +
                screen.fontSmoothingEnabled + "；");
    document.writeln("height：".bold() + screen.height + "<br />");
    document.writeln("logicalXDPI：".bold() + screen.logicalXDPI + "；");
    document.writeln("logicalYDPI：".bold() + screen.logicalYDPI + "<br />");
    document.writeln("updateInterval：".bold() + screen.updateInterval + "；");
    document.writeln("width：".bold() + screen.width + "<br />");
//-->
</script>
</body>
</html>
```

习题 7

一、填空题

1. 在浏览器对象模型中，________对象位于最顶层，该对象表示__________________________。
2. 调用 window.close()时，若要避免弹出确认对话框，应把 window 对象的_____属性设置为_____。
3. window.confirm 方法返回一个__________值：_______或__________。
4. 暂停和时间间隔分别通过 window 对象的_________方法和__________方法来实现。
5. history.back()相当于 history.go(__)；history.forward()相当于 history.go(__)。
6. location 对象的_______属性用于获取完整的 URL；________属性用于获取查询字符串。

二、选择题

1. 关于 window 对象的方法，错误的是（　　）。

   A. moveBy 方法和 moveTo 方法用于移动窗口　　B. resizeBy 方法和 resizeTo 方法用于调整窗口大小
   C. scrollBy 方法和 scrollTo 方法用于滚动窗口　　D. prompt 方法用于创建警告对话框

2. 关于 document 对象，错误的是（　　）。

   A. forms 集合由文档中所有 form 元素组成　　B. write 或 writeln 方法只把一个表达式写入文档
   C. writeln 方法输出数据不能在页面上换行　　D. location 属性获取或设置当前 URL 的信息

上机实验 7　浏览器对象模型应用

【实验目的】

1. 掌握 window 对象常用属性和方法。
2. 掌握 document 对象和其他 BOM 对象的使用方法。

【实验内容】

1. 创建一个 HTML 网页，要求能够通过单击按钮打开和关闭弹出式窗口。

2. 创建一个 HTML 网页，要求能够通过单击超链接移动窗口、调整窗口大小或滚动窗口。

3. 创建一个 HTML 网页，要求加载该网页时弹出提示对话框、警告对话框和确认对话框。

4. 创建一个 HTML 网页，要求在页面上显示一个数字时钟。

5. 创建一组 HTML 网页，要求能通过 history 对象的相关方法对浏览器列表进行导航。

6. 创建一个 HTML 网页，其中包含一个表单，用于输入用户名、密码和电子邮件，要求单击按钮时显示通过表单输入的用户信息。

7. 创建一个 HTML 网页，其功能是创建新网页，要求新网页可以在当前窗口或一个新窗口中显示出来。

8. 创建一个 HTML 网页，要求对当前 URL 的各个组成部分进行解析。

9. 创建一组 HTML 网页，通过 location 对象的相关方法进行导航，要求不能通过单击“后退”按钮返回原来的页面。

10. 创建一个 HTML 网页，用于检测客户端浏览器的信息。

11. 创建一个 HTML 网页，用于检测客户端计算机屏幕的信息。

第 8 章 文档对象模型

第 7 章讨论了浏览器对象模型的应用，重点介绍了各种 BOM 对象的使用方法，通过这些对象可以操作浏览器窗口、处理文档、加载新文档以及获取客户端浏览器和屏幕的信息等。为了更好地访问和处理 HTML 文档，还需要掌握文档对象模型（DOM）。本章讨论如何通过 DOM 处理 HTML 文档，主要内容包括 DOM 概述、访问节点、操作节点以及处理表格等。

8.1 DOM 概述

DOM 即 Document Object Model，译为文档对象模型。根据 W3C DOM 规范，DOM 是一种与平台和语言的接口，允许通过程序和脚本来访问和动态更新文档的内容、结构和样式。文档可以被进一步处理，处理的结果可以合并回到页面。

8.1.1 文档对象模型

在支持脚本的浏览器的发展过程中，先后出现了几种不同的文档对象，包括基本对象模型、Netscape Navigator 扩展、Internet Explorer 扩展以及 W3C DOM。

1. 基本文档对象模型

第一个支持脚本的浏览器 Netscape Navigator 2 实现了一个基本的文档对象模型。在该模型中，最上面是窗口，向下依次是文档、表单和表单元素。在文档之外，还有 window、history、location 和 navigator 对象。Internet Explorer 3 也实现了这个基本的文档对象模型。

2. Netscape Navigator 扩展

Netscape Navigator 3 在基本对象模型基础上，对现有对象（尤其是 window 对象）添加了新的属性、方法和事件，对 document 对象添加了 images 集合，脚本可以与 Java Applet（作为对象）进行通信。

Netscape Navigator 4 对现有对象提供了许多附加功能。使用 screen 对象的属性可检测用户屏幕，在此基础上可移动浏览器并调整其大小；增加了许多新的事件并提出了事件捕获模型，可以通过 window、document 等对象的 captureEvents 方法捕获事件，并通过 releaseEvents 方法关闭事件捕获；对事件都会产生一个 event 对象，提供关于特定事件的信息。此外，还增加了一个新的 layer 元素对象，但 W3C 不同意把 layer 标记作为 HTML 4.0 规范的一部分。

3. Internet Explorer 扩展

Internet Explorer 4 对文档对象模型做了很大扩展。在对象模型中，每个 HTML 元素都变成了脚本对象；添加了 document.all 集合，可以通过 [document.all.]elementID 语法引用元素；每个 HTML 元素对象都有一个全新的属性集和方法集；innerHTML、innerText、outerHTML 以及 outerText 属性提供了对文档主体的读/写访问；在文档对象层次中，所有 HTML 元素在 document 对象下分类组合在一起。

Internet Explorer 4 还提供了层叠样式表的脚本支持，在脚本中可以通过 document.all.elementID.style.stylePropertyName 语法来访问元素对象的 CSS 属性。

在 Internet Explorer 4 的事件模型中，事件从目标元素开始，沿包含性层次向上“冒泡”，最终到达 window 对象；沿途中的任何对象的处理程序可进行附加的处理。event 对象作为 window 对象的一个属性，包含事件的信息。在 script 标记中引入了 for 和 event 两个属性，分别用于指定脚本需要绑定的元素对象的 id 和事件处理程序名称。

Internet Explorer 5 在私有对象模型中附加了更多内容，用于满足 W3C DOM 规范的要求。

4. W3C DOM

W3C 是 World Wide Web Consortium 的缩写，通常译为万维网联盟。W3C 组织负责 DOM 的标准化工作，目前这项工作尚未最终完成，W3C DOM 标准也没有被所有浏览器实现。

DOM 是以层次结构组织的节点（Node）或信息片断的集合，这种层次结构允许开发人员在树中导航以寻找特定信息。W3C DOM 分为以下几个部分。

- 核心 DOM：定义了一套标准的针对任何结构化文档的对象。
- XML DOM：定义了一套标准的针对 XML 文档的对象。
- HTML DOM：定义了一套标准的针对 HTML 文档的对象。

W3C 对 DOM 定义了以下 4 个级别。

- DOM Level 0。该级别并不是 W3C 的标准，它仅是对 Netscape Navigator 3 和 Internet Explorer 3 相关功能的界定，即基本文档对象模型，习惯上称为标准 JavaScript 对象模型。该级别是 DOM 中 HTML 部分的起始点，提供了使用已有脚本代码在符合 W3C DOM 标准的浏览器上工作的方法，支持公用的文档集合，包括 forms、images、anchors、links 和 applets。
- DOM Level 1。该级别是在 DOM Level 0 基础上建立起来的，主要目标是定义 HTML 和 XML 文档模型，它包含了文档导航和文档操作的性能，并提供了一组公用函数集，用于访问所有页面元素。W3C 于 1998 年 10 月将 DOM Level 1 列为推荐的版本。
- DOM Level 2。该级别提供了访问包含 XML 和 CSS 在内的页面元素的功能，并提供了更高级的事件模型。该级别尚未完全被主流浏览器支持。W3C 于 2000 年 11 月将 DOM Level 2 列为推荐的版本。
- DOM Level 3。W3C 于 2004 年 4 月提出了 DOM Level 3 推荐标准。迄今为止，还没有哪个浏览器完全实现该标准，只有 Mozilla 部分实现了该标准。

HTML DOM 是适用于 HTML/XHTML 的文档对象模型，它把 HTML 文档呈现为带有元素、属性和文本的节点树结构，并定义了访问和操作 HTML 文档的标准方法。

8.1.2　文档节点树

在 HTML DOM 中，HTML 文档是以层次结构组织的节点集合，节点之间存在等级关系。HTML 文档中的所有节点组成了一个文档树或节点树。HTML 文档中的每个元素、属性、文本等都代表着树中的一个节点。树起始于文档节点，并由此继续伸出枝条，直到处于这棵树最低级别的所有文本节点为止。

根据 DOM 规范，HTML 文档中的每个成分都是一个节点，节点主要分为以下类型。

- 文档：整个 HTML 文档是一个文档节点。
- 文档碎片：与文档一样，可以用来包含其他节点。
- 元素：每个 HTML 标记是一个元素节点。
- 属性：每一个 HTML 属性是一个属性节点。
- 文本：包含在 HTML 元素中的文本是文本节点。
- 注释：文档中的注释属于注释节点。

请看下面的网页示例。

```
<html>
<head>
<title>新网页</title>
</head>
<body>
<h3>示例</h3>
<p align="center">您好！</p>
</body>
</html>
```

在上述网页中，根节点为<html>，在根节点下面有<head>节点和<body>节点，在<head>节点下面有<title>节点，在<body>节点下面有<h3>节点和<a>节点。<title>节点、<h3>节点和<a>节点都包含有文本节点，<p>节点还包含一个属性节点，文档树结构如图 8.1 所示。

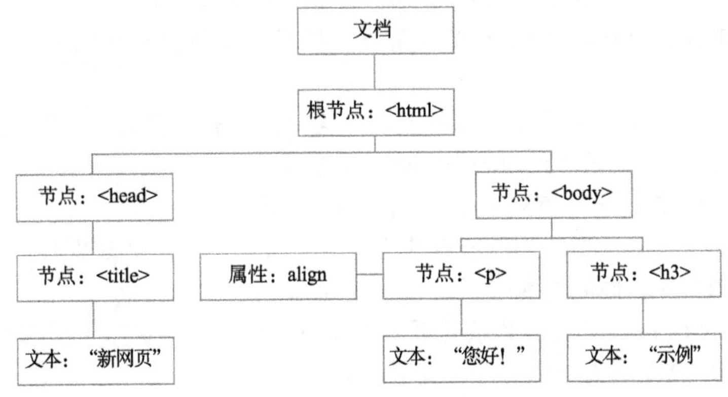

图 8.1　HTML 文档树结构

在 HTML 文档树中，所有节点之间都存在一定的关系。

除文档节点之外的每个节点都有父节点。例如，<head>和<body>的父节点都是<html>节点，文本节点“示例”的父节点是<h3>节点。

大部分元素节点都有子节点。例如，<head>节点有一个子节点：<title>节点。<title>节点也有一个子节点：文本节点“新网页”。

当几个节点共同拥有同一个父节点时，这些节点就是同辈兄弟（sibling）关系。例如，<h3>和<p>是同辈兄弟，它们的父节点都是<body>节点。

节点也可以拥有后代，后代指某个节点的所有子节点，或者这些子节点的子节点，依次类推。例如，所有文本节点都是<html>节点的后代，而第一个文本节点是<head>节点的后代。

节点也可以拥有先辈。先辈是某个节点的父节点，或者父节点的父节点，依次类推。比如，所有的文本节点都可以把<html>节点作为先辈节点。

8.1.3 节点的属性和方法

根据 DOM 规范，整个 HTML 文档就是一个按照层次结构组织的节点集合。HTML 文档中的每个元素、属性、文本等都代表着树中的一个节点。一个节点拥有一个属性集和方法集，通过这些属性和方法可以实现对节点的访问和操作。

1. 节点的属性

DOM 节点有以下属性。

（1）nodeName：包含节点的名称。nodeName 属性值是一个字符串，具体取值与节点类型有关：对于元素节点，nodeName 属性值是元素的标记名称；对于属性节点，nodeName 属性值是属性的名称；对于文本节点，nodeName 属性值永远是#text；对于文档节点，nodeName 属性值永远是#document。

（2）nodeValue：包含节点的值。nodeValue 属性值是一个字符串，对于文本节点，nodeValue 属性包含文本内容；对于属性节点，nodeValue 属性包含属性的值；对于文档节点和元素节点，nodeValue 属性均为 null。

（3）nodeType：包含节点的类型。nodeType 属性值是一个整数，1 表示元素节点，2 表示属性节点，3 表示文本节点，8 表示注释节点，9 表示文档节点。

（4）parentNode：指向当前节点的父节点。如果当前节点是文档节点，则 parentNode 属性值为 null。

（5）childNodes：包含所有子节点的列表，其中各个节点按源顺序排列。

（6）firstChild：指向子节点列表中的第一个节点。

（7）lastChild：指向子节点列表中的最后一个节点。

（8）previousSibling：指向当前节点的前一个兄弟节点。如果该节点就是第一个兄弟节点，则 previousSibling 属性值为 null。

（9）nextSibiling：指向当前节点的下一个兄弟节点。如果该节点就是最后一个兄弟节点，则 nextSibiling 属性值为 null。

（10）attributes：包含当前节点的属性列表。

（11）ownerDocument：指向当前节点所属的 HTML 文档对象。

2. 节点的方法

DOM 节点具有以下方法。

（1）appendChild：将子节点添加到当前节点的子节点列表的末尾。

（2）cloneChild：得到当前节点的副本。

（3）hasChildNodes：返回一个 Boolean 值，指示当前节点是否有子节点。

（4）insertBefore：在另一个节点前插入新的子节点。

（5）removeChild：移除一个子节点。

（6）replaceChild：用新节点替换旧节点。

（7）isSupported：检测节点是否支持一个特殊功能。

8.2 访问节点

通过 DOM 可以访问 HTML 文档中的每个节点。根据节点类型的不同，可以使用不同的方法来查找要访问的节点。

8.2.1 访问根节点

每个文档都有一个根节点。文档中的其他节点都是根节点的后代。对于一个标准 HTML 文档而言，其根节点就是 html 元素对象。从根节点出发，可以对其后代节点进行访问。

在 W3C DOM Level 1 中，为 document 对象定义了一个 documentElement 属性，可以用于获取对文档根节点的引用，语法如下：

```
[oElement = ]document.documentElement
```

其中，oElement 变量用于存储对文档根节点的引用。documentElement 属性是只读的，而且没有默认值。

【例 8.1】　本例说明如何通过 HTML 文档的根节点获取整个文档的源代码，如图 8.2 所示。

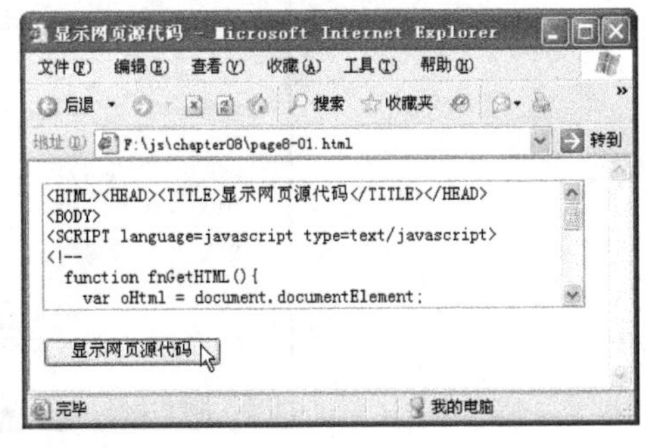

图 8.2　查看网页源代码

【代码清单】

```
<!-- F:\js\chapter08\page8-01.html -->
<html>
<head>
<title>显示网页源代码</title>
</head>

<body>
<script language="javascript" type="text/javascript">
<!--
  function fnGetHTML(){
    var oHtml = document.documentElement;
    document.getElementById("txtCode").value = "<" +
        oHtml.nodeName + ">" + oHtml.innerHTML + "</" + oHtml.nodeName + ">";
  }
//-->
```

```
</script>
<p><textarea name="txtCode" id="txtCode" cols="56" rows="6"></textarea></p>
<p><input name="btnShowHTML" type="button"
      id="btnShowHTML" onClick="fnGetHTML();" value="显示网页源代码"></p>
</body>
</html>
```

8.2.2 访问相关节点

在 HTML 文档树中，所有节点之间都存在一定的关系。节点之间的关系可以是父子关系，也可以是兄弟关系。从当前节点出发，可以根据节点之间的关系和节点的属性来实现对相关节点的访问，主要包括以下几种情况。

- 使用 parentNode 属性获取当前节点的父节点。
- 使用 childNodes 属性包含当前节点的所有子节点的列表。这个列表可作为一个标准的 JavaScript 数组来处理，通过 length 属性得到子节点的数目，并通过方括号运算符来访问列表中的每个子节点。
- 使用 firstChild 属性获取当前节点的子节点列表中的第一个节点。
- 使用 lastChild 属性获取当前节点的子节点列表中的最后一个节点。
- 使用 previousSibling 属性获取当前节点的前一个兄弟节点。
- 使用 nextSibiling 属性获取当前节点的下一个兄弟节点。
- 使用 ownerDocument 获取当前该节点所属的 HTML 文档节点。

【例 8.2】 本例说明如何通过节点的属性访问文档中的相关节点，如图 8.3 所示。

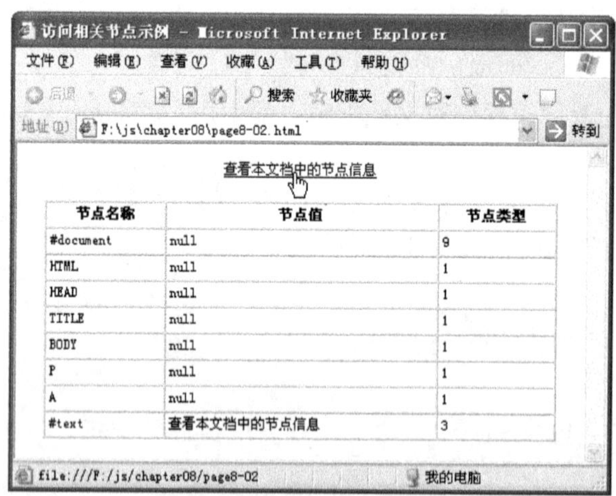

图 8.3 访问相关节点示例

【代码清单】

```
<!-- F:\js\chapter08\page8-02.html -->
<html>
<head>
<title>访问相关节点示例</title>
<script language="javascript" type="text/javascript">
```

```
<!--
  function fnshowNodeInfo(){
    var oHtml = document.documentElement;
    var oDoc = oHtml.ownerDocument;
    var oHead = oHtml.childNodes[0];
    var oBody = oHead.nextSibling;
    var oTitle = oHead.firstChild;
    var oP1 = oBody.firstChild;
    var oP2 = oBody.lastChild;
    var oA = oP1.firstChild;
    var oAText = oA.firstChild;
    var aNodes = [oDoc, oHtml, oHead, oTitle, oBody, oP1, oA, oAText];
    var sMsg = "<table align=\"center\" border=\"1\"" +
           "cellspacing=\"0\" cellpadding=\"3\" width=\"443\">";
    sMsg += "<tr><th>节点名称</th><th>节点值</th><th>节点类型</th></tr>";
    for(var i = 0; i < aNodes.length; i++){
      sMsg += "<tr><td>" + aNodes[i].nodeName;
      sMsg += "</td><td>" + aNodes[i].nodeValue;
      sMsg += "</td><td>" + aNodes[i].nodeType + "</td></tr>";
    }
    sMsg += "<table>\n";
    oP2.innerHTML = sMsg;
  }
//-->
</script>
</head>
<body>
<p align="center">
<a href="#" onClick="fnShowNodeInfo();return false;">查看本文档中的节点信息</a></p>
<p id="p1"></p>
</body>
</html>
```

8.2.3　访问属性节点

按照 HTML DOM 规范，每个 HTML 元素都是一个元素节点，多数 HTML 元素都包含一个属性集，其中的每个属性都可以看做一个属性节点。在 W3C DOM Level 1 中定义的 attributes 属性包含了当前节点的所有属性的集合，可以通过该集合对属性节点进行访问。

attributes 集合有一个 length 属性，用于获取或设置集合中包含的对象数目。此外，attributes 集合还具有以下方法。

（1）getNamedItem：从 attributes 集合中获取具有指定名称的属性节点，语法如下：

```
oAttr = oNode.attributes.getNamedItem(sName);
```

其中，参数 sName 表示属性节点的名称。

（2）item：从 attributes 集合的指定位置上获取一个属性节点，语法如下：

```
oAttr = oNode.attributes.item(vIndex);
```

其中，参数 vIndex 是必需的，其值是一个整数或字符串，用于指定属性节点在集合中的位置（从 0 开始）或节点的名称。

（3）removeNamedItem：从 attributes 集合中移除具有指定名称的属性节点，语法如下：

```
oNode.attributes.removeNamedItem（sName）;
```

其中，参数 sName 表示属性节点的名称。

（4）setNamedItem：把一个属性节点添加到 attributes 集合中，语法如下：

```
oNode.attributes.setNamedItem（oNode）;
```

其中，参数 oNode 表示要添加的属性节点。

通过 attributes 集合的 getNamedItem 方法和 item 方法获取属性节点后，可以通过节点的 nodeValue 属性来得到该属性节点的值。

例如，若要得到 a 元素对象的 href 属性值，可以使用以下表达式：

```
oA.attributes.getNamedItem("href").nodeValue
oA.attributes.item(0).nodeValue
```

为了便于访问和操作节点，在 W3C DOM Level 1 中还为节点定义了以下方法。

（1）getAttribute：用于获取指定属性的值，语法如下：

```
vAttrValue = oNode.getAttribute(sName);
```

其中，参数 sName 表示属性节点的名称。

例如，下面的语句用于获取 p 元素对象的 align 属性值：

```
sAlign = oP.getAttribute("align");
```

（2）setAttribute：用于设置指定属性的值，语法如下：

```
oNode.setAttribute(sName, vValue);
```

其中，参数 sName 是一个字符串，用于指定属性的名称；参数 vValue 可以是字符串、数字或布尔值，用于指定属性的值。

例如，下面的语句用于设置 p 元素对象的 align 属性值：

```
oP.setAttribute("align", "center");
```

（3）removeAttribute：用于从节点中移除给定的属性，语法如下：

```
bSuccess = object.removeAttribute(sName [, iCaseSensitive]);
```

其中，参数 sName 是一个字符串，用于指定属性名称。参数 iCaseSensitive 是可选的，其值是一个整数，用于指定查找属性时是否区分大小写，默认值为 1，表示区分大小写。

removeAttribute 方法返回一个 Boolean 值，若为 true，表示属性被成功移除；若为 false，表示该属性未被移除。

根据 HTML DOM 规范，大多数 HTML 元素节点的属性都可以使用相同的名称在脚本中直接访问。例如，下面的语句通过设置 oP 节点的 align 属性（与 p 标记的 align 属性名称相同）来指定段落的对齐方式：

```
oP.align = "center";
```

HTML 元素的 class 属性是唯一的例外。class 属性用于指定 HTML 元素的 CSS 类样式名称，例如：

```
<div class="style1"></div>
```

但 class 是 JavaScript 中的一个保留字，不能把它作为属性名来使用。HTML 元素的 class 属性在 JavaScript 中通过 className 来引用。例如：

```
oDiv.className = "style2";
```

如果要在脚本中访问 HTML 元素节点的 CSS 属性，则应遵循以下语法：

```
oElment.style.cssPropertyName
```

其中，oElment 指定 HTML 元素节点；cssPropertyName 为 CSS 属性对应的脚本特性。

例如，下面的语句把段落文本的字号大小设置为 12 像素：

```
oP.style.fontSize = "12px";
```

关于常用 CSS 属性对应的脚本特性，请参阅第 3 章。

【例 8.3】　本例说明如何读取和设置属性节点的值，用于设置文本段落的对齐方式，运行结果如图 8.4 和图 8.5 所示。

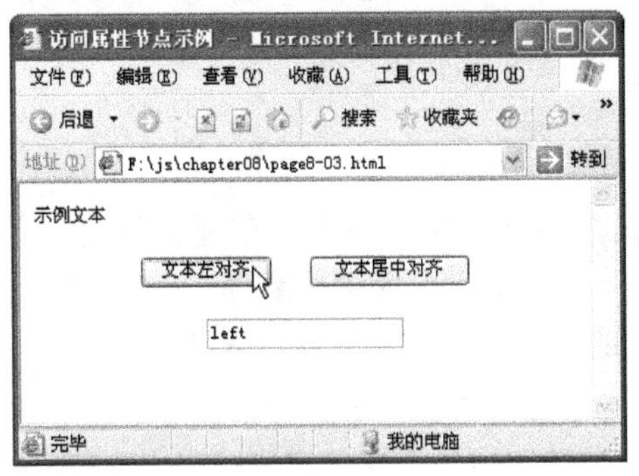

图 8.4　设置文本左对齐

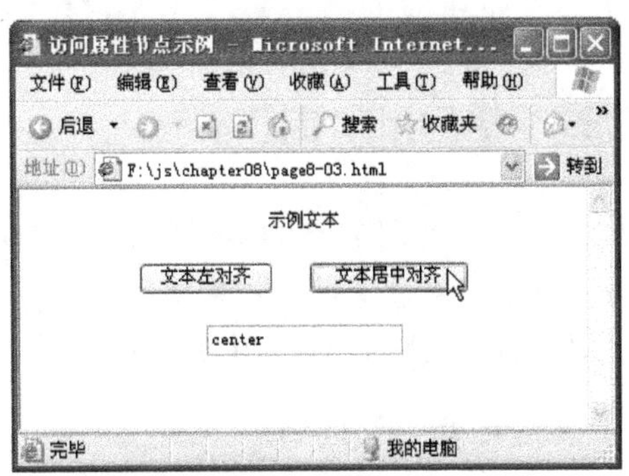

图 8.5　设置文本居中对齐

【代码清单】

```
<!-- F:\js\chapter08\page8-02.html -->
<html>
<head>
<title>访问属性节点示例</title>
<style type="text/css">
<!--
  p, input{font-size:9pt;}
-->
</style>
<script language="javascript" type="text/javascript">
<!--
  function fnSetLeftAlign(){
    oBody = document.documentElement.lastChild;
    oP = oBody.firstChild;
    oP.setAttribute("align", "left");
    document.form1.txtAlign.value = oP.attributes.getNamedItem("align").nodeValue;
  }
  function fnSetCenterAlign(){
    oBody = document.documentElement.lastChild;
    oP = oBody.firstChild;
    oP.setAttribute("align", "center");
    document.form1.txtAlign.value = oP.getAttribute("align");
  }
//-->
</script>
</head>
```

```
<body>
<p align="left">示例文本</p>
<form name="form1" method="post" action="">
  <p align="center"><input name="btnSetLeftAlign" type="button"
    id="btnSetLeftAlign" onClick="fnSetLeftAlign()" value="文本左对齐">
      
    <input name="btnSetCenterAlign" type="button"
    id="btnSetCenterAlign" onClick="fnSetCenterAlign()" value="文本居中对齐"></p>
  <p align="center"><input type="text" name="txtAlign" id="txtAlign"></p>
</form>
</body>
</html>
```

8.2.4 访问指定节点

如前所述，使用节点的属性很容易实现对文档中具有父子关系、弟兄关系的相关节点的访问。但是，通过这种方式来访问处于任意层次中的节点可能会很麻烦，在这种情况下，最好使用 W3C DOM Level 1 中为 document 对象定义的一些方法来访问指定的节点。

1．根据 id 属性访问节点

使用 document 对象的 getElementById 方法可以获取对具有指定 id 属性值的第一个对象的引用，语法如下：

```
oElement = document.getElementById(sId);
```

其中，参数 sId 是必需的，其值是一个字符串，用于指定对象的 id 属性值。

getElementById 方法的返回值是具有相同 id 属性值的第一个对象。如果 id 值属于一个集合，则 getElementById 方法返回集合中的第一个对象。

2．根据 name 属性访问节点

使用 document 对象的 getElementsByName 方法可以根据 name 属性值获取具有指定名称的对象的集合，语法如下：

```
collObjects = document.getElementsByName(sName);
```

其中，参数 sName 是必需的，其值是一个字符串，用于指定对象的 name 属性值。

getElementsByName 方法的返回值是具有相同 name 属性值的对象的集合。

当使用 getElementsByName 方法时，将返回文档中具有指定的 name 属性值的所有元素组成的集合。

同时支持 name 属性的元素包含在由 getElementsByName 方法返回的集合中，但具有一个 name expando（运行时动态添加的 name 属性）的元素不包含在该集合中。

3．根据标记名称访问节点

使用 document 对象的 getElementsByTagName 方法可以基于指定的元素名称来获取一个对象集合，语法如下：

```
collObjects = document.getElementsByTagName(sTagName);
```

其中，参数 sTagName 是必需的，其值是一个字符串，用于指定元素的名称。

getElementsByTagName 方法的返回值是具有指定元素名称的对象的集合。在脚本中使用 getElementsByTagName 方法时，将会返回所有具有指定标记名称的子元素和嵌套子元素。

【例 8.4】　本例说明如何使用不同方法来访问页面元素，如图 8.6 所示。

图 8.6　查看网页源代码

【代码清单】

```
<!-- F:\js\chapter08\page8-04.html -->
<html>
<head>
<title>访问指定节点示例</title>
<style type="text/css">
<!--
  p, input, select{font-size:9pt;}
-->
</style>
<script language="javascript" type="text/javascript">
<!--
  function fnGetFormValues(){
    var collFontSize = document.getElementsByTagName("option");
    var collColor = document.getElementsByName("radColor");
    var oP =   document.getElementById("p2");
    var sMsg = "字号：";
    for(var i = 0; i < collFontSize.length; i++){
      sMsg += collFontSize[i].getAttribute("value") + " ";
    }
    sMsg += "<br /><br />颜色：";
    for(i = 0; i < collColor.length; i++){
      sMsg += collColor[i].getAttribute("value") + " ";
    }
    oP.innerHTML = sMsg;
  }
//-->
</script>
</head>
<body>
<form name="form1" method="post" action="">
  <p align="center" id="p1"> 字号：
    <select name="select" id="select">
      <option value="big">大</option>
      <option value="middle">中</option>
      <option value="small">小</option>
    </select>
     颜色：
    <input name="radColor" type="radio" id="radio" value="红" checked />红
    <input type="radio" name="radColor" id="radio2" value="绿" />绿
    <input type="radio" name="radColor" id="radio3" value="蓝" />蓝</p>
  <p align="center">
    <input name="btnGetFormValues" type="button"
     id="btnGetFormValue" onClick="fnGetFormValues();" value="查看表单元素的值" />
  </p>
</form>
```

```
<p align="center" id="p2"></p>
</body>
</html>
```

8.3 操作节点

前面介绍了如何通过各种方法来访问文档中的不同节点。一旦从文档中获取了某个节点，就可以对该节点进行替换和删除等操作，也可以根据需要在文档中创建新的节点。通过对文档中的节点进行操作来动态更新网页，这是实现动态网页编程的一个重要途径。

8.3.1 创建节点

在 W3C DOM Level 1 中，为 document 对象定义了一些方法，可以用于在文档中创建各种不同类型的节点。创建一个节点后，可以使用 appendChild 方法将该节点添加到某个节点的子节点列表的末尾。

1. 创建文本节点

使用 document 对象的 createTextNode 方法可以创建一个包含指定文本的文本节点，语法格式如下：

```
oTextNode = document.createTextNode([sText]);
```

其中，参数 sText 是可选的，其值是一个字符串，用于指定文本节点的 nodeValue 属性值。

createTextNode 方法返回所创建的文本节点对象。

2. 创建属性节点

使用 document 对象的 createAttribute 方法可以创建一个具有指定名称的属性节点，语法格式如下：

```
oAttribute = document.createAttribute(sName);
```

其中，参数 sName 是必需的，其值是一个字符串，用于指定属性节点的名称。

createAttribute 方法返回对该属性节点的引用，该节点可以使用 attributes.setNamedItem 方法添加到元素节点中。

3. 创建元素节点

使用 document 对象的 createElement 方法可以创建指定标记的一个元素实例，语法如下：

```
oElement = document.createElement(sTag);
```

其中，参数 sTag 是必需的，其值是一个字符串，用于指定元素的标记名。

createElement 方法返回对这个新元素节点的引用。

4. 创建注释节点

使用 document 对象的 createComment 方法可以创建具有指定内容的注释节点，语法如下：

```
oComment = document.createComment(sData);
```

其中，参数 sData 是必需的，其值是一个字符串，用于指定注释节点的内容。

createComment 方法返回这个新注释节点的引用。

5．创建文档碎片节点

使用 document 对象的 createDocumentFragment 方法可以创建一个新的文档碎片，语法格式如下：

```
oNewDoc = document.createDocumentFragment();
```

createDocumentFragment 方法返回对这个新建文档碎片的引用。

在实际应用中，可以使用 createDocumentFragment 方法创建一个文档碎片，然后创建一些节点并把它们添加到这个文档碎片中，最后再把这个文档碎片添加到文档中。

6．追加子节点

使用 appendChild 方法可以把给定节点添加到某个节点的子节点集合末尾，语法如下：

```
oElement = object.appendChild(oNode);
```

其中，参数 object 用于指定接受新节点的节点；参数 oNode 用于指定要添加的节点。

appendChild 方法返回所追加的节点。

要在页面上显示新元素，还必须把它们添加到某个已有节点或文档的 body 元素节点中。

例如，在下面的代码片段中，首先创建 10 个文本段落并将它们添加到文档碎片中，然后把文档碎片添加到文档的 body 节点中。

```
var aTexts = ["第一个段落。", "第二个段落。", "第三个段落。", "第四个段落。",
    "第五个段落。","第六个段落。","第七个段落。","第八个段落","第九个段落。","第十个段落。"];
// 创建一个文档碎片节点
var oFragment = document.createDocumentFragment();
// 把每个 p 元素节点添加到文档碎片节点中
for(var i = 0; i < aTexts.length; i++){
  var oP = document.createElement("p");
  var oText = document.createTextNode(aTexts[i]);
  oP.appendChild(oText);
  oFragment.appendChild(oP);
}
var oBody = document.documentElement.lastChild;
// 把文档碎片节点添加到文档的 dody 节点的子
节点集合末尾
oBody.appendChild(oFragment);
```

【例 8.5】　本例说明如何通过创建元素节点、属性节点和文本节点来动态地创建表格，如图 8.7 所示。

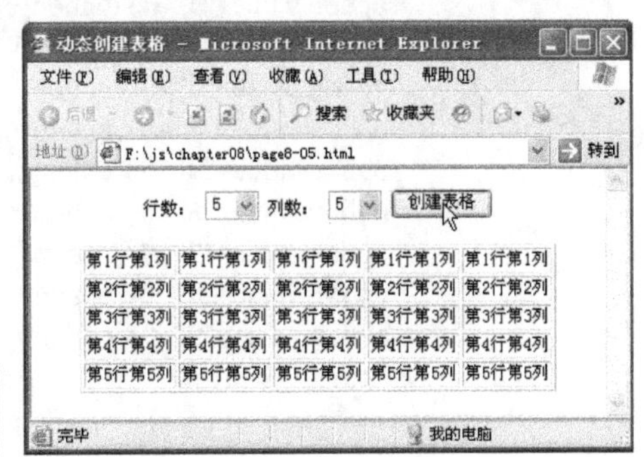

图 8.7　动态创建表格

【代码清单】

```
<!-- F:\js\chapter08\page8-05.html -->
<html>
<head>
<title>动态创建表格</title>
```

```
</head>
<script language="javascript" type="text/javascript">
<!--
  function fnCreateTable(){
    var iRowNum = document.form1.lstRowNum.value;
    var iColNum = document.form1.lstColNum.value;
    var oBody = document.documentElement.lastChild;
    var oTable = document.getElementsByTagName("table")[0];
    // 若存在 oTable 节点，则删除之
    if(oTable)oBody.removeChild(oTable);
    oTable = document.createElement("table");
    var oTbody = document.createElement("tbody");
    var oAttr = document.createAttribute("align");
    oTable.attributes.setNamedItem(oAttr);
    oAttr = document.createAttribute("border");
    oTable.attributes.setNamedItem(oAttr);
    oTable.setAttribute("align", "center");
    oTable.setAttribute("border", "1");
    var oRow, oCell, oText;
    for(var i = 1; i <= iRowNum; i++){
      oRow = document.createElement("tr");
      for(var j = 1; j <= iColNum; j++){
        oCell = document.createElement("td");
        oText = document.createTextNode("第" + i + "行" + "第" + i + "列");
        oCell.appendChild(oText);
        oRow.appendChild(oCell);
      }
      // 把表示表格行的节点 oRow 追加到表示 tbody 元素的子节点列表末尾
      oTbody.appendChild(oRow);
    }
    oTable.appendChild(oTbody);
    oBody.appendChild(oTable);
  }
//-->
</script>

<body>
<form name="form1" method="post" action="">
  <div align="center">行数：
    <select name="lstRowNum" id="lstRowNum">
      <option value="1">1</option>
      <option value="2">2</option>
      <option value="3">3</option>
      <option value="4">4</option>
      <option value="5">5</option>
      <option value="6">6</option>
      <option value="7">7</option>
      <option value="8">8</option>
      <option value="9">9</option>
      <option value="10">10</option>
    </select>
    列数：
    <select name="lstColNum" id="lstColNum">
```

```
            <option value="1">1</option>
            <option value="2">2</option>
            <option value="3">3</option>
            <option value="4">4</option>
            <option value="5">5</option>
            <option value="6">6</option>
            <option value="7">7</option>
            <option value="8">8</option>
            <option value="9">9</option>
            <option value="10">10</option>
        </select>
        <input name="btnCreateTable" type="button"
            id="btnCreateTable" onClick="fnCreateTable();" value="创建表格" />
    </div>
</form>
</body>
</html>
```

8.3.2　插入节点

在 W3C DOM Level 1 中，为节点定义了 insertBefore 方法，其功能是把一个节点作为父节点的一个子节点插入文档层次中，语法如下：

```
oElement = object.insertBefore(oNewNode[, oChildNode]);
```

其中，参数 oNewNode 是必需的，用于指定要插入到文档层次中的新节点，这个新节点可以使用 createElement 方法来创建；参数 oChildNode 是可选的，用于指定新节点的位置，如果指定此参数，则新节点插入到这个现有子节点之前；参数 object 表示接受新节点的父节点。

insertBefore 方法返回对插入文档中的节点的引用。

当插入第一个子节点时，不要指定 oChildNode 参数。如果子节点已经存在并且未指定 oChildNode 参数，则 oNewNode 节点将成为父节点的最后一个子节点，这相当于调用了父节点的 appendChild(oNewNode)方法。

【例 8.6】　本例说明如何使用 insertBefore 方法在文档中插入节点。加载网页时，在颜色列表中包含红、绿、蓝三种颜色，通过单击不同的按钮可以在绿色之前插入洋红或者在列表末尾添加橙色，运行结果如图 8.8 和图 8.9 所示。

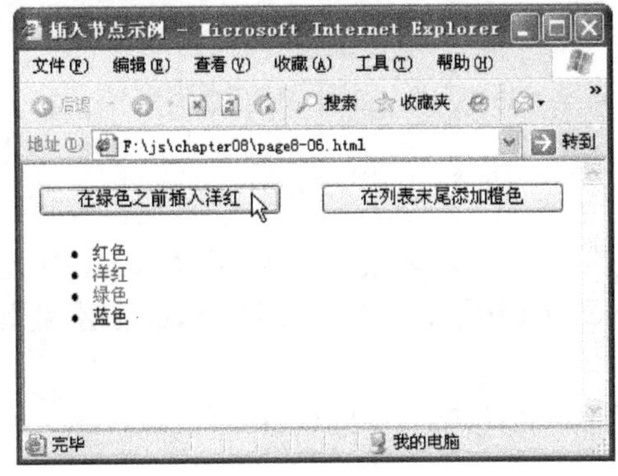

图 8.8　在绿色之前插入洋红

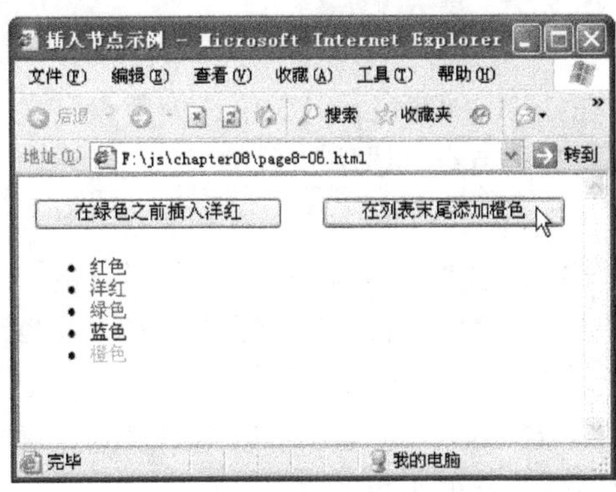

图 8.9　在列表末尾添加橙色

【代码清单】

```
<!-- F:\js\chapter08\page8-06.html -->
<html>
<head>
<title>插入节点示例</title>
<script language="javascript" type="text/javascript">
<!--
  function fnInsertMagenta(){
    var oUl = document.getElementsByTagName("ul")[0];
    var oGreen = oUl.childNodes[1];
    var oYellow = document.createElement("li");
    oYellow.innerHTML = "<font color=\"magenta\">洋红</font>";
    oUl.insertBefore(oYellow, oGreen);
  }
  function fnAppendOrange(){
    var oUl = document.getElementsByTagName("ul")[0];
    var oOrange = document.createElement("li");
    oOrange.innerHTML = "<font color=\"orange\">橙色</font>";
    oUl.insertBefore(oOrange);
  }
//-->
</script>
</head>
<body>
<p align="center">
  <input name="button1" type="button" id="button"
     onclick="fnInsertMagenta();" value="在绿色之前插入洋红">  
  <input name="button2" type="button" id="button2"
     onclick="fnAppendOrange();" value="在列表末尾添加橙色">
</p>
<ul>
  <li><font color="red">红色</font></li>
  <li><font color="green">绿色</font></li>
  <li><font color="blue">蓝色</font></li>
</ul>
</body>
</html>
```

8.3.3 复制节点

在 W3C DOM Level 1 中，为节点定义了 cloneNode 方法，用于从文档层次中复制一个节点及其子节点，语法如下：

```
oClone = object.cloneNode([bCloneChildren]);
```

其中，参数 bCloneChildren 是可选的，其值是一个 Boolean 值，默认值为 false，指定只复制节点本身，不包含其子节点；如果设置为 true，则包含子节点。参数 object 表示被复制的源节点。

cloneNode 方法复制可以用于复制元素节点和属性节点，也可以包括子节点。该方法返回对新建节点的引用。

【例 8.7】　本例说明如何通过复制节点来实现图片的复制，运行结果如图 8.10 所示。

图 8.10　复制节点示例

【代码清单】

```
<!-- F:\js\chapter08\page8-07.html -->
<html>
<head>
<title>复制节点示例</title>
<script language="javascript" type="text/javascript">
<!--
  function fnCloneImage(){
    var oP = document.getElementsByTagName("p")[1];
    var oSpan = document.getElementsByTagName("span")[0];
    var oCloneSpan = oSpan.cloneNode(true);
    oP.insertBefore(oCloneSpan);
  }
//-->
</script>
</head>
<body>
<p align="center">
  <input name="button" type="button" id="button"
    onclick="fnCloneImage();" value="复制图片" />
</p>
<p align="center">
  <span><img src="../images/bg02.gif" width="40" height="40"></span>
</p>
</body>
</html>
```

8.3.4　替换节点

在 W3C DOM Level 1 中，为节点定义了 replaceChild 方法，其功能是用一个新的子元素节点替换现有的元素节点，语法如下：

```
oReplace = object.replaceChild(oNewNode, oChildNode);
```

其中，参数 oNewNode 指定要插入文档中的新节点；参数 oChildNode 指定将被替换掉的现有节点；参数 object 指定 oChildNode 节点的父节点。

replaceChild 方法返回对被替换元素节点的引用。

被替换的节点必须是父对象的直接子节点。新节点必须使用 createElement 方法来创建。

【例 8.8】　本例说明如何通过替换节点来实现无序列表与有序列表两种列表类型之间的切换，运行结果如图 8.11 和图 8.12 所示。

图 8.11　无序列表

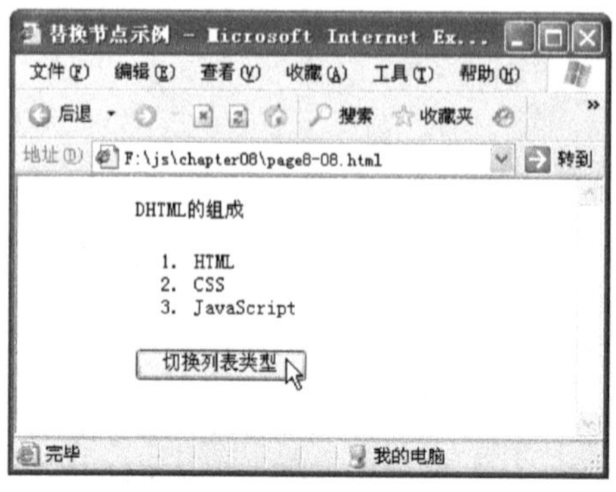

图 8.12　有序列表

【代码清单】

```
<!-- F:\js\chapter08\page8-08.html -->
<html>
<head>
<title>替换节点示例</title>
<style type="text/css">
<!--
  body{margin-left:6em;}
-->
</style>
<script language="javascript" type="text/javascript">
<!--
  function fnChangeListType(){
    var oList = document.getElementsByTagName("ul")[0];
    if(oList){
      var oNewNode = document.createElement("ol");
    }else{
      oList = document.getElementsByTagName("ol")[0];
      var oNewNode = document.createElement("ul");
    }
    var sInnerHTML = oList.innerHTML;
    oList.parentNode.replaceChild(oNewNode, oList);
    oNewNode.innerHTML = sInnerHTML;
  }
//-->
</script>
</head>
<body>
<p>DHTML 的组成</p>
<ul>
  <li>HTML</li>
```

```
    <li>CSS</li>
    <li>JavaScript </li>
  </ul>
  <p><input name="button" type="button" id="button"
          onClick="fnChangeListType();" value="切换列表类型" /></p>
  </body>
  </html>
```

8.3.5　移除节点

在 W3C DOM Level 1 中，为节点定义了 removeChild 方法，用于从父节点中移除一个子节点，语法如下：

```
oRemove = object.removeChild(oNode);
```

其中，参数 oNode 指定要从文档中移除的节点；参数 object 指定要移除的节点的父节点。removeChild 方法返回对被删除节点的引用。

要移除的节点必须是父节点的直接子节点。例如，要从表格（table）中删除行，必须是从 tbody 节点中删除 tr 节点，而不能直接从 table 节点中删除 tr 节点。

【例 8.9】　本例说明如何通过移除节点来实现从表格中删除行，如图 8.13 和图 8.14 所示。

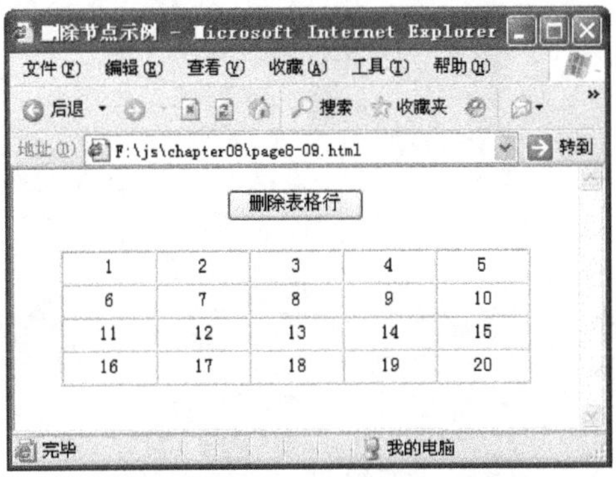

图 8.13　刚加载网页时表格共有 4 行

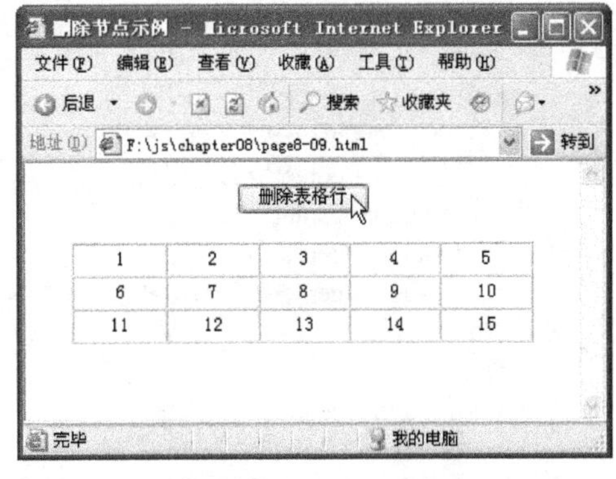

图 8.14　第 4 行已被删除

【代码清单】

```
<!-- F:\js\chapter08\page8-09.html -->
<html>
<head>
<title>删除节点示例</title>
<script language="javascript" type="text/javascript">
<!--
  function fnRemoveRow(){
    var oTable = document.getElementsByTagName("table");
    var oTbody = oTable[0].firstChild;
    var oTr = oTbody.lastChild;
    if(oTr){
      oTbody.removeChild(oTr);
    }else{
```

```
                alert("表格行已被删除光了！");
            }
        }
    //-->
    </script>
    </head>
    <body>
    <p align="center">
      <input name="button" type="button" id="button" onClick="fnRemoveRow();"
            value="删除表格行" />
    </p>
    <table width="300" border="1" align="center" cellspacing="0">
      <tr>
        <td align="center">1</td>
        <td align="center">2</td>
        <td align="center">3</td>
        <td align="center">4</td>
        <td align="center">5</td>
      </tr>
      <tr>
        <td align="center">6</td>
        <td align="center">7</td>
        <td align="center">8</td>
        <td align="center">9</td>
        <td align="center">10</td>
      </tr>
      <tr>
        <td align="center">11</td>
        <td align="center">12</td>
        <td align="center">13</td>
        <td align="center">14</td>
        <td align="center">15</td>
      </tr>
      <tr>
        <td align="center">16</td>
        <td align="center">17</td>
        <td align="center">18</td>
        <td align="center">19</td>
        <td align="center">20</td>
      </tr>
    </table>
    </body>
    </html>
```

8.3.6 处理文本节点

对于文本节点，除了使用 nodeValue 属性来获取文本的内容外，也可以使用 data 属性来获取文本内容，以及使用 length 属性获取文本包含的字符数目。在 W3C DOM Level 1 中，还专门对文本节点定义了以下方法，可以用于对文本节点包含的文本内容进行处理。

（1）使用 appendData 方法在文本节点结尾添加指定的字符串，语法如下：

```
oTextNode.appendData(sString);
```

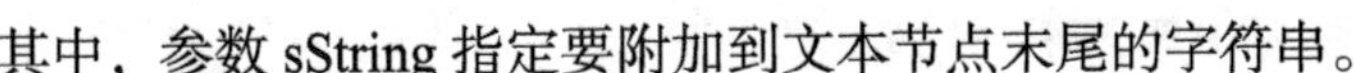

其中，参数 sString 指定要附加到文本节点末尾的字符串。

（2）使用 deleteData 从文本节点中删除指定的字符，语法如下：

```
oTextNode.deleteData(iOffset, iCount);
```

其中，参数 iOffset 是一个整数，用于指定从何处开始删除（ ）；参数 iCount 也是一个整数，用于指定要删除的字符数目。

（3）使用 insertData 方法在文本节点中插入指定的字符串，语法如下：

```
oTextNode.insertData(iOffset, sString)
```

其中，参数 iOffset 是一个整数，用于指定从何处开始插入；参数 sString 给出要插入的字符串。

（4）使用 replaceData 方法替换文本节点中的字符，语法如下：

```
oTextNode.replaceData(iOffset, iCount, iString);
```

其中，参数 iOffset 是一个整数，用于指定从何处开始替换；参数 iCount 也是一个整数，用于指定要替换的字符数目；参数 iString 给出用来替换的新字符串。

（5）使用 splitText 方法在指定位置上把文本节点拆分成两个文本节点，语法如下：

```
oSplitNode = oTextNode.splitText([iIndex])
```

其中，参数 iIndex 是可选的，其值是一个整数，用于指定从何处开始拆分。如果未提供该参数值，则创建一个没有值的新文本节点。

splitText 方法返回一个文本节点，其值是原始值的一个子字符串，从指定的索引开始到最后一个字符。调用 splitText 方法后，文本节点 oTextNode 的值也变成原始值的一个子字符串，从 0 开始到 iIndex 结束。保存文档时，不保留文本节点的完整性。

（6）使用 substringData 方法从文本节点中取子字符串，语法如下：

```
sSubstring = oTextNode.substringData(iOffset, iCount)
```

其中，参数 iOffset 取整数，指定从何处开始取子字符串；参数 iCount 也是整数，指定要提取的字符数目。

substringData 方法返回对子字符串的引用。如果 iOffset 与 iCount 参数之和超过文本节点中的字符数目，则返回一个错误。

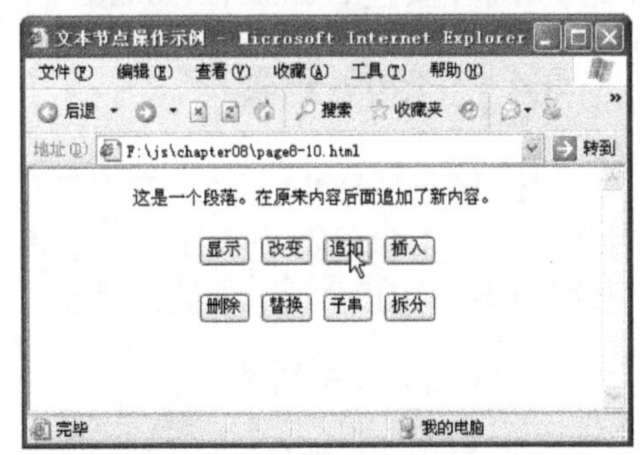

图 8.15　文本节点操作示例

【例 8.10】　本例说明如何对文本节点包含的内容进行各种操作，如图 8.15 所示。

【代码清单】

```
<!-- F:\js\chapter08\page8-10.html -->
<html>
<head>
<title>操作文本节点示例</title>
</head>
<body>
<p align="center" id="p1">这是一个段落。</p>
<p align="center">
  <script language="javascript" type="text/javascript">
<!--
```

```
    var oTextNode = document.getElementById("p1").firstChild;
//-->
</script>
    <input name="button1" type="button"
        onclick="alert(oTextNode.data);" value="显示" />
    <input name="button2" type="button"
        onclick="oTextNode.data='段落文本已被修改。';" value="改变" />
    <input name="button3" type="button"
        onclick="oTextNode.appendData('在原来内容后面追加了新内容。');" value="追加" />
    <input name="button4" type="button"
        onclick="oTextNode.insertData(3, '插入新内容');" value="插入" />
</p>
<p align="center">
    <input name="button5" type="button"
        onclick="oTextNode.deleteData(0, 2)" value="删除" />
    <input name="button6" type="button"
        onclick="oTextNode.replaceData(0, 1, '替换')" value="替换" />
    <input name="button7" type="button"
        onclick="alert(oTextNode.substringData(2, 3));" value="子串" />
    <input name="button8" type="button"
        onclick="oSplitNode=oTextNode.splitText(2); alert(oTextNode.data+'\n' +
        oSplitNode.data);" value="拆分" />
</p>
</body>
</html>
```

8.4 处理表格

HTML DOM 专门针对 HTML 文档定义了一组对象，使用 HTML DOM 属性和方法很容易对各种网页元素进行处理。下面介绍如何使用 HTML DOM 来处理表格，所涉及的 HTML DOM 对象主要包括 Table、TableRow 和 TableCell。

8.4.1 Table 对象

根据 HTML DOM 规范，在 HTML 文档中<table>标记每出现一次，就会创建一个 Table 对象。Table 对象代表一个 HTML 表格。HTML DOM 针对 Table 及其相关对象定义了许多属性和方法，可以方便、快捷地对表格进行处理。

1．Table 对象的属性

Table 对象的属性如下。

（1）align：设置或获取表格在文档中的水平对齐方式。

（2）bgColor：设置或获取表格的背景颜色。

（3）border：设置或获取表格边框的宽度。

（4）caption：设置或获取对表格的<caption>元素的引用。

（5）cellPadding：设置或获取单元格内容和单元格边框之间的空白量。

（6）cellSpacing：设置或获取在表格中的单元格之间的空白量。

（7）className：设置或获取表格的 class 属性。

（8）frame：设置或获取表格的外部边框。
（9）id：设置或获取表格的 id。
（10）rules：设置或获取表格的内部分隔行线。
（11）summary：设置或获取对表格的描述（概述）。
（12）tFoot：返回表格的 TFoot 对象。如果不存在该元素，则为 null。
（13）tHead：返回表格的 THead 对象。如果不存在该元素，则为 null。
（14）width：设置或获取表格的宽度。

2. Table 对象的集合

Table 对象具有集合。
（1）cells：返回包含表格中所有单元格的一个数组。
（2）rows：返回包含表格中所有行的一个数组。
（3）tBodies：返回包含表格中所有 tbody 元素的一个数组。

3. Table 对象的方法

Table 对象的方法如下。

（1）createCaption：用于在表格创建或获取 caption 元素，语法如下：

```
oTable.createCaption()
```

createCaption 方法返回一个 HTMLElement 对象，表示表格 oTable 的 caption 元素。如果该表格已经有了标题，则返回它。如果该表格没有 caption 元素，则创建一个新的空 caption 元素，把它插入表格，并返回它。

（2）createTFoot：用于在表格中获取或创建 tfoot 元素，语法如下：

```
oTable.createTFoot()
```

createTFoot 方法返回一个 TableSection，表示表格 oTable 的 tfoot 元素。如果该表格已经有了脚注，则返回它。如果该表格没有脚注，则创建一个新的空 tfoot 元素，把它插入表格，并返回它。

（3）createTHead：用于在表格中获取或创建 thead 元素，语法如下：

```
oTable.createTHead()
```

createTHead 方法返回一个 TableSection，表示表格 oTable 的 thead 元素。如果该表格已经有了表头，则返回它。如果该表格没有表头，则创建一个新的空 thead 元素，把它插入表格，并返回它。

（4）deleteCaption：用于从表格中删除 caption 元素及其内容，语法如下：

```
oTable.deleteCaption()
```

如果表格 oTable 包含 caption 元素，则从文档树中删除它，否则什么也不做。

（5）deleteRow：用于从表格中删除指定位置的行，语法如下：

```
oTable.deleteRow(iIndex)
```

其中，参数 iIndex 指定要删除的行在表中的位置。行的编号顺序就是它们在文档源代码中出现的顺序。thead 和 tfoot 部分的行与表格中其他行一起编号。

（6）deleteTFoot：用于从表格中删除 tfoot 元素及其内容，语法如下：

```
oTable.deleteTFoot()
```

如果表格 oTable 包含 tfoot 元素，则将它从文档树中删除，否则什么也不做。

（7）deleteTHead：用于从表格中删除 thead 元素及其内容，语法如下：

```
oTable.deleteTHead()
```

如果表格 oTable 包含 thead 元素，则将它从文档树中删除，否则什么也不做。

（8）insertRow：用于在表格中的指定位置插入一个新行，语法如下：

```
oTable.insertRow(iIndex)
```

insertRow 返回一个 TableRow 对象，表示新插入的行（<tr>）标记，并把它插入表格中的指定位置。新行将插入到 iIndex 指定的行之前。如果 iIndex 等于表格中的行数，则新行将附加到表格的末尾。如果表格是空的，则新行将被插入到一个新的 tbody 段，该段自身会被插入表中。如果参数 iIndex 小于 0 或大于等于表格中的行数，则该方法将抛出一个异常。

把新行插入表格之后，可以用 TableRow.insertCell 方法给新创建的行添加单元格。

【例 8.11】 本例说明如何使用 HTML COM 对表格属性进行设置，如图 8.16 所示。

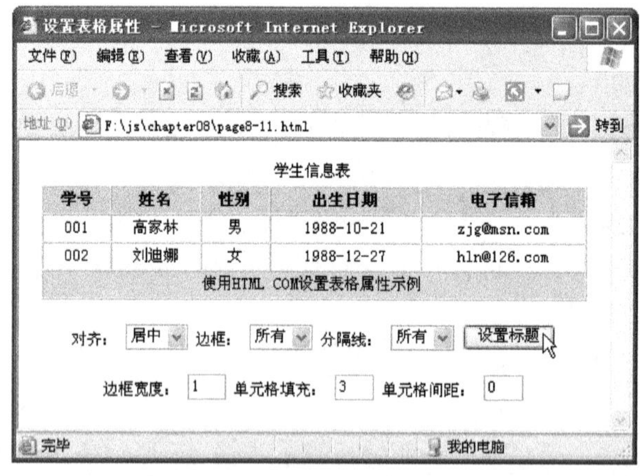

图 8.16 设置表格属性

【代码清单】

```
<!-- F:\js\chapter08\page8-11.html -->
<html>
<head>
<title>设置表格属性</title>
<style type="text/css">
<!--
  #p1{clear:both;}
-->
</style>
</head>
<body>
<table width="96%" border="1" align="center"
            cellpadding="3" cellspacing="0" id="table1">
  <thead>
    <tr>
      <th bgcolor="#CCCCCC">学号</th>
      <th bgcolor="#CCCCCC">姓名</th>
```

```
        <th bgcolor="#CCCCCC">性别</th>
        <th bgcolor="#CCCCCC">出生日期</th>
        <th bgcolor="#CCCCCC">电子信箱</th>
      </tr>
    </thead>
    <tbody>
      <tr align="center">
        <td>001</td>
        <td>高家林</td>
        <td>男</td>
        <td>1988-10-21</td>
        <td>zjg@msn.com</td>
      </tr>
      <tr align="center">
        <td>002</td>
        <td>刘迪娜</td>
        <td>女</td>
        <td>1988-12-27</td>
        <td>hln@126.com</td>
      </tr>
    </tbody>
    <tfoot>
      <tr>
        <td colspan="5" align="center" bgcolor="#AADDFF">使用 HTML COM 设置表格属性示例</td>
      </tr>
    </tfoot>
  </table>
  <script language="javascript" type="text/javascript">
  <!--
    var oTable = document.getElementById("table1");
  //-->
  </script>
  <p id="p1" align="center">对齐：
    <select onChange="oTable.align=this.value;">
      <option value="left">左齐</option>
      <option value="center" selected>居中</option>
      <option value="right">右齐</option>
    </select>
    边框：
    <select onChange="oTable.frame=this.value;">
      <option value="box">所有</option>
      <option value="vsides">左右</option>
      <option value="hsides">上下</option>
      <option value="above">上</option>
      <option value="below">下</option>
      <option value="lhs">左</option>
      <option value="rhs">右</option>
      <option value="void">无</option>
    </select>
    分隔线：
    <select onChange="oTable.rules=this.value;">
      <option value="all">所有</option>
      <option value="rows">水平</option>
```

```
        <option value="cols">垂直</option>
        <option value="none">无</option>
      </select>
      <input type="button" onClick="oCaption=oTable.createCaption();
          oCaption.innerHTML='学生信息表';" value="设置标题">
    </p>
    <p align="center">边框宽度：
      <input type="text" onChange="oTable.border=parseInt(this.value)"
          value="1" size="3" />
      单元格填充：
      <input type="text" onChange="oTable.cellPadding=parseInt(this.value)"
          value="3" size="3" />
      单元格间距：
      <input type="text" onChange="oTable.cellSpacing=parseInt(this.value)"
          value="0" size="3" />
    </p>
    </body>
    </html>
```

8.4.2 TableRow 对象

HTML COM TableRow 对象代表一个 HTML 表格行。在 HTML 文档中，<tr>标记每出现一次，就会创建一个 TableRow 对象。

1. TableRow 对象的属性

TableRow 对象的常用属性如下。

（1）align：设置或获取在行中数据的水平排列。

（2）id：设置或获取行的 id。

（3）innerHTML：设置或获取行的开始标签和结束标签之间的 HTML 代码。

（4）rowIndex：获取该行在表格中的位置。

（5）sectionRowIndex：获取该行在 tBody、tHead 或 tFoot 中的位置。

（6）vAlign：设置或获取在行中的数据的垂直排列方式。

2. TableRow 对象的集合

TableRow 对象有一个 cells 集合，用于返回包含行中所有单元格的数组。

3. TableRow 对象的方法

TableRow 对象有以下两种方法。

（1）deleteCell 方法：删除表格行中的指定单元格（td 元素），语法如下：

```
oTableRow.deleteCell(iIndex)
```

其中，参数 iIndex 指定要删除的单元格在行 oTableRow 中的位置。

deleteCell 方法将删除表格行中指定位置上的单元格。如果参数 iIndex 小于 0 或大于等于行中的的单元格数目，则该方法将抛出异常。

（2）insertCell：在表格行指定位置上插入一个空的 td 元素，语法如下：

```
tablerowObject.insertCell(index)
```

insertCell 方法返回一个 TableCell 对象，表示新创建并被插入的 td 元素。

insertCell 方法创建一个新的 td 元素并把它插入行中的指定位置。新单元格将被插入 iIndex 指定的单元格之前。如果 iIndex 等于行中的单元格数目，则新单元格附加在行的末尾。如果参数 iIndex 小于 0 或大于等于行中的的表元数，则该方法将抛出异常。

insertCell 方法只能插入 td 数据单元格。如果需要在行中添加标题单元格，则必须使用 document.createElement 方法和 oNode.insertBefore 方法创建并插入一个 th 元素。

8.4.3　TableCell 对象

HTML DOM TableCell 对象代表一个 HTML 表格单元格。在一个 HTML 文档中，每添加一个 td 标记，就会创建一个 TableCell 对象。

TableCell 对象的常用属性如下。

（1）align：设置或获取单元格内部数据的水平排列方式。

（2）cellIndex：获取单元格在某行的单元格集合中的位置。

（3）className：设置或获取单元格的 class 属性。

（4）colSpan：设置或获取单元格横跨的列数。

（5）id：设置或获取单元格的 id。

（6）innerHTML：设置或获取单元格的开始标签和结束标签之间的 HTML 代码。

（7）rowSpan：设置或获取单元格跨越的行数。

（8）scope：设置或获取此单元格是否可提供标签信息。

（9）vAlign：设置或获取表格单元格内数据的垂直排列方式。

（10）width：设置或获取单元格的宽度。

【例 8.12】　本例说明如何使用 HTML COM 动态创建表格，如图 8.17 所示。

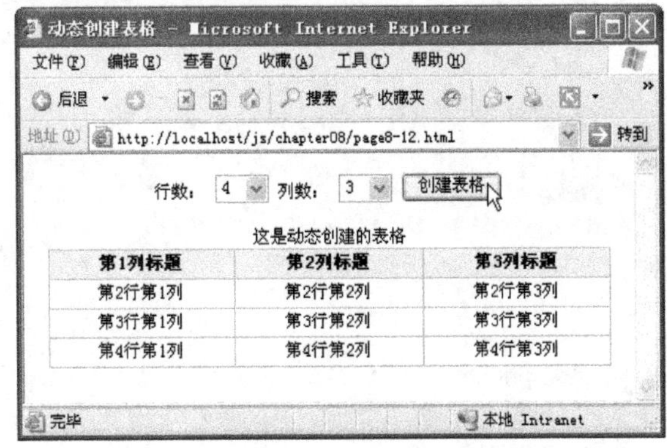

图 8.17　动态创建表格

【代码清单】

```
<!-- F:\js\chapter08\page8-12.html -->
<html>
<head>
<title>动态创建表格</title>
```

```
<script language="javascript" type="text/javascript">
<!--
  function fnCreateTable(){
    var oTable = document.getElementsByTagName("table")[0];
    if(oTable)document.body.removeChild(oTable);
    var iRowNum = document.getElementById("lstRowNum").value;
    var iColNum = document.getElementById("lstColNum").value;
    oTable = document.createElement("table");
    oTable.align = "center";
    oTable.border = "1";
    oTable.borderColor = "#66DD33";
    oTable.cellPadding = "3";
    oTable.width = "96%";
    oTable.style.borderCollapse = "collapse";
    var oCaption = oTable.createCaption();
    oCaption = "这是动态创建的表格";
    var oRow = oTable.insertRow(0);
    for(var i = 0; i < iColNum; i++){
      var oTh = document.createElement("th");            // 创建标题单元格
      oTh.bgColor = "#CCFFCC";
      oTh.innerHTML = "第" + (i + 1) + "列标题";
      oRow.appendChild(oTh);
    }

    for(i = 1; i < iRowNum; i++){
      oRow = oTable.insertRow(i);
      for(var j = 0; j < iColNum; j++){
        var oCell = oRow.insertCell(j);
        oCell.align = "center";
        oCell.innerHTML = "第" + (i + 1) + "行" + (j + 1) + "列";
      }
    }
    document.body.appendChild(oTable);
  }
//-->
</script>
</head>
<body>
<p align="center"> 行数:
  <select name="lstRowNum" id="lstRowNum">
    <option value="1">1</option>
    <option value="2">2</option>
    <option value="3">3</option>
    <option value="4">4</option>
    <option value="5">5</option>
    <option value="6">6</option>
    <option value="7">7</option>
    <option value="8">8</option>
    <option value="9">9</option>
    <option value="10">10</option>
  </select>
  列数:
  <select name="lstColNum" id="lstColNum">
```

```
        <option value="1">1</option>
        <option value="2">2</option>
        <option value="3">3</option>
        <option value="4">4</option>
        <option value="5">5</option>
        <option value="6">6</option>
        <option value="7">7</option>
        <option value="8">8</option>
        <option value="9">9</option>
        <option value="10">10</option>
    </select>
    <input type="button" onClick="fnCreateTable();" value="创建表格" />
</p>
</body>
</html>
```

习题 8

一、填空题

1. W3C DOM 包括________、________和________三个部分，划分为_____个级别。

2. HTML 文档中的节点主要分为______、______、______、______、______和______等类型。

3. 通过 document 对象的 documentElement 属性可以获取对__________的引用。

4. 在脚本中，HTML 元素的 class 属性通过关键字________来引用。

5. 在脚本中，通过 oP.________________ = "12px" 来设置节点 oP 的字号大小。

6. 要在页面上显示添加的新元素，应使用______________方法将其添加到已有节点或 body 节点。

7. insertBefore 方法把一个节点作为______________________________插入文档层次中。

8. 使用_________________方法复制节点，使用_________________方法替换节点。

9. 使用 removeChild 方法从父节点中移除各子节点时，要求被移除的节点必须是父对象的_______。

10. 使用 HTML DOM 处理表格时，用到的三个主要对象是_________、_________和__________。

二、选择题

1. 关于 DOM 节点的属性，错误的是（　　）。

   A. 文本节点的 nodeName 属性总是#text

   B. parentNode 属性指向当前节点的父节点

   C. 如果当前节点是文档节点，则其 parentNode 属性值为 null

   D. ownerDocument 属性指向文档的根节点

2. 设 oP 是指向 p 元素节点，（　　）不能用于设置段落的对齐方式。

   A. oP.attributes.getNamedItem("align") .nodeValue = "center";

   B. oP.getAttribute("align") = "center";

   C. oP.setAttribute("align", "center");

   D. oP.align = "center";

3. 访问文档中的指定节点时，错误的是（　　）。

A. 使用 document.getElementById 方法可以获取对具有指定 id 属性值的第一个对象的引用

B. 使用 document.getElementsByName 方法获取具有指定名称的对象集合

C. 使用 document.getElementsByTagName 方法获取具有指定元素名称的对象集合

D. 使用 getElementsByTagName 方法时，不会返回嵌套的子元素

4. 关于在文档中创建新节点，错误的是（　　）。

A. 使用 document.createTextNode 方法创建包含指定文本的文本节点

B. 使用 document.createAttribute 方法创建具有指定属性值的属性节点

C. 使用 document.createComment 方法创建具有指定内容的注释节点

D. 使用 document.createDocumentFragment 方法创建一个新的文档碎片

上机实验 8　文档对象模型应用

【实验目的】

1. 掌握访问节点的各种方法。

2. 掌握操作节点的各种方法。

3. 掌握使用 HTML COM 处理表格的相关属性和方法。

【实验内容】

1. 创建一个 HTML 网页，要求单击按钮时通过文本区域显示出当前页面的全部源代码。

2. 创建一个 HTML 网页，要求利用节点的相关属性访问文档中所有节点并显示出节点名称、节点的值和节点的类型。

3. 创建一个 HTML 网页，其中包含一个单选按钮组、一个下拉式列表和一个按钮，要求单击按钮时，显示出所有单选按钮的值和所有列表项的值。

4. 创建一个 HTML 网页，通过核心 DOM 方法创建元素节点、属性节点和文本节点来动态地创建表格。

5. 创建一个 HTML 网页，其中包含一个无序列表和一个按钮，要求单击按钮时使列表在无序和有序两种类型之间切换。

6. 创建一个 HTML 网页，其中包含一个有序列表和一个按钮，要求单击按钮时从列表中删除列表项。

7. 创建一个 HTML 网页，其中包含一个文本段落，要求通过文本节点的操作实现段落内文本的更改、追加、插入、删除、替换、取子串以及拆分。

8. 创建一个 HTML 网页，要求利用 HTML COM 属性对表格的属性进行设置。

9. 创建一个 HTML 网页，要求利用 HTML COM 方法动态地创建表格。

第9章 事件处理

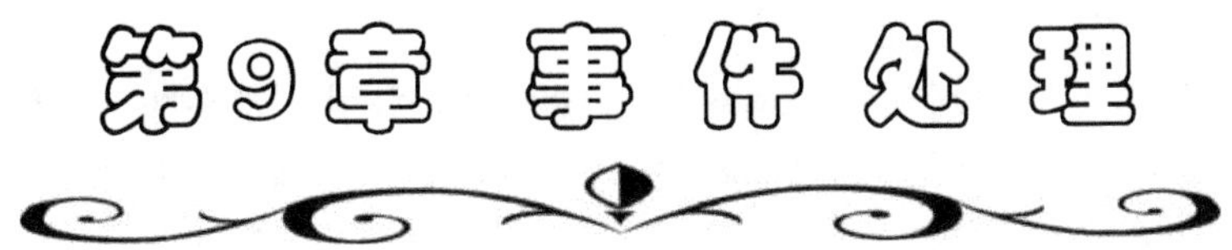

第 8 章介绍了文档对象模型，该模型 HTML 文档视为以层次结构组织的节点集合，通过访问和操作这些节点可以 HTML 文档进行处理，从而实现网页的动态更新。当用户通过浏览器操作网页时会引发各种各样的事件，JavaScript 脚本与 HTML 网页之间的交互就是通过这些事件来处理的。事件处理是 JavaScript 动态网页编程不可或缺的内容。本章讨论如何在 JavaScript 中进行事件处理，首先介绍如何设置事件属性，然后讲述 Internet Exploer 和 W3C DOM 的事件模型，最后介绍如何处理各种常用事件。

9.1 设置事件属性

所谓事件，就是用户或浏览器本身的某种行为。例如，当在浏览器中加载网页时会发生 onload 事件，当用户单击页面元素时会发生 onclick 事件，当用户在键盘上按下某个按键时会发生 onkeypress 事件，等等。使用对象的事件属性可以设置为响应某个事件而调用的函数，事件属性的名称由前缀 on 加上事件名称而构成，例如，onload、onclick 以及 onkeypress 等。事件属性的值指向某个 JavaScript 函数，可在 JavaScript 脚本或 HTML 代码中进行设置。

9.1.1 在 JavaScript 中设置事件属性

若要在 JavaScript 脚本中设置对象的事件属性，首先应当获取对要处理的对象的引用，然后把该对象的事件属性值设置为一个函数名称，语法如下：

```
object.onEventName = fnHandler;
```

其中，参数 object 表示文档中的某个对象（元素节点），参数 onEventName 表示事件属性的名称，参数 fnHandler 用于指定触发该事件时要调用的函数名称。

例如，在下面的例子中，对 div 元素设置了 onclick 事件处理函数。

```
<div id="div1">单击这里</div>
<script language="javascript" type="text/javascript">
<!--
  function fnClick(){                                    // 定义一个命名函数
    alert("hi!");
  }
  var oDiv = document.getElementById("div1");            // 获取对 div 对象的引用
  oDiv.onclick = fnClick;                                // 把事件属性设置为函数名称
//-->
```

```
</script>
```

在上述例子中，是把函数名称作为事件属性的值。在这个函数名称后面不允许使用圆括号，也不能向该函数直接传递参数。不过，触发该函数的事件（event）会作为默认的参数传入事件处理函数。

在函数名称后面不使用圆括号表示对该函数的一个引用。如果加上了圆括号，则表示对该函数的调用。此外，使用这种方法设置事件属性时，事件属性名称必须使用小写字母，只有这样，才能正确响应事件。

在 JavaScript 脚本中获取要处理的对象时，需要把脚本块放置在该对象的 HTML 代码之后，否则将无法得到该对象。

也可以把对象的事件属性设置为匿名函数。

```
<div id="div1">单击这里</div>
<script language="javascript" type="text/javascript">
<!--
  var oDiv = document.getElementById("div1");
  oDiv.onclick = function(){                    // 把事件属性设置为匿名函数
    alert("hi!");
  };
//-->
</script>
```

标准 HTML 文档支持的事件属性在表 9.1 中列出。

表 9.1　标准 HTML 文档支持的事件属性

事件属性	描　述	应用范围
onblur	当对象失去输入焦点时触发	大多数 HTML 元素和 window 对象
onchange	当对象的内容或所选内容已更改时触发	input type=text，select，textarea
onclick	当用户用鼠标左键单击对象时触发	大多数 HTML 元素，document 对象，window 对象
ondblclick	当用户双击对象时触发	大多数 HTML 元素，document 对象，window 对象
onfocus	当对象接收到焦点时触发	大多数 HTML 元素和 window 对象
onkeydown	当用户按下某个键时触发	大多数 HTML 元素和 document 对象
onkeypress	当用户按下一个字母键或数字键时触发	大多数 HTML 元素和 document 对象
onkeyup	当用户释放某个键时触发	大多数 HTML 元素和 document 对象
onload	当浏览器加载对象后立即触发	applet，body，embed，frame，frameset，iframe，img，link，script，window
onmousedown	当用户使用任一鼠标按键单击对象时触发	大多数 HTML 元素和 document 对象
onmousemove	当用户在对象上方移动鼠标时触发	大多数 HTML 元素和 document 对象
onmouseout	当用户把鼠标指针移动到对象边界之外时触发	大多数 HTML 元素和 document 对象
onmouseover	当用户把鼠标指针移动到对象时触发	大多数 HTML 元素和 document 对象
onmouseup	当用户在对象上方释放鼠标按键时触发	大多数 HTML 元素和 document 对象
onreset	当用户重置一个表单时触发	form
onselect	当前所选内容更改时触发	body，input type=text，textarea
ononsubmit	当用户提交表单时触发	form
onunload	当卸载对象前触发	body，frameset，window

【例 9.1】　本例说明如何在 JavaScript 中设置对象的事件属性，如图 9.1 所示。

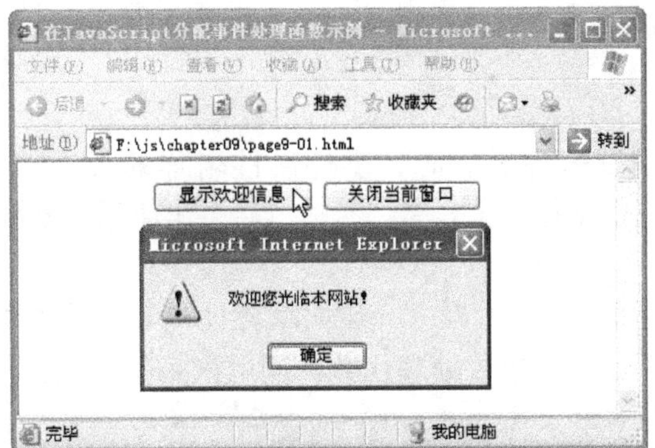

图 9.1 在 JavaScript 中设置事件属性示例

【代码清单】

```
<!-- F:\js\chapter09\page9-01.html -->
<html>
<head>
<title>设置事件属性示例</title>
</head>
<body>
<p align="center">
  <input type="button" name="btnWelcome" id="btnWelcome" value="显示欢迎信息" />
  <input type="button" name="btnClose" id="btnClose" value="关闭当前窗口" /></p>
<script language="javascript" type="text/javascript">
<!--
  var btnWelcome = document.getElementById("btnWelcome");
  var btnClose = document.getElementById("btnClose");
  btnWelcome.onclick = function(){
    alert("欢迎您光临本网站！");
  };
  btnClose.onclick = function(){
    window.opener = null;
    window.close();
  }
//-->
</script>
</body>
</html>
```

9.1.2 在 HTML 中设置事件属性

若要在 HTML 代码中设置事件属性，应当在 HTML 标记中添加事件属性并将该属性值设置为 JavaScript 语句。

例如，在下面的例子中，对 div 元素分配了 onclick 事件处理函数。

```
<div id="div1" onclick="alert('hi');">单击这里</div>
```

在上述例子中，onclick 属性值是对 window 对象的 alert 方法的调用，这个函数调用代码被封装在一个匿名函数中，这段 HTML 代码实际上执行了下面的 JavaScript 脚本：

```
oDiv.onclick = function(){
  alert("hi!");
};
```

在 HTML 标记中设置事件属性时，事件属性名称的大小写形式没有限制，例如，onclick 也可以写成 onClick 或 OnClick 等。不过，如果要使用标准的 XHTML 代码，则事件属性名称必须全部使用小写字母。

在 HTML 标记中设置事件属性时，允许向事件处理函数传递参数值。例如，在下面的例子中，为文本框分配了 onblur 事件处理函数，调用该函数时向其传递了文本框的值：

```
<script language="javascript" type="text/javascript">
<!--
  function fnCheck(sValue){
    if(!sValue)alert("文本框不能为空！");
  }
//-->
</script>
<input type="text" onblur="fnCheck(this.value);" />
```

在上述 input 标记中，关键字 this 表示该文本框本身。

在 HTML 标记中设置事件属性时，还可以把事件属性值设置为一个返回布尔值的 return 语句。如果这个 return 语句返回 ture，则执行该事件的默认行为；如果返回 false，则取消该事件的默认行为。对于 HTML 元素的不同事件，当相应的事件处理函数返回 false 值时效果是有所不同的。

- 对于超链接（a 元素）的 click 事件，取消链接的导航作用（即不发生页面跳转）。
- 对于提交按钮的 click 或表单的 submit 事件，取消表单的提交。
- 对于单选按钮或复选框的 click 事件，阻止选择该选项。
- 对于 keydown 或 keypress 事件，取消该事件。

【例 9.2】 本例说明如何在 HTML 中设置事件属性并使用返回值来更改 HTML 元素的默认行为，运行结果如图 9.2 所示。

图 9.2 使用返回值更改默认行为示例

【代码清单】

```
<!-- F:\js\chapter09\page9-02.html -->
<html>
<head>
<title>使用返回值更改默认行为示例</title>
</head>

<body>
<!-- 单击“新浪网”链接时永远不能进入该网站 -->
<p><a href="http://www.sina.com.cn" onclick="return false;">新浪网</a></p>
<!-- 单击“央视国际”链接时弹出一个确认框，单击“取消”按钮则不能转向该网站 -->
<p><a href="http://www.cctv.com"
       onclick="return confirm('进入央视国际网站吗？');">央视国际</a></p>
```

```
</body>
</html>
```

9.1.3 使用代码触发事件

通常情况下，对象的事件是由于用户操作或窗口行为而触发的。除此之外，也可以通过在 JavaScript 脚本中调用对象的某些方法来触发事件。

下面列出能够触发事件的方法。

（1）blur：使元素失去焦点并触发 onblur 事件，语法如下：

```
object.blur();
```

blur 方法将焦点离开指定元素，但不会将焦点设置在 Tab 键顺序的下一个元素上。

（2）click：通过引起 onclick 事件触发来模拟一个鼠标单击，语法如下：

```
object.click();
```

使用 click 方法模拟鼠标单击时，不会使指定元素获得焦点。

（3）focus：导致元素收到焦点并执行由 onfocus 事件指定的代码，语法如下：

```
object.focus();
```

（4）select：选取文本域中的内容，语法如下：

```
object.select();
```

（5）reset：把表单中的元素重置为它们的默认值，语法如下：

```
oForm.reset();
```

调用 reset 方法的作用等价于用户单击了重置按钮，只是表单 oForm 的 onreset 事件不会被触发。

（6）submit：用于提交表单，语法如下：

```
oForm.submit();
```

调用 submit 方法的作用等价于用户单击了提交按钮，只是表单 oForm 的 onsubmit 事件不会被触发。

【例 9.3】 本例说明如何在 HTML 中设置事件属性并对表单数据进行检查，以及通过调用相关方法来设置输入焦点和重置表单，如图 9.3 所示。

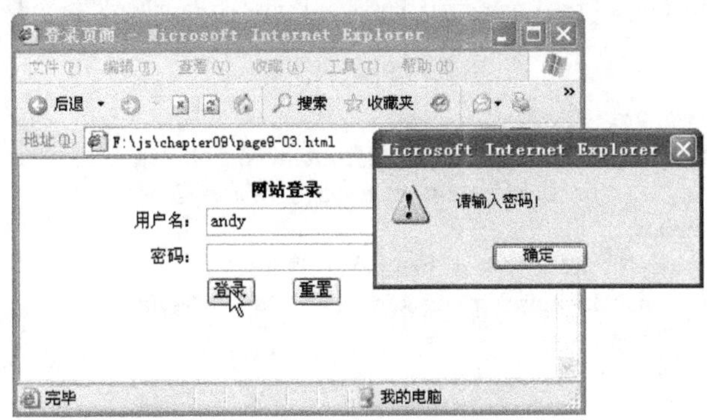

图 9.3 在 HTML 中设置事件属性示例

【代码清单】

```
<!-- F:\js\chapter09\page9-03.html -->
<html>
<head>
<title>登录页面</title>
<script language="javascript" type="text/javascript">
<!--
  function fnCheck(){
    var username = document.form1.txtUsername.value;
    var password = document.form1.txtPassword.value;
    if(username == ""){
      alert("请输入用户名!");
      document.form1.txtUsername.focus();
      return false;
  }
    if(password == ""){
      alert("请输入密码!");
      document.form1.txtPassword.focus();
      return false;
    }
  }
//-->
</script>
</head>
<body>
<form action="" method="post" name="form1" id="form1"
        onsubmit="alert('表单已被提交！');">
  <table width="300" align="center">
    <tr>
      <th colspan="2">网站登录</th>
    </tr>
    <tr>
      <td width="80" align="right">用户名：</td>
      <td><input type="text" name="txtUsername" id="txtUsername" /></td>
    </tr>
    <tr>
      <td align="right">密码：</td>
      <td><input type="text" name="txtPassword" id="txtPassword" /></td>
    </tr>
    <tr>
      <td> </td>
      <td><input name="btnRegister" type="submit" id="btnRegister"
                    onclick="return fnCheck();" value="登录" />
        
      <input name="btnReset" type="button" id="btnReset"
                onclick="this.form.reset()" value="重置" /></td>
    </tr>
  </table>
</form>
</body>
</html>
```

9.2 Internet Explorer 的事件模型

Internet Explorer 3 首次引入了事件，目的是把一些在服务器上实现的功能转移到客户端来完成，以节省往返服务器的时间。随着浏览器版本屡次升级，事件模型也在不断完善，早期的事件主要用于处理表单数据，今天则可以支持更多的网页元素。

9.2.1 设置事件属性

除了在 JavaScript 或 HTML 设置对象的事件属性外，Internet Explorer 还提供以下两种方法来设置事件属性。

1．使用扩展的 script 标记

在本书第 1 章中已经介绍过，当使用 Internet Explorer 浏览器的事件模型时，可以通过 script 标记的 event 属性和 for 属性把某个对象与指定事件联系起来，语法如下：

```
<script language="javascript" type="text/javascript"
            for="elementID" event="eventName">
  事件处理程序代码
</script>
```

其中，for 属性的值为某个页面元素的 ID，event 属性的值则是该元素的事件名称，该元素必须支持 event 属性指定的事件。

2．使用 attachEvent 方法

使用 Internet Explorer 的事件模型时，还可以使用 attachEvent 方法把指定的函数绑定到某个事件上，每当触发对象上指定的事件时将调用该函数，语法如下：

```
bSuccess = object.attachEvent(sEvent, fnNotify);
```

其中，参数 sEvent 指定事件的名称，参数 fnNotify 指向触发事件要调用的函数，参数 object 可以是 window 对象、document 对象以及各种 HTML 元素。

attachEvent 方法返回一个 Boolean 值。如果为 true，则表明该函数已成功绑定到指定的事件；如果为 false，则表明该函数未绑定到指定的事件。

使用 attachEvent 方法可以对同一事件分配多个事件处理函数。例如，在下面的代码对 div 元素的 onclick 事件附加了两个事件处理函数。

```
<div id="div1">单击这里</div>
<script language="javascript" type="text/javascript">
<!--
  var fnClick1 = function(){
    alert("div 元素被单击！");
  };
  var fnClick2 = function(){
    alert("呵呵，div 元素被单击了！");
  };
  var oDiv = document.getElementById("div1");
  oDiv.attachEvent("onclick", fnClick1);
  oDiv.attachEvent("onclick", fnClick2);
```

```
//-->
</script>
```

对于已经绑定到某个事件上的函数，可以使用 detachEvent 方法将其解除，这样当触发该事件时不再调用这个函数。语法如下：

```
object.detachEvent(sEvent, fpNotify);
```

其中，参数 sEvent 指定一个事件名称，参数 fpNotify 指定先前使用 attachEvent 分配的事件处理函数。

【例 9.4】 本例说明如何通过 attachEvent 方法为对象的指定事件附加事件处理函数以及使用 detachEvent 方法分离先前附加的事件处理程序，运行结果如图 9.4 和图 9.5 所示。

图 9.4 附加事件

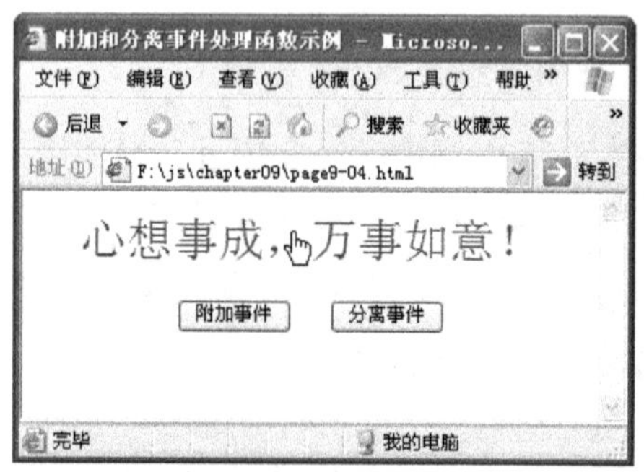

图 9.5 测试已附加的事件

【代码清单】

```
<!-- F:\js\chapter09\page9-04.html -->
<html>
<head>
<title>附加和分离事件处理函数示例</title>
<style type="text/css">
<!--
  input{font-size:9pt;}
-->
</style>
<script language="javascript" type="text/javascript">
<!--
  var fnSetText1 = function(){
    var oDiv = document.getElementById("div1");
    oDiv.style.color = "red";
    oDiv.style.fontSize = "22pt";
    oDiv.style.cursor = "hand";
  };
  var fnSetText2 = function(){
    var oDiv = document.getElementById("div1");
    oDiv.style.color = "black";
    oDiv.style.fontSize = "9pt";
    oDiv.style.cursor = "default";
  };
  function fnAttachEvent(){
    var oDiv = document.getElementById("div1");
```

```
        oDiv.attachEvent("onmouseover", fnSetText1);
        oDiv.attachEvent("onmouseout", fnSetText2);
    }
    function fnDetachEvent(){
        var oDiv = document.getElementById("div1");
        oDiv.detachEvent("onmouseover", fnSetText1);
        oDiv.detachEvent("onmouseout", fnSetText2);
    }
//-->
</script>
</head>
<body>
<div id="div1" align="center">心想事成，万事如意！</div>
<p align="center">
    <input type="button" onclick="fnAttachEvent();" value="附加事件" />  
    <input type="button" onclick="fnDetachEvent();" value="分离事件" />
</p>
</body>
</html>
```

9.2.2 事件对象

当在 Internet Explorer 中浏览器中发生一个事件时，浏览器将创建一个 event 事件对象，在事件处理函数中可以通过访问该对象来获取所发生事件时的各种信息，包括触发事件的对象、事件发生时的键盘按键状态、鼠标指针位置以及鼠标按键状态等。

event 对象是 window 对象的一个属性，在脚本中可以通过 window.event 形式来访问。event 对象本身的常用属性如下。

（1）altKey：获取或设置一个布尔值，指定 Alt 键的状态，true 表示按下 Alt 键，false 表示没有按下。

（2）altLeft：获取或设置一个布尔值，指示左 Alt 键的状态，true 表示按下左 Alt 键，false 表示没有按下。

（3）button：获取或设置用户单击的鼠标按键。该属性的可能值如下：0 表示未按下按键，1 表示按下左键，2 表示按下右键，3 表示同时按下左右按键，4 表示按下中键，5 表示按下左键和中键，6 表示按下右键和中键，7 表示同时按下左中右键。

（4）cancelBubble：获取或设置当前事件是否应冒泡到事件处理程序的层次结构上。如果设置为 true，则停止事件向上冒泡。

（5）clientX：获取或设置鼠标指针的位置相对于窗口的客户区（不包括窗口的工具栏和滚动条等部分）的 x 坐标。

（6）clientY：获取或设置鼠标指针的位置相对于窗口的客户区（不包括窗口的工具栏和滚动条等部分）的 y 坐标。

（7）ctrlKey：获取或设置一个布尔值，指定 Ctrl 键的状态，true 表示按下 Ctrl 键，false 表示没有按下。

（8）ctrlLeft：获取或设置一个布尔值，指示左 Ctrl 键的状态，true 表示按下左 Ctrl 键，false 表示没有按下。

（9）fromElement：获取或设置鼠标正在离开的对象，用于 onmouseover 和 onmouseout 事件。

（10）keyCode：获取或设置与键盘事件相关联的 Unicode 键代码，用于键盘事件。

（11）offsetX：获取或设置鼠标指针相对于引发事件的对象的 x 坐标。

（12）offsetY：获取或设置鼠标指针相对于引发事件的对象的 y 坐标。

（13）repeat：获取或设置是否重复触发 onkeydown 事件。

（14）returnValue：获取或设置事件处理函数的返回值。

（15）screenX：获取或设置鼠标指针相对于屏幕的 x 坐标。

（16）screenY：获取或设置鼠标指针相对于屏幕的 y 坐标。

（17）shiftKey：获取或设置一个布尔值，指定 Shift 键的状态，true 表示按下 Shift 键，false 表示没有按下。

（18）shiftLeft：获取或设置一个布尔值，指示左 Shift 键的状态，true 表示按下左 Shift 键，false 表示没有按下。

（19）srcElement：获取或设置触发事件的对象。

（20）toElement：获取或设置鼠标正在进入的对象，用于 onmouseover 和 onmouseout 事件。

（21）type：获取或设置事件的名称。

（22）x：获取或设置鼠标指针相对于触发事件的元素的父元素的 x 坐标。

（23）y：获取或设置鼠标指针相对于触发事件的元素的父元素的 y 坐标。

【例 9.5】　本例说明如何结合 onmousedown 事件使用事件对象来检查与事件相关的信息，运行结果如图 9.6 和图 9.7 所示。

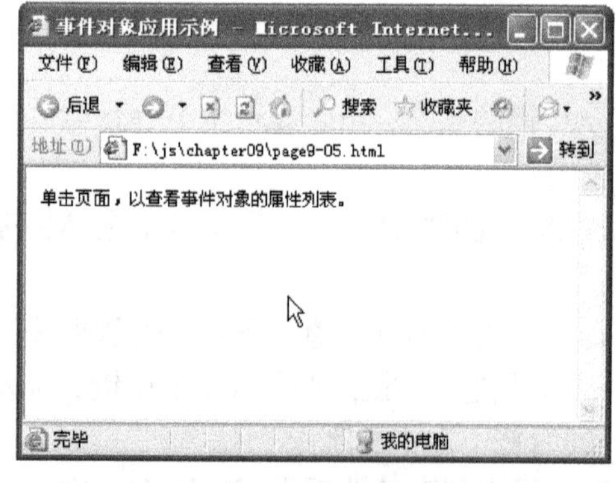

图 9.6　单击页面

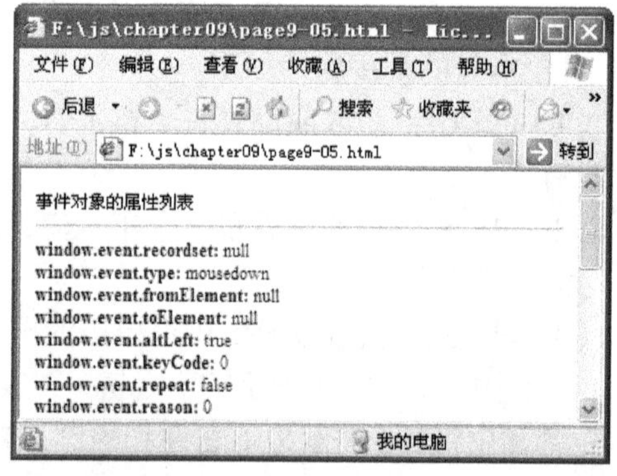

图 9.7　显示事件对象的属性列表

【代码清单】

```
<!-- F:\js\chapter09\page9-05.html -->
<html>
<head>
<title>事件对象应用示例</title>
<script language="javascript" type="text/javascript">
<!--
  var fnMouseDown = function(){
    document.writeln("事件对象的属性列表<hr />");
    for(var sProperty in window.event){
      document.writeln(("window.event." + sProperty + ":").bold());
```

```
            document.writeln(window.event[sProperty] + "<br/>");
        }
    }
    document.onmousedown = fnMouseDown;
//-->
</script>
</head>
<body>
单击页面，以查看事件对象的属性列表
</body>
</html>
```

9.2.3 事件冒泡

在 Internet Explorer 中，大多数事件传递的方向是从发生事件的对象开始，自下而上依次向对象所属的父节点传递，这种事件模型也称为事件冒泡。冒泡的事件会沿着父节点一直向上，沿途会触发多个对象的事件。不过，也有一些个别事件不会冒泡。例如，表单提交（onsubmit）和获得焦点（onfocus），这一类事件仅发生在特定的层次，只会触发特定的事件。

如果希望阻止事件向上冒泡，则应当在当前事件的事件处理函数中把事件对象 event 的 cancelBubble 属性设置为 true。

【例 9.6】 本例说明如何通过事件对象的 cancelBubble 属性来设置是否允许事件向上冒泡，运行结果如图 9.8 和图 9.9 所示。

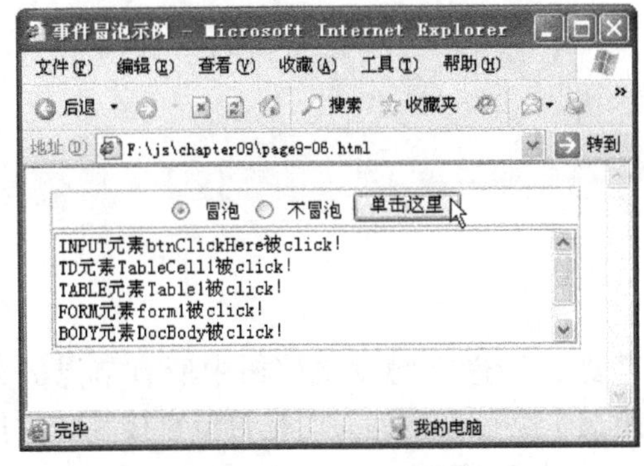

图 9.8 允许事件冒泡

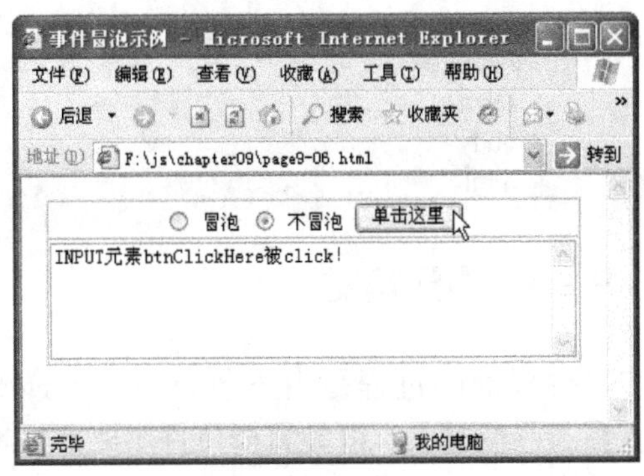

图 9.9 停止事件冒泡

【代码清单】

```
<!-- F:\js\chapter09\page9-06.html -->
<html>
<head>
<title>事件冒泡示例</title>
<script language="javascript" type="text/javascript">
<!--
    function fnDoClick(o){
        document.getElementById("txtBubbleInfo").value += o.tagName + "元素" +
                        o.id + "被" + window.event.type + "! \n";
    }
```

```
    function fnClickButton(o){
        document.getElementById("txtBubbleInfo").value = "";
        fnDoClick(o);
        window.event.cancelBubble = !(document.getElementById("radio1").checked);
    }
//-->
</script>
</head>
<body id="DocBody" onclick="fnDoClick(this);">
<form name="form1" id="form1" onclick="fnDoClick(this);">
    <table id="Table1" width="318" border="1" align="center"
                cellspacing="0" onclick="fnDoClick(this);">
        <tr id="TableRow1">
            <td id="TableCell1" align="center" valign="middle"
                onclick="fnDoClick(this);">
                <input name="radBubble" type="radio" id="radio1"
                        onclick="window.event.cancelBubble=true;"
                        value="1" checked="checked" />冒泡
                <input name="radBubble" type="radio" id="radio2"
                        onclick="window.event.cancelBubble=true;" value="0" />不冒泡
                <input id="btnClickHere" name="btnClickHere" type="button"
                        onclick="fnClickButton(this);" value="单击这里" />
            </td>
        </tr>
        <tr>
            <td><textarea name="txtBubbleInfo" id="txtBubbleInfo"
                        cols="50" rows="5"></textarea></td>
        </tr>
    </table>
</form>
</body>
</html>
```

9.2.4　事件转发

事件冒泡的过程是由子节点向上传递到父节点，沿途将触发文档树中所有节点的事件。在某些情况下，可能希望事件不要严格地按照这个路径来传递，而是希望直接跳转到指定的节点，这可以通过对指定的节点调用 fireEvent 方法来实现。

fireEvent 方法用于在对象上触发指定的事件，语法如下：

```
bFired = object.fireEvent(sEvent [, oEventObject]);
```

其中，参数 sEvent 指定要触发的事件名称；参数 oEventObject 指定事件对象。

fireEvent 方法返回一个 Boolean 值，如果为 true，则表明事件触发成功，如果为 false，则事件被取消。如果不能取消事件触发，则 fireEvent 方法总是返回 true 值。

无论在事件对象中如何设置 cancelBubble、returnValue、srcElement 和 type 属性的值，它们总是自动初始化为下面的值。

- cancelBubble：false。
- returnValue：true。
- srcElement：在其上触发事件的元素。

➢ type：所触发事件的名称。

【例 9.7】　本例说明如何通过调用 fireEvent 方法把一个对象上的事件转发到其他对象上，运行结果如图 9.10 和图 9.11 所示。

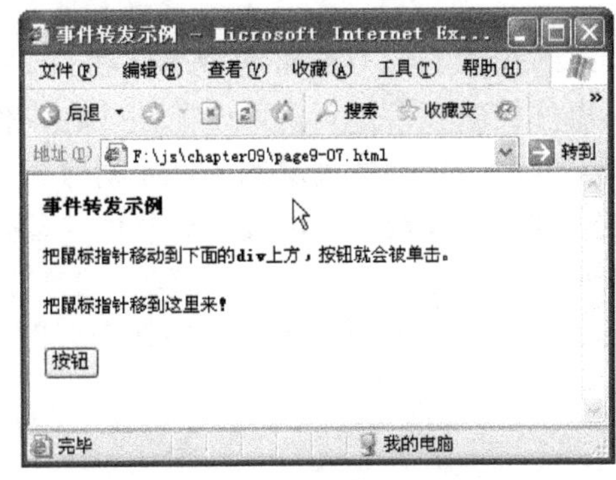

图 9.10　允许事件冒泡

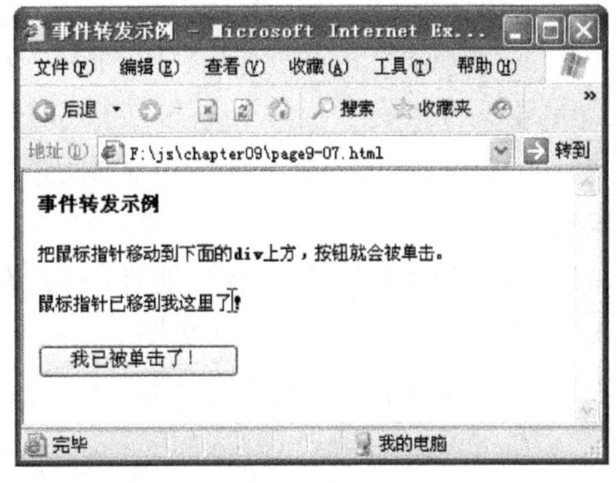

图 9.11　停止事件冒泡

【代码清单】

```
<!-- F:\js\chapter09\page9-07.html -->
<html>
<head>
<title>事件转发示例</title>
<script language="javascript" type="text/javascript">
<!--
  function fnFireEvents(){
    oDiv.innerText = "鼠标指针已移到我这里了！ ";
    oButton.fireEvent("onclick", window.event);
  }
//-->
</script>
</head>
<body>
<h3>事件转发示例</h3>
<p>把鼠标指针移动到下面的<strong>div</strong>上方，按钮就会被单击</p>
<div id="oDiv" onmouseover="fnFireEvents();">
    把鼠标指针移到这里来！ </div>
<p><input type="button" id="oButton"
        onclick="this.innerText='我已被单击了！ '" value="按钮" /></p>
</body>
</html>
```

9.3　DOM 的事件模型

事件是文档对象模型的组成部分，但在 DOM Level 1 中并没有定义任何事件。制定 DOM Level 2 时只是定义了少量的事件，在 DOM Level 3 中则定义了完整的事件。不同的浏览器对 DOM 事件模型的支持有所不同，但一些基本性质是相同的。下面介绍 DOM Level 2 的事件模型，所给出的一些例子应使用支持 DOM 事件模型的浏览器（如 Mozilla Firefox）

进行测试。

9.3.1 设置事件属性

在 DOM Level 2 的事件模型中，同时支持 Internet Explorer 4.0 的冒泡型事件和 Netscape Navigator 4.0 的捕获型事件，事件传播的过程包括事件捕获和事件冒泡两个阶段。在事件捕获阶段，事件从最顶层的 window 对象出发依次向下传播，直到最底层的 COM 对象，然后转入事件冒泡阶段，事件从底层向上冒泡，直到最顶层的 window 对象。在事件传播过程中，沿途经过的每个对象的事件处理函数都将被调用。

在 DOM Level 2 中，可以使用 addEventListener 方法把指定的函数绑定到某个事件上，每当触发对象上指定的事件时将调用该函数，语法如下：

```
oElement.addEventListener(sEevent, fnHandler, bCapture);
```

其中，参数 oElement 指定需要绑定事件处理函数的对象；参数 sEevent 指定事件名称（如 click）；参数 fnHandler 指定要绑定的事件处理函数（也称事件监听函数）；参数 bCapture 设置事件触发阶段，如果指定为 true，则事件在捕获阶段触发，如果指定为 false，则事件在冒泡阶段触发。

使用 addEventListener 方法可以对同一事件分配多个事件处理函数。例如，在下面的例子中为 div 元素的 click 事件分配了两个事件处理函数。

```
<div id="div1">单击这里</div>
<script language="javascript" type="text/javascript">
<!--
  var fnClick1 = function(){
    alert("我被单击了！");
  };
  var fnClick2 = function(){
    alert("我又被单击了！");
  };

  oDiv = document.getElementById("div1");
  oDiv.addEventListener("click", fnClick1, false);
  oDiv.addEventListener("click", fnClick2, false);
//-->
</script>
```

对于使用 addEventListener 方法绑定的事件处理函数，可以使用 removeEventListener 方法来移除，语法如下：

```
oElement.removeEventListener(sEevent, fnHandler, bCapture);
```

其中各参数与 addEventListener 方法的参数相对应。

如果使用 addEventListener 在某个阶段分配了事件处理函数，则调用 removeEventListener 时也必须指定是这个阶段，只有这样才能正确移除该事件处理函数。反之，如果在一个阶段（如捕获阶段）分配了事件处理函数，然后尝试在另一个阶段（如冒泡阶段）移除该事件处理函数，这样做虽然不会出现错误，但是却不能移除指定的事件处理函数。

【例 9.8】 本例说明如何通过 addEventListener 方法在事件的不同阶段分配事件处理函数，运行结果如图 9.12 所示。

图 9.12 设置 DOM 事件监听函数

【代码清单】

```
<!-- F:\js\chapter09\page9-08.html -->
<html>
<head>
<title>设置 DOM 事件监听函数</title>
<style type="text/css">
<!--
  input, textarea{font-size:9pt;}
-->
</style>
</head>
<body>
<div id="div1" align="center">
  <p id="p1"><input id="button1" type="button" value="单击这里" /></p>
  <p><textarea name="txtEventInfo" cols="45" rows="7"
        id="txtEventInfo"></textarea></p>
</div>
<script language="javascript" type="text/javascript">
<!--
  var oBody = document.body;
  var oDiv = document.getElementById("div1");
  var oP = document.getElementById("p1");
  var oButton = document.getElementById("button1");
  var oText = document.getElementById("txtEventInfo");
  // 定义捕获阶段调用的事件处理函数
  // 发生事件时自动向事件处理函数传递 event 对象
  var fnClick1 = function(e){
    // 使用 event 对象的 currentTarget 属性获取引起对象的元素
    oText.value += "事件捕获阶段：" + e.currentTarget + "\n";
  };
  // 定义冒泡阶段调用的事件处理函数
  var fnClick2 = function(e){
    oText.value += "事件冒泡阶段：" + e.currentTarget + "\n";
  };
  // 在捕获阶段设置事件处理函数
  window.addEventListener("click", fnClick1, true);
```

```
    document.addEventListener("click", fnClick1, true);
    oBody.addEventListener("click", fnClick1, true);
    oDiv.addEventListener("click", fnClick1, true);
    oP.addEventListener("click", fnClick1, true);
    oButton.addEventListener("click", fnClick1, true);
    // 在冒泡阶段设置事件处理函数
    window.addEventListener("click", fnClick2, false);
    document.addEventListener("click", fnClick2, false);
    oBody.addEventListener("click", fnClick2, false);
    oDiv.addEventListener("click", fnClick2, false);
    oP.addEventListener("click", fnClick2, false);
    oButton.addEventListener("click", fnClick2, false);
//-->
</script>
</body>
</html>
```

9.3.2 事件对象

在 DOM 规范中，事件对象作为唯一的参数传递给事件处理函数。在定义事件处理函数时通常需要为该函数设置一个参数，该参数的名称为 event。与 Internet Explorer 事件对象相比，DOM 事件对象包含了相似的属性，不过也有所不同，而且 DOM 事件对象还包含一些用于控制事件的方法。

在 DOM 事件模型中，事件对象包含以下属性。

（1）altKey：获取或设置 Alt 键的状态，其值是一个 Boolean 值，true 表示按下 Alt 键，false 表示没有按下。

（2）bubbles：返回一个 Boolean 值，表示事件是否正处在冒泡阶段。

（3）button：获取或设置鼠标事件中单击的鼠标按键，其值是一个整数，0 表示未按下任何按键，1 表示按下左键，2 表示按下右键，3 表示同时按下左键和右键，4 表示按下中键，5 表示按下左键和中键，6 表示按下右键和中键，7 同时表示左中右键。

（4）cancelable：返回一个 Boolean 值，表示事件能否取消。

（5）cancelBubble：返回一个 Boolean 值，表示事件冒泡是否已被取消。

（6）charCode：返回一个整数值，表示按下的按键的 Unicode 代码值。

（7）clientX：返回一个整数值，表示鼠标指针在客户区域（不包含工具栏和滚动条等）的 x 坐标。

（8）clientY：返回一个整数值，表示鼠标指针在客户区域（不包含工具栏和滚动条等）的 x 坐标。

（9）ctrlKey：返回一个 Boolean 值，表示 Ctrl 键的状态，true 表示按下 Ctrl 键，false 表示没有按下。

（10）currentTarget：用于事件所指向的元素。

（11）detail：返回一个整数，表示单击鼠标的次数。

（12）eventPhase：返回一个整数，表示事件当前所处的阶段，1 表示在捕获阶段，2 表示在目标上，3 表示在冒泡阶段。

（13）isChar：返回一个 Boolean 值，表示按下的按键是否有相关联的字符。

（14）keyCode：获取或设置一个整数，表示按下的按键的数字编码。

（15）pageX，返回一个整数，表示鼠标指针相对于页面的 x 坐标。

（16）pageY，返回一个整数，表示鼠标指针相对于页面的 y 坐标。

（17）relateTarget：用于获取事件的第二目标，常用于鼠标事件。

（18）screenX：返回一个整数，表示鼠标指针相对于屏幕的 x 坐标。

（19）screenY：返回一个整数，表示鼠标指针相对于屏幕的 y 坐标。

（20）shiftKey：返回一个 Boolean 值，表示 Shift 键的状态。

（21）target：用于获取引起事件的元素。

（22）timestamp：返回一个整数，表示发生事件的时间，其值为从 1970 年 1 月 1 日 0:00 开始的毫秒数。

（23）type：返回一个字符串，表示事件的名称。

【例 9.9】　本例说明如何通过查看 DOM 事件对象的成员列表，运行结果如图 9.13 所示。

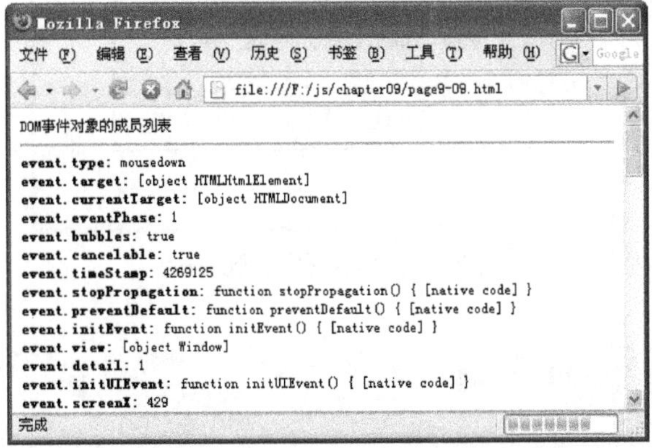

图 9.13　查看 DOM 事件对象的成员列表

【代码清单】

```
<!-- F:\js\chapter09\page9-09.html -->
<html>
<head>
<title>DOM 事件对象的成员列表</title>
<script language="javascript" type="text/javascript">
<!--
  var fnMouseDown = function(event){
document.writeln("DOM 事件对象的成员列表<hr />");
      for(var sProperty in event){
         document.writeln(("event." + sProperty + ":").bold());
         document.writeln(event[sProperty] + "<br />");
      }
  };
  document.addEventListener("mousedown", fnMouseDown, true);
//-->
</script>
</head>
<body>
```

```
单击页面，以查看 DOM 事件对象的属性和方法列表
</body>
</html>
```

9.3.3 取消事件的默认行为

在 9.1.2 节中曾经介绍过，当在 HTML 标记中设置事件属性时，如果把事件属性设置为一个 return 语句并返回 false 值，则可以取消该事件的默认行为。在 DOM 事件模型中，如果在事件处理函数中调用事件对象的 preventDefault 方法，也可以用于阻止该事件的默认行为。

【例 9.10】 本例说明如何通过调用 preventDefault 取消事件的默认行为，如图 9.14 所示。

图 9.14 取消事件的默认行为

【代码清单】

```
<!-- F:\js\chapter09\page9-10.html -->
<html>
<head>
<title>取消事件的默认行为</title>
</head>
<body>
<a href="http://www.baidu.com" id="link1">百度搜索</a>
<script language="javascript" type="text/javascript">
<!--
  var fnCancelClick = function(event){
    event.preventDefault();
    alert("您单击了超链接，但不能跳转到目标页面！");
  };
  var oLink = document.getElementById("link1");
  oLink.addEventListener("click", fnCancelClick, true);
//-->
</script>
</body>
</html>
```

9.3.4 阻止事件的传播

在 Internet Explorer 事件模型中，通过把事件对象的 cancelBubble 属性设置为 true，可

以阻止事件进一步冒泡。在 DOM 事件模型中，使用事件对象的 stopPropagation 方法可以阻止事件传播到下一个事件目标，并且这对所有事件阶段中的事件都是有效的，语法如下：

```
event.stopPropagation();
```

其中，event 表示事件对象。

【例 9.11】 本例说明如何通过调用 stopPropagation 阻止事件的传播，如图 9.15 所示。

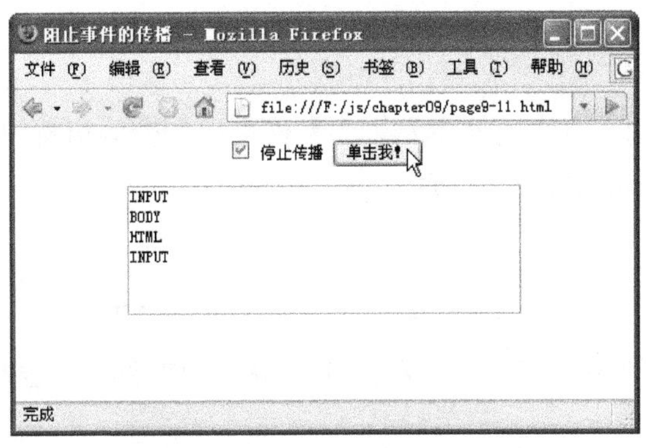

图 9.15　阻止事件的传播

【代码清单】

```
<!-- F:\js\chapter09\page9-11.html -->
<html>
<head>
<title>阻止事件的传播</title>
<style type="text/css">
<!--
  p, input, textarea{font-size:9pt;}
-->
</style>
</head>
<body>
<p align="center">
  <input id="chkStop"   type="checkbox"onclick="event.stopPropagation();" />
  停止传播
  <input id="btnClickMe" type="button" value="单击我！" />
</p>
<p align="center">
  <textarea name="txtEventInfo" cols="45" rows="5"
       id="txtEventInfo" onClick="event.stopPropagation();"></textarea>
</p>
<script language="javascript" type="text/javascript">
<!--
  function fnClick(event){
    document.getElementById("txtEventInfo").value += event.currentTarget.tagName
                    + "\n";
    if(document.getElementById("chkStop").checked)event.stopPropagation();
  }
  document.documentElement.addEventListener("click", fnClick, false);
```

```
    document.body.addEventListener("click", fnClick, false);
    document.getElementById("btnClickMe").addEventListener("click", fnClick, false);
//-->
</script>
</body>
</html>
```

9.4 常用事件

按照触发事件的原因，在浏览器中发生的事件可以划分为鼠标事件、键盘事件、HTML 事件等类型。下面对常用的事件进行讨论。

9.4.1 鼠标事件

鼠标事件是当用户使用鼠标进行某种操作时触发的事件，也是动态网页编程时最常用的事件类型。

1．鼠标事件的种类

当用户使用鼠标在浏览器中进行某种操作时，将会触发以下鼠标事件。

- onclick：当用户单击鼠标左键时触发。如果单击鼠标右键则不会触发。当输入焦点在按钮上并且用户按下了 Enter 键，也会触发 onclick 事件。
- ondblclick：当用户双击鼠标左键时触发。当用户双击鼠标右键时不会触发。
- onmousedown：当用户单击任一鼠标按键时触发。
- onmouseout：当鼠标指针在某个元素上并且用户正在将其移出该元素的边界时触发。
- onmouseover：当鼠标指针移动到某个元素上时触发。
- onmouseup：当用户松开任一鼠标按键时触发。
- onmouseover：当用户在某个元素上持续移动鼠标指针时触发。

2．鼠标事件的属性

当触发鼠标事件时，可以通过事件对象的以下属性来获取相关信息。

- 通过 target（DOM）或 scrElement（Internet Explorer）属性获取触发事件的元素。
- 通过 type 属性获取事件的类型名称。
- 通过 clientX 和 clientY 等属性获取鼠标指针在客户区域的位置坐标。
- 通过 altKey、ctrlKey、shiftKey 属性获取 Alt、Ctrl 和 Shift 键的状态。
- 通过 button 属性获取鼠标按键的信息（不适用于单击和双击事件）。

【例 9.12】 本例说明如何通过事件对象属性来获取鼠标事件的相关信息，如图 9.16 所示。

【代码清单】

```
<!-- F:\js\chapter09\page9-12.html -->
<html>
<head>
```

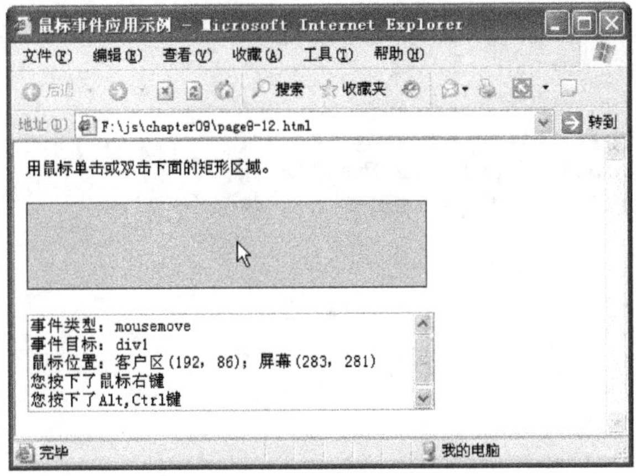

图 9.16　鼠标事件应用示例

```
<title>鼠标事件应用示例</title>
<style type="text/css">
<!--
  #div1{left:8px; top:51px; width:328px; height:68px;
          border: 1px solid #FF0000;
          font-size:9pt; background-color: #FFCC33;
  }
-->
</style>
<script language="javascript" type="text/javascript">
<!--
  var fnHandleMouseEvent = function(oEvent){
    var aButtons = ["未按下鼠标按键", "按下了鼠标左键",
                    "按下了鼠标右键", "同时按下了鼠标左键和右键"];
    var aKeys = new Array();
    var oTextbox = document.getElementById("txtEventInfo");
    oTextbox.value = "";
    if(window.event){
      oEvent = window.event;
    }
    oTextbox.value += "事件类型：" + oEvent.type + "\n";
    oTextbox.value += "事件目标：" + (oEvent.target || oEvent.srcElement).id + "\n";
    oTextbox.value += "鼠标位置：客户区(" + oEvent.clientX + "，" +
                      oEvent.clientY + ")";
    oTextbox.value += "；屏幕(" + oEvent.screenX + "，" + oEvent.screenY + ")\n";
    oTextbox.value += "您" + aButtons[oEvent.button] + "\n";
    if(oEvent.altKey)aKeys.push("Alt");
    if(oEvent.ctrlKey)aKeys.push("Ctrl");
    if(oEvent.shiftKey)aKeys.push("Shift");
    if(aKeys.length != 0)oTextbox.value += "您按下了" + aKeys + "键";
  };
//-->
</script>
</head>
<body>
<p>用鼠标单击或双击下面的矩形区域</p>
<div id="div1" onclick="fnHandleMouseEvent(event);"
```

```
            ondblclick="fnHandleMouseEvent(event);"
            onmousedown="fnHandleMouseEvent(event);"
            onmousemove="fnHandleMouseEvent(event);"
            onmouseout="fnHandleMouseEvent(event);"
            onmouseover="fnHandleMouseEvent(event);"
            onmouseup="fnHandleMouseEvent(event);">
</div>
<p><textarea name="txtEventInfo" cols="45"
       rows="5" id="txtEventInfo"></textarea></p>
</body>
</html>
```

9.4.2　键盘事件

键盘事件是当用户在键盘上按下某个按键或按下组合键时触发的事件。与鼠标事件一样，键盘事件也是动态网页编程时经常要处理的事件。

1．键盘事件的种类

当用户在键盘上按下按键时将触发以下键盘事件。

- onkeydown：当用户在键盘上按下某个按键时触发。如果一直按着某个按键，则会不断触发 onkeydown 事件（个别浏览器除外）。
- onkeypress：当用户在键盘上按下某个按键并产生一个字符时触发（按下 Esc、Alt、Ctrl、Shift 等非字符键除外）。如果一直按着某个按键，则不断触发 onkeypress 事件。
- onkeyup：当用户释放按下的按键时触发。

2．键盘事件的属性

当触发键盘事件时，通过事件对象的以下属性来获取相关信息。

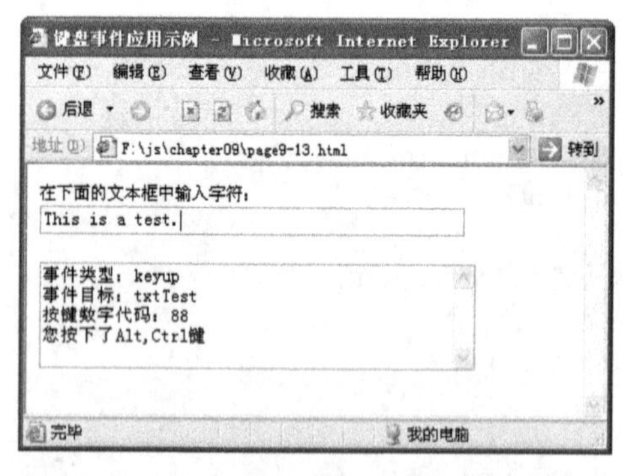

图 9.17　键盘事件应用示例

- 通过 keyCode 属性获取所按下按键的数字代码。
- 通过 charCode 属性（COM）获取所按下按键的 Unicode 代码。
- 通过 target（DOM）或 scrElement（Internet Explorer）属性获取触发事件的元素。
- 通过 altKeyctrlKeyshiftKey 属性获取 Alt、Ctrl 和 Shift 键的状态。

【例 9.13】　本例说明如何通过事件对象属性来获取键盘事件的相关信息，如图 9.17 所示。

【代码清单】

```
<!-- F:\js\chapter09\page9-13.html -->
<html>
<head>
```

```
<title>键盘事件应用示例</title>
<script language="javascript" type="text/javascript">
<!--
  var fnHandleKeyEvent = function(oEvent){
    var aKeys = new Array();
    var oTextbox = document.getElementById("txtEventInfo");
    oTextbox.value = "";
    if(window.event){
      oEvent = window.event;
    }
    oTextbox.value += "事件类型：" + oEvent.type + "\n";
    oTextbox.value += "事件目标：" + (oEvent.target || oEvent.srcElement).id + "\n";
    oTextbox.value += "按键数字代码：" + oEvent.keyCode + "\n";
    if(oEvent.charCode)oTextbox.value += "按键 Unicode：" + oEvent.charCode + "\n";
    if(oEvent.altKey)aKeys.push("Alt");
    if(oEvent.ctrlKey)aKeys.push("Ctrl");
    if(oEvent.shiftKey)aKeys.push("Shift");
    if(aKeys.length != 0)oTextbox.value += "您按下了" + aKeys + "键";
  };
//-->
</script>
</head>
<body>
<p>在下面的文本框中输入字符：<br />
  <input id="txtTest" onkeypress="fnHandleKeyEvent(event);"
           onkeydown="fnHandleKeyEvent(event);"
           onkeyup="fnHandleKeyEvent(event);" size="45" />
</p>
<p>
  <textarea name="txtEventInfo" cols="45" rows="5" id="txtEventInfo"></textarea>
</p>
</body>
</html>
```

9.4.3 HTML 事件

当客户端与服务器进行交互或浏览器窗口发生变化时会触发以下 HTML 事件。

- onload：当 img 元素完全加载后，在该元素上触发；当 object 元素完全加载后，在该元素上触发；当所有框架都加载后，在框架集对象上触发；当在浏览器中完全加载页面后，在 window 对象上触发。
- onunload：当 img 元素完全卸载后，在该元素上触发；当 object 元素完全卸载后，在该元素上触发；当所有框架都卸载后，在框架集对象上触发；当在浏览器中完全卸载页面后，在 window 对象上触发。
- onabort：当停止页面下载时，如果 object 元素尚未完全加载，则在该元素上触发。
- onerror：当 img 元素指定的图像或 object 元素无法加载时，在该元素上触发；当框架集包含的一个或多个框架无法加载时，在该框架集对象上触发；当 JavaScript 脚本出现错误时，在 window 对象上触发。
- onselect：当用户在文本框（<input type="text" />或<textarea>…</textarea>）中选择

一个或多个字符时触发。

- onchange：当用户更改文本框（<input type="text" />或<textarea>…</textarea>）中的内容并且使焦点离开该文本框时触发；当用户使用鼠标或键盘选择从列表框（<select>）导航中选定一个不同的选项（<option>）时触发。
- onsubmit：当用户单击“提交”按钮（<input type="submit" />）时在 form 元素上触发。
- onreset：当用户单击“重置”按钮（<input type="reset" />）时在 form 元素上触发。
- onresize：当浏览器窗口或框架的大小发生变化时触发。
- onscroll：当用户在任何包含滚动条的元素上操作该滚动条时触发。
- onfocus：当浏览器窗口或任何元素获得焦点时触发。
- onblur：当浏览器窗口或任何元素失去焦点时触发。

【例 9.14】 本例说明如何通过列表框来动态更改网页上的图像，如图 9.18 和图 9.19 所示。

图 9.18 加载网页时显示一幅图像

图 9.19 通过列表框动态更改图像

【代码清单】

```
<!-- F:\js\chapter09\page9-14.html -->
<html>
<head>
<title>HTML 事件应用示例</title>
<script language="javascript" type="text/javascript">
<!--
  function fnSetImage(sURL){
    oImage = document.getElementById("img1");
    oImage.src = sURL;
  }

//-->
</script>
</head>
<body>
<p align="center">
<img src="../images/yangzhou01.jpg" name="img1"
      id="img1" width="200" height="132" />
</p>
<p align="center">
```

```
    <select name="select1" id="select1" onchange="fnSetImage(this.value);">
      <option value="../images/yangzhou01.jpg">图像 1</option>
      <option value="../images/yangzhou02.jpg">图像 2</option>
      <option value="../images/yangzhou03.jpg">图像 3</option>
      <option value="../images/yangzhou04.jpg">图像 4</option>
      <option value="../images/yangzhou05.jpg">图像 5</option>
      <!-- 下面的列表项指定的图像并不存在，通过列表框选择该图像时将出现错误 -->
      <option value="../images/yangzhou06.jpg">图像 6</option>
    </select>
</p>
<script language="javascript" type="text/javascript">
<!--
    oImage = document.getElementById("img1");
    oImage.onerror = function(){
        alert("加载图像时出现错误！");
    };
//-->
</script>
</body>
</html>
```

习题 9

一、填空题

1. 如果要在 JavaScript 脚本中设置对象的事件属性，首先应当获取对要处理的对象的引用，然后把该对象的事件属性值设置为____________。

2. 如果要在 HTML 代码中设置事件属性，应当在 HTML 标记中添加事件属性并将该属性值设置为____________。

3. 使用 Internet Explorer 的事件模型时，可以使用____________方法把指定的函数绑定到某个事件上；对于已经绑定到某个事件上的函数，可以使用____________方法将其解除。

4. 在 Internet Explorer 的事件模型中，event 对象是________对象的一个属性。

5. 在 Internet Explorer 中，大多数事件传递的方向是从发生事件的对象开始，自下而上依次向对象所属的________传递，这种事件模型称为____________。

6. 如果希望阻止事件向上冒泡，则应当在当前事件的事件处理函数中把 event 对象的________属性设置为____。

7. fireEvent 方法用于在对象上________________。

8. 在 DOM 事件模型中，addEventListener 方法用于________________________，removeEventListener 方法用于________________________。

9. 在 DOM 事件模型中，__________作为唯一的参数传递给事件处理函数。

10. 在 DOM 事件模型中，事件对象的 preventDefault 方法用于阻止____________________。

11. 在 DOM 事件模型中，事件对象的 stopPropagation 方法用于阻止____________________。

二、选择题

1. 在下列叙述中，错误的是（　　）。

A. blur 方法使元素失去焦点并触发 onblur 事件
B. click 方法通过引起 onclick 事件触发来模拟一个鼠标单击
C. focus 方法导致元素收到焦点并执行由 onfocus 事件指定的代码
D. submit 方法用于提交表单并触发表单的 onsubmit 事件

2. 在下列叙述中，错误的是（　　）。
A. onclick 事件在用户单击鼠标左键时触发，单击鼠标右键也会触发
B. ondblclick 事件在用户双击鼠标左键时触发
C. onmousedown 事件在用户单击任一鼠标按键时触发
D. onmouseover 事件在鼠标指针移动到某个元素上时触发

上机实验 9　事件处理

【实验目的】

1. 掌握设置对象事件属性的方法。
2. 掌握 Internet Explorer 和 COM 事件模型。
3. 掌握各种常用事件的使用方法。

【实验内容】

1. 创建一个包含两个按钮的网页，并在 JavaScript 脚本中设置这些按钮的事件属性，当单击其中的一个按钮时弹出一个对话框，单击另一个按钮时关闭窗口。

2. 创建一个登录页面，并在 HTML 中设置事件属性并对表单数据进行检查，以及通过调用相关方法来设置输入焦点和重置表单。

3. 创建一个 HTML 网页，要求通过 attachEvent 方法为对象的指定事件附加事件处理函数以及使用 detachEvent 方法分离先前附加的事件处理程序。

4. 创建一个 HTML 网页，要求通过事件对象的 cancelBubble 属性来设置是否允许事件向上冒泡。

5. 创建一个 HTML 网页，要求调用 fireEvent 方法把一个对象上的事件转发到其他对象上，当把鼠标指针移到一个 div 区域上触发按钮的 onclick 事件。

6. 创建一个 HTML 网页，要求通过事件对象属性来获取鼠标事件的相关信息。

7. 创建一个 HTML 网页，要求通过事件对象属性来获取键盘事件的相关信息。

8. 创建一个 HTML 网页，要求通过列表框来选择要显示的图像。

第 10 章　表单与表单域

表单是网页的重要组成部分之一，通过表单可以使站点访问者向服务器发送数据。表单由 form、input、textarea 和 select 等 HTML 元素构成，form 元素指定发送数据时使用的 HTTP 请求方法以及用于处理表单的服务器端程序或动态网页的 URL 地址等，input、textarea 和 select 元素则用于创建文本框、按钮、文本区域、单选按钮、复选框以及列表框等表单域，访问者利用这些表单域输入信息并把这些信息提交给服务器进行处理，在提交表单之前可以通过 JavaScript 脚本对表单信息进行检查和处理。本章讨论如何使用 JavaScript 处理表单和表单域，主要内容包括访问表单和表单域、文本框与文本区域、单选按钮与复选框以及列表框等。

10.1　访问表单和表单域

在第 2 章中讲述了如何使用 HTML 标记在网页中创建表单和各种表单域。下面介绍如何在 JavaScript 脚本中访问表单和表单域以及提交和重置表单。

10.1.1　访问表单

在 HTML 语言中，表单是通过 form 元素定义的。在一个网页中，允许定义多个表单。在 JavaScript 中，表单对象不仅可以使用 DOM 方法来访问，也可以通过其他方法来访问。

假如某表单的 ID 为 form1，则可以使用 DOM 方法来获取该表单对象：

```
oForm = document.getElementById("form1");
```

假如某表单是网页中的第一个表单，并且其名称（name 属性）为 form1，则可以通过 document 的 forms 集合来获取该表单：

```
oForm = document.forms[0];
oForm = document.forms["form1"];
```

假如表单的名称为 form1，也可以通过以下语法来获取该表单：

```
oForm = document.form1;
```

获取对表单对象的引用后，即可访问其属性、集合和方法。

表单对象的常用属性如下。

（1）acceptCharset：设置或获取一个逗号分隔的列表，内容是服务器可接受的字符集。

（2）action：设置或获取表单内容要发送到并进行处理的 URL。

（3）enctype：设置或检索表单的 MIME 编码方式。默认设置为 application/x-www-form- urlencoded，若要上传文件，则应设置为 multipart/form-data。

（4）id：设置或检索表单的 id。

（5）length：检索表单中的表单域的数目。

（6）method：设置或检索如何将表单数据发送到服务器。若设置为 GET，则把表单数据附加到 action 属性指定的 URL 上发送；若设置为 POST，则通过 HTTP 发布事务发送数据。

（7）name：设置或检索表单的名称。

（8）target：设置或检索表单提交结果的框架或窗口名称。

表单对象有一个 elements 集合，其中包含表单中除<input type=image>外的所有表单域。elements 集合的 length 属性与表单的 length 属性值相等。

表单对象具有以下方法。

（1）reset()：把表单中的表单域重置为它们的默认值，但不会触发表单的 onreset 事件。

（2）submit()：用于提交表单，但不会触发表单的 onsubmit 事件。

表单对象的常用事件如下。

（1）onreset：当重置表单时触发。

（2）onsubmit：当提交表单时触发。

10.1.2 访问表单域

在一个表单内可以添加一些表单域，例如，按钮、文本框以及列表框等，这些表单域都包含表单的 elements 集合中。在 JavaScript 脚本中，既可以用 document.getElementById 方法和表单域的 ID 来获取该表单域，也可以通过表单域的 name 属性或表单域在 elements 集合中的索引来访问不同的表单域。用 elements 集合的 length 属性可以获取表单中包含的表单域数目。

假如在网页上有一个名称为 form1 的表单，其中包含一个文本框，其 ID 和 name 均为 txtUsername，并且按照源代码顺序来说该文本框位于第一个位置上，则可以通过以下几种方式来访问该文本框：

```
' 通过 ID 访问表单域
var oTextBox = document.getElementById("txtUsername");
' 通过索引访问表单域
var oTextBox = document.form1.elements[0];
' 通过 name 访问表单域
var oTextBox = document.form1.elements["txtUsername"];
```

也可以直接通过 name 属性来访问表单域，例如：

```
var oTextBox = document.form1.txtUsername;
```

假如表单域的名称中包含空格，则需要使用方括号标记，例如：

```
var oTextBox = document.form1.elements["User name"];
```

所有表单域都包含以下属性、方法和事件。

（1）disabled 属性：获取或设置表单域是否被禁用。

（2）form 属性：获取包含表单域所在的表单。

（3）blur()方法：使表单域失去焦点，并将焦点移到别处。

（4）focus()方法：使表单域获得焦点。

（5）onblur 事件：当表单域失去焦点时发生，将执行 onblur 事件处理程序。

（6）onfocus 事件：当表单域获得焦点时发生，将执行 onfocus 事件处理程序。

需要说明的是，隐藏域仅支持 form 属性，而没有其他属性、方法和事件。

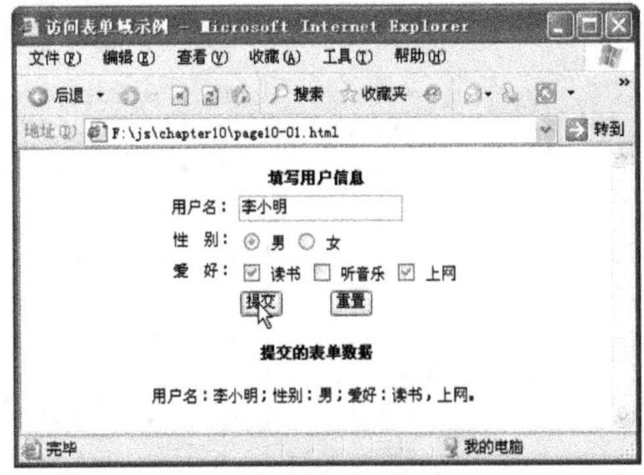

图 10.1　访问表单域示例

【例 10.1】　本例说明如何在 JavaScript 脚本中访问表单域。当在表单中输入用户信息并单击“提交”按钮时，将在网页下方显示出所提交的表单数据，如图 10.1 所示。

【代码清单】

```
<!-- F:\js\chapter10\page10-01.html -->
<html>
<head>
<title>访问表单域示例</title>
<script language="javascript" type="text/javascript">
<!--
  function doSubmit(){
    var sHobby = "";
    var sUsername = document.form1.txtUsername.value;
    var sGender = (document.getElementById("radioMale").checked ? "男" : "女");
    for(var i = 0; i < document.form1.elements.length; i++){
      if(document.form1.elements[i].type == "checkbox"
          && document.form1.elements[i].checked){
        sHobby += document.form1.elements[i].value + "，";
      }
    }
    var sUserInfo = "<p>用户名：" + sUsername + "；";
    sUserInfo += "性别：" + sGender + "；";
    sUserInfo += "爱好：" + sHobby.substr(0, sHobby.length -1) + "。</p>";
    var oDiv = document.getElementById("div1");
    oDiv.innerHTML = "<h3>提交的表单数据</h3>" + sUserInfo;
  }
//-->
</script>
</head>
<body>
<form id="form1" name="form1" method="post" action="" onsubmit="return false;"
        onreset="document.getElementById('div1').innerHTML='';">
  <table width="300" align="center">
    <tr>
      <th colspan="2">填写用户信息</th>
    </tr>
    <tr>
      <td width="79" align="right">用户名：</td>
      <td width="209">
```

```
                <input type="text" name="txtUsername" id="txtUsername" />
            </td>
        </tr>
        <tr>
            <td align="right">性  别：</td>
            <td>
                <input type="radio" name="radioGender" id="radioMale"
                        value="男" checked="checked" />男
                  <input type="radio" name="radioGender" id="radioFemale" value="女" />女
            </td>
        </tr>
        <tr>
            <td align="right">爱  好：</td>
            <td>
                <input name="chkHobby" type="checkbox" id="chkHobby" value="读书" />读书
                <input name="chkHobby" type="checkbox" id="chkHobby" value="听音乐" />听音乐
                <input name="chkHobby" type="checkbox" id="chkHobby" value="上网" />上网
            </td>
        </tr>
        <tr>
            <td> </td>
            <td>
            <input type="submit" name="btnSubmit" id="btnSubmit"
                    onclick="return doSubmit()" value="提交" />
                
            <input type="reset" name="btnReset" id="btnReset" value="重置" /></td>
        </tr>
    </table>
</form>
<div id="div1" align="center"></div>
</body>
</html>
```

10.1.3 提交表单

通过单击“提交”按钮或调用表单的 submit()方法提交表单，可以把用户在表单域中输入的数据发送到服务器端处理程序，这是表单的最常见的用途之一。根据需要，也可以把表单数据发送到 JavaScript 函数或通过电子邮件发送表单数据。

1. 表单提交方式

提交表单可以通过以下三种方式来实现。

（1）通过单击“提交”按钮提交表单。例如：

```
<input type="submit" value="提交" />
```

（2）通过单击“图像”按钮提交表单。例如：

```
<input type="image" src="submit.jpg" />
```

（3）通过调用表单的 submit()方法提交表单。例如，为了提交表单，可以在表单中创建一个普通按钮并在其 onclick 事件处理程序中调用 submit()方法：

```
<input type="button" value="提交" onclick="this.form.submit();" />
```

当使用前面两种方式时，不需要编写任何 JavaScript 脚本就可以实现表单的提交。因为“提交”按钮和“图像”按钮的固有功能就是提交表单。如果网页中包含“提交”按钮或“图像”按钮，而且焦点当前不在文本区域中，也可以通过按 Enter 键来提交表单。使用这两种方式提交表单时，都会触发表单的 submit 事件，从而执行表单的 onsubmit 事件处理程序。利用 onsubmit 事件处理程序可以对表单数据进行检查，如果数据不符合要求，可以取消表单提交。

当使用第三种方式时，虽然可以通过调用表单的 submit()方法提交表单，但不会触发表单的 onsubmit 事件，因而不会执行相应的事件处理程序。

在某些场合，可能希望表单只能被提交一次，这可以在表单中添加一个普通按钮，并对该按钮的 onclick 事件处理程序进行设置，在该函数中首先禁用这个按钮，然后提交表单：

```
<input type="button" value="提交"
        onclick="this.disabled=true; this.form.submit();" />
```

2. 表单提交目的地

表单提交的目的地由表单的 action 属性决定，通常有以下几种情况。

（1）提交给服务器端处理程序，例如，ASP、JSP 或 PHP 等类型的动态网页。例如：

```
<form name="form1" id="form1" method="post" action="process.asp">
```

如果未设置表单的 action 属性或该属性为空，则会把表单数据提交给当前网页。如果当前网页是某种类型的动态网页，则可以获取所提交的表单数据并进行处理。

（2）提交给 JavaScript 函数。在没有配置 ASP、JSP 或 PHP 等应用程序服务器的情况下，为了测试表单提交，也可以把表单的 action 属性设置为一个 JavaScript 函数。例如：

```
<form name="form1" id="form1" method="post"
        action="javascript:alter('表单已提交！')">
```

这样，将会把表单数据提交给 JavaScript 函数，当提交表单时会弹出一个警告框并显示“表单已提交!”。用这种方式可以对表单提交进行测试，也可以对所提交的表单数据进行检查。

（3）通过电子邮件形式提交表单数据。为此，应将表单的 method 属性设置为 post，enctype 属性设置为 text/plain，action 属性设置为 mailto:URL?subject=主题，其中 URL 表示接收表单数据的电子邮件地址。例如：

```
<form name="form1" id="form1" method="post"
        action="mailto:tina@163.com?subject=表单数据">
```

当在 Internet Explorer 浏览器中提交表单时，将弹出如图 10.2 所示的对话框，如果计算机上安装了 Outlook Express 电子邮件客户端程序，则单击“确定”按钮时会弹出如图 10.3 所示的对话框，单击“发送”按钮，即可把表单数据发送到指定电子邮件地址。

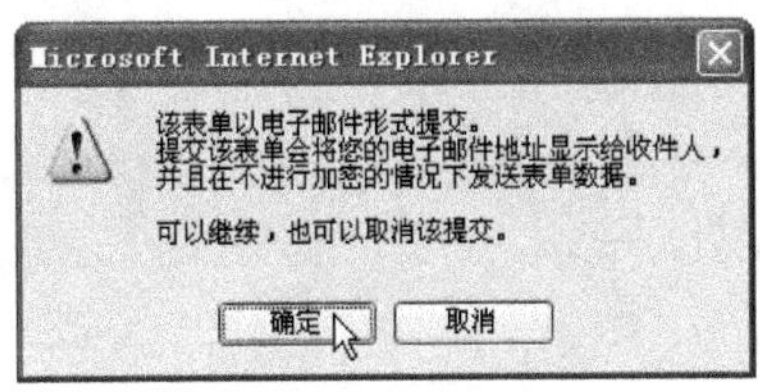

图 10.2　确认用电子邮件提交表单

图 10.3　确认发送邮件

【例 10.2】 本例说明如何把表单数据提交给 JavaScript 函数。如果用户在某个文本框为空的情况下单击“提交”按钮，则弹出一个警告对话框，如图 10.4 所示；如果同时输入了用户和出生日期，则单击“提交”按钮时会弹出对话框来显示所提交的表单数据，此时“提交”按钮将被禁用（即只允许提交一次），如图 10.5 所示。

图 10.4 检测到文本框为空时弹出警告框

图 10.5 显示提交的表单数据

【代码清单】

```
<!-- F:\js\chapter10\page10-02.html -->
<html>
<head>
<title>表单域示例</title>
<script language="javascript" type="text/javascript">
<!--
  function doSubmit(){
    var sUserInfo = "用户名：" + document.form1.txtUsername.value + "\n";
    sUserInfo += "性别：" + (document.getElementById("optMale").checked ? "男" : "女") + "\n";
    sUserInfo += "出生日期：" + document.form1.txtBirthdate.value;
    for(var i = 0; i < document.form1.length; i++){
      if(document.form1.elements[i].type == "text"){
        document.form1.elements[i].style.backgroundColor="#FFFFFF";
      }
    }
    alert(sUserInfo);
  }
  function checkData(){
    for(var i = 0; i < document.form1.elements.length; i++){
      if(document.form1.elements[i].type == "text"){
        if(document.form1.elements[i].value == ""){
          document.form1.elements[i].style.backgroundColor="#FF6699";
          document.form1.elements[i].focus();
          alert("请在此文本框中输入内容！");
          return false;
        }
      }
    }
    document.form1.btnSubmit.disabled = true;
    document.form1.submit();
  }
//-->
```

```
</script>
</head>
<body onload="document.form1.txtUsername.focus();">
<form action="javascript:doSubmit();" method="post" name="form1" id="form1">
  <table width="300">
    <tr>
      <th colspan="2">填写个人信息</th>
    </tr>
    <tr>
      <td width="80" align="right">用户名：</td>
      <td width="208">
        <input type="text" name="txtUsername" id="txtUsername" />
      </td>
    </tr>
    <tr>
      <td align="right">性别：</td>
      <td><input type="radio" name="optGender" id="optMale"
                  value="男" checked="checked" />男
          <input type="radio" name="optGender" id="optFemale" value="女" />女
        </td>
    </tr>
    <tr>
      <td align="right">出生日期：</td>
      <td><input type="text" name="txtBirthdate" id="txtBirthdate" /></td>
    </tr>
    <tr>
      <td> </td>
      <td><input type="button" name="btnSubmit" id="btnSubmit"
                  value="提交" onclick="return checkData()" /> 
        <input type="reset" name="btnReset" id="btnReset" value="重置" /></td>
    </tr>
  </table>
</form>
</body>
</html>
```

10.1.4　重置表单

表单内可能包含各种表单域，通过重置表单可以使所有表单域恢复其初始值。

重置表单可以通过以下两种方式实现。

（1）使用“重置”按钮重置表单。例如：

```
<input type="reset" value="重置" />
```

（2）通过调用表单的 reset()方法重置表单。例如：

```
<input type="button" value="重置" onclick="this.form.reset();" />
```

当使用上述两种重置方式时，都会把所有表单域设置为其初始值之外，此外还会触发表单的 reset 事件，从而执行 onreset 事件处理程序。

【例 10.3】　本例说明如何使用表单的 onreset 事件处理程序。通过表单输入用户名、电子信箱并选择头像后，如果单击“提交”按钮，则通过对话框显示所提交的表单数据，如

图 10.6 所示；如果单击“重置”按钮，则使所有表单域恢复初始值，并通过执行 onreset 事件处理程序把图像也设置为默认值，如图 10.7 所示。

图 10.6　通过对话框显示表单数据

图 10.7　表单域和图像重置为初始值

【代码清单】

```
<!-- F:\js\chapter10\page10-03.html -->
<html>
<head>
<title>重置表单示例</title>
<script language="javascript" type="text/javascript">
<!--
  function checkData(){
    for(var i = 0; i < document.form1.length; i++){
      if(document.form1.elements[i].type == "text" &&
          document.form1.elements[i].value == ""){
        alert("文本框不能为空！");
        document.form1.elements[i].focus();
        return false;
      }
    }
  }
  function doSubmit(){
    var sUserInfo = "";
    sUserInfo = "用户名：" + document.form1.txtUsername.value + "\n";
    sUserInfo += "电子信箱：" + document.form1.txtEmail.value + "\n";
    sUserInfo += "头像：" + document.form1.lstImage.value;
    alert(sUserInfo);
  }
//-->
</script>
</head>

<body>
<form action="javascript:doSubmit()" method="post" name="form1" id="form1"
        onsubmit="return checkData()"
        onreset="document.getElementById('image1').src='../images/01.gif';">
  <table>
    <tr>
      <th colspan="2" scope="col">注册新会员</th>
```

```
        </tr>
        <tr>
          <td align="right">用户名：</td>
          <td><input type="text" name="txtUsername" id="txtUsername" /></td>
        </tr>
        <tr>
          <td align="right">电子信箱：</td>
          <td><input type="text" name="txtEmail" id="txtEmail" /></td>
        </tr>
        <tr>
          <td align="right">头像：</td>
          <td>
            <img src="../images/01.gif" alt="" name="image1" width="24" id="image1" />
            <select name="lstImage" id="lstImage"
                      onchange="document.getElementById('image1').src=this.value;">
              <option value="../images/01.gif">图像 1</option>
              <option value="../images/02.gif">图像 2</option>
              <option value="../images/03.gif">图像 3</option>
              <option value="../images/04.gif">图像 4</option>
              <option value="../images/05.gif">图像 5</option>
              <option value="../images/06.gif">图像 6</option>
              <option value="../images/07.gif">图像 7</option>
              <option value="../images/08.gif">图像 8</option>
              <option value="../images/09.gif">图像 9</option>
              <option value="../images/10.gif">图像 10</option>
            </select>
          </td>
        </tr>
        <tr>
          <td> </td>
          <td><input type="submit" name="btnSubmit" id="btnSubmit" value="提交" />
                
            <input type="reset" name="btnReset" id="btnReset" value="重置" /></td>
        </tr>
      </table>
    </form>
    </body>
    </html>
```

10.2　文本框与文本区域

文本框和文本区域是两类常用的表单域，两者都用来输入文本信息，区别在于文本框只能用来输入单行文本（不接收 Enter 键），文本区域可以用来输入多行文本（可接收 Enter 键）。

10.2.1　文本框

文本框用 input 标记来定义，而且必须将 type 属性设置为 text。例如：

```
<input type="text" name="t1" id="t1" size="32" maxlength="50" value="初始值" />
```

其中，size 属性指定文本框中可见字符的个数；maxlength 属性指定用户可在文本框中输入的最多字符数；value 属性设置文本框的初始内容。

文本框对象的常用属性如下。

（1）defaultValue：设置或获取文本框的初始内容。

（2）disabled：获取或设置文本框是否被禁用。

（3）form：获取文本框所在表单的引用。

（4）maxLength：设置或获取用户可在文本框中输入的最多字符数。

（5）name：设置或获取文本框的名称。

（6）readOnly：设置或获取表明文本框内容是否为只读的值。

（7）size：设置或获取文本框的宽度。

（8）type：获取或设置对象所代表的 input 表单域类型。

（9）value：设置或获取文本框的值。当提交表单时此值与文本框名称一起发送给服务器。

文本框对象的常用方法如下。

（1）blur()：使文本框失去焦点并触发 onblur 事件。

（2）focus()：使文本框得到焦点并执行由 onfocus 事件指定的代码。

（3）select()：选取文本框中的所有文本。

文本框对象除了支持 onblur 事件和 onfocus 事件外，还支持以下两个事件。

（1）onchange：当用户更改文本框的内容并使其失去焦点时触发。如果通过在脚本中设置 value 属性来更改文本框的内容，则不会触发 onchange 事件。

（2）onselect：当选取文本框中的一个或多个字符时触发。

【例 10.4】 本例说明如何从一个文本框自动切换到下一个表单域以及如何限制用户只允许在文本框中输入特定字符。在“用户名”文本框中只能输入汉字；当在“邮政编码”文本框中输入 6 位数字时将自动切换到“联系电话”文本框，在“邮政编码”文本框中只能输入数字并且禁止粘贴文本，在“联系电话”文本框中则可以输入数字、左括号“(”、右括号“)”以及连字符“-”。当提交表单时将通过对话框显示表单数据，如图 10.8 所示。

图 10.8　文本框应用示例

【代码清单】

```
<!-- F:\js\chapter10\page10-04.html -->
<html>
<head>
<title>文本框应用示例</title>
<script language="javascript" type="text/javascript">
<!--
  function checkData(){
    for(var i = 0; i < document.form1.elements.length; i++){
      if(document.form1.elements[i].type == "text" &&
          document.form1.elements[i].value == ""){
```

```
            alert("文本框不能为空！");
            document.form1.elements[i].focus();
            return false;
        }
      }
    }
    function doSubmit(){
      var sUserInfo = "用户名：" + document.form1.txtUsername.value + "\n";
      sUserInfo += "通信地址：" + document.form1.txtAddress.value + "\n";
      sUserInfo += "邮政编码：" + document.form1.txtPostalCode.value + "\n";
      sUserInfo += "联系电话：" + document.form1.txtPhone.value;
      alert(sUserInfo);
    }
    function allowChars(oTextBox){
      var sValidChars = oTextBox.getAttribute("validchars");
      var sChar = String.fromCharCode(window.event.keyCode);
      var bIsValideChar = sValidChars.indexOf(sChar) > -1;
      return bIsValideChar;
    }
//-->
</script>
</head>

<body>
<form action="javascript:doSubmit()" method="post"
          name="form1" id="form1" onsubmit="return checkData()">
  <table>
    <tr>
      <th colspan="2" scope="col">填写用户信息</th>
    </tr>
    <tr>
      <td align="right">用户名：</td>
      <td><input type="text" name="txtUsername" id="txtUsername"
                onkeyup="value=value.replace(/[^\u4E00-\u9FA5]/g,'')"/></td>
    </tr>
    <tr>
      <td align="right">通信地址：</td>
      <td><input type="text" name="txtAddress" id="txtAddress" /></td>
    </tr>
    <tr>
      <td align="right">邮政编码：</td>
      <td><input name="txtPostalCode" type="text" id="txtPostalCode"
                onkeyup="if(this.value.length==this.maxLength)txtPhone.focus();"
                maxlength="6" validchars="0123456789"
                onkeypress="return allowChars(this)"
                onpaste="return false;" oncontextmenu="return false;" /></td>
    </tr>
    <tr>
      <td align="right">联系电话：</td>
      <td><input type="text" name="txtPhone"
                id="txtPhone" validchars="-()0123456789"
                onkeypress="return allowChars(this)"/></td>
    </tr>
```

```
        <tr>
          <td> </td>
          <td><input type="submit" name="btnSubmit" id="btnSubmit" value="提交" />
            
          <input type="reset" name="btnReset" id="btnReset" value="重置" /></td>
        </tr>
      </table>
    </form>
    </body>
    </html>
```

10.2.2 文本区域

在 HTML 中，文本区域是用 textarea 标记来定义的。例如：

```
<textarea name="ta1" id="ta1" rows="5" cols="36">初始内容</textarea>
```

其中，rows 属性和 cols 属性分别指定文本区域的高度和宽度，两者均以字符为单位。

文本区域对象的常用属性如下。

（1）cols：设置或获取文本区域的宽度。

（2）defaultValue：设置或获取文本区域的初始内容。

（3）disabled：获取或设置文本区域是否被禁用。

（4）form：获取文本区域所在表单的引用。

（5）name：设置或获取文本区域的名称。

（6）readOnly：设置或获取表明文本区域内容是否为只读的值。

（7）rows：设置或获取文本区域的高度。

（8）value：设置或获取文本区域的值。当提交表单时此值与文本区域的名称一起发送给服务器。

与文本框一样，文本区域具有 blur()、focus()和 select()方法，而且支持 onchange 事件和 onselect 事件。

【例 10.5】 本例说明如何限制用户在文本区域输入的字符数目并为文本框添加一个字符计数器。当在“内容”文本区域中输入文本时，其右下角的字符计数器将同步更新，如果输入的字符数目达到最大字符数，则多余的内容被截断。网页运行效果如图 10.9 所示。

图 10.9 文本区域应用示例

【代码清单】

```
<!-- F:\js\chapter10\page10-05.html -->
<html>
<head>
<title>文本区域应用示例</title>
<style type="text/css">
<!--
span#charCounter {color:#FF3333;}
-->
</style>
<script type="text/javascript">
<!--
  function doSubmit(){
    var sMsg = "标题：" + document.form1.txtTopic.value + "\n";
    sMsg += "内容：" + document.form1.txtContent.value;
    alert(sMsg);
  }
  function checkData(){
    if(document.form1.txtTopic.value == ""){
      alert("请输入留言标题！");
      document.form1.txtTopic.focus();
      return false;
    }
    if(document.form1.txtContent.value == ""){
      alert("请输入留言内容！");
      document.form1.txtContent.focus();
      return false;
    }
  }
  function isNotMax(oTextArea){
    var maxlength = parseInt(oTextArea.getAttribute('maxlength'));
    if(oTextArea.value.length > maxlength){
      oTextArea.value = oTextArea.value.substr(0, maxlength);
    }
    document.getElementById("charCounter").innerHTML = oTextArea.value.length;
  }
//-->
</script>
</head>
<body>
<form id="form1" name="form1" method="post"
        action="javascript:doSubmit()"
        onreset="document.getElementById('charCounter').innerHTML='0'"
        onsubmit="return checkData()">
  <table>
    <tr>
      <th colspan="2" scope="col">发表留言</th>
    </tr>
    <tr>
      <td align="right">标题：</td>
      <td><input name="txtTopic" type="text" id="txtTopic" size="36" /></td>
    </tr>
    <tr>
```

```
        <td align="right">内容：</td>
        <td><textarea name="txtContent" cols="36" rows="5" id="txtContent"
                      maxlength="300" onkeydown="isNotMax(this);"
                      onkeyup="isNotMax(this)" onpaste="isNotMax(this);"
                      oncontextmenu="isNotMax(this);"></textarea>
          <span id="charCounter">0</span></td>
      </tr>
      <tr>
        <td> </td>
        <td><input type="submit" name="btnSubmit" id="btnSubmit" value="发表" />
              
          <input type="reset" name="btnReset" id="btnReset" value="重置" /></td>
      </tr>
    </table>
  </form>
  </body>
  </html>
```

10.3 单选按钮与复选框

设计表单时，除了使用文本框和文本区域让用户输入文本之外，也经常使用单选按钮和复选框让用户对一些预定义的选项进行选择。若干个名称相同的单选按钮构成一个相互排斥的选项组，用户只能从中选择一项；多个复选框表示的选项则是并列关系，允许用户根据需要从中选择任意数目的选项。

10.3.1 单选按钮

在 HTML 中，单选按钮用 input 标记来定义，而且必须把该标记的 type 属性设置为 radio。如果要使用一系列单选按钮构成一个选项组，则必须把这些单选按钮的 name 属性设置成相同的值。如果希望某个单选按钮在加载网页时处于选中状态，则需要设置其 checked 属性。

与按钮、文本框和文本区域不同的是，单选按钮的 value 属性值并不会显示在页面上，因此通常需要为单选按钮添加描述文字。例如：

```
<input type="radio" name="optWebTech" id="optioASP"
        checked="checked" value="ASP">ASP
<input type="radio" name="optWebTech" id="optJSP" value="JSP">JSP
<input type="radio" name="optWebTech" id="optPHP" value="PHP">PHP
```

单选按钮的常用属性如下。

（1）checked：设置或获取单选按钮的状态。若其值为 true，则表明该单选按钮被选中；若其值为 false，则表明该单选按钮未被选中。

（2）defaultChecked：设置或获取单选按钮的初始状态。

（3）disabled：获取或设置单选按钮是否被禁用。

（4）form：获取单选按钮所在表单的引用。

（5）name：设置或获取单选按钮的名称。

（6）value：获取单选按钮的选中值。当用户提交表单时，选中的单选按钮的名称和值将一起被发送到服务器端。

单选按钮的常用方法如下。

（1）blur()：使单选按钮失去焦点并触发 onblur 事件。

（2）click()：模拟鼠标单击操作并触发 onclick 事件。

（3）focus()：使单选按钮获得焦点并执行由 onfocus 事件指定的代码。

单选按钮的常用事件如下。

（1）onblur：当单选按钮失去输入焦点时触发。

（2）onclick：当用户用鼠标左键单击单选按钮时触发。

（3）onfocus：当单选按钮获得焦点时触发。

【例 10.6】 本例说明如何使用单选按钮来设置段落文本的字号和颜色，网页运行效果如图 10.10 所示。

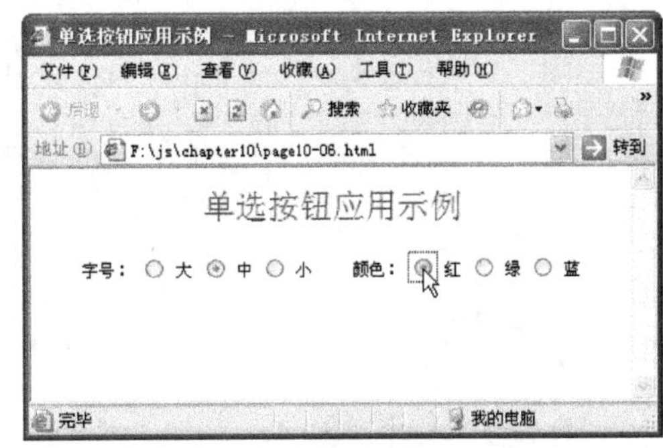

图 10.10　单选按钮应用示例

【代码清单】

```
<!-- F:\js\chapter10\page10-06.html -->
<html>
<head>
<title>单选按钮应用示例</title>
<style type="text/css">
<!--
body, td, th {font-size: 12px;}
-->
</style>
<script language="javascript" type="text/javascript">
<!--
  function init(){
    var oP = document.getElementById("p1");
    for(var i = 0; i < document.form1.elements.length; i++){
      if(document.form1.elements[i].type == "radio"){
        if(document.form1.elements[i].name == "optFontSize"){
          document.form1.elements[i].onclick = function(){
            oP.style.fontSize = window.event.srcElement.value;
          };
        }
        if(document.form1.elements[i].name == "optColor"){
          document.form1.elements[i].onclick = function(){
            oP.style.color = window.event.srcElement.value;
          };
        }
      }
    }
  }
//-->
</script>
</head>
```

```
<body onload="init();">
<p align="center" id="p1">单选按钮应用示例</p>
<form id="form1" name="form1" method="post" action="">
  <p align="center">字号：
    <input type="radio" name="optFontSize"id="optLarge" value="36px" />大
    <input type="opt" name="optFontSize" id="optMiddle" value="24px" />中
    <input type="opt" name="optFontSize" id="optSmall"
            value="12px" checked="checked" />小
         颜色：
    <input type="opt" name="optColor" id="optRed" value="red" />红
    <input type="opt" name="optColor" id="optGreen" value="green" />绿
    <input type="opt" name="optColor" id="optBlue" value="blue" />蓝
  </p>
</form>
</body>
</html>
```

10.3.2 复选框

在 HTML 中，复选框用 input 标记来定义，而且必须把 type 属性设置为 checkbox。如果希望某个单选按钮在加载网页时处于选中状态，则需要设置其 checked 属性。如果希望复选框在加载网页时处于选中状态，则需要设置其 checked 属性。

与单选按钮类似，复选框的 value 属性值也不会显示在页面上，为此通常需要在复选框旁边为其添加描述文字。例如：

```
<input type="checkbox" name="chkHobby" id="chkRead" value="读书">读书
<input type="checkbox" name="chkHobby" id="chkSport" value="运动">运动
<input type="checkbox" name="chkHobby" id="chkMusic" value="音乐">音乐
```

复选框对象的常用属性如下。

（1）checked：设置或获取复选框的状态。若其值为 true，则表明该复选框被选中；若其值为 false，则表明该复选框未被选中。

（2）defaultChecked：设置或获取复选框的初始状态。

（3）disabled：获取或设置复选框是否被禁用。

（4）form：获取复选框所在表单的引用。

（5）name：设置或获取复选框的名称。

（6）value：获取复选框的选中值。如果访问者在网页中选择了某个复选框，则当提交表单时该复选框的 name 属性值和 value 属性值将被发送到服务器端。

复选框对象的常用方法如下。

（1）blur()：使复选框失去焦点并触发 onblur 事件。

（2）click()：模拟鼠标单击操作并触发 onclick 事件。

（3）focus()：使复选框获得焦点并执行由 onfocus 事件指定的代码。

复选框对象的常用事件如下。

（1）onblur：当复选框失去输入焦点时触发。

（2）onclick：当用户用鼠标左键单击复选框时触发。

（3）onfocus：当复选框获得焦点时触发。

【例 10.7】 本例说明如何使用复选框来制作一个简单的选课系统。在网页上列出了 9 门课程，可以从中选择 3～5 门课程。如果选择的课程少于 3 门或多于 5 门，则取消表单提交并通过对话框显示警告信息，如图 10.11 所示；如果选择了 3～5 门课程，则通过对话框显示提交的表单数据，如图 10.12 所示。

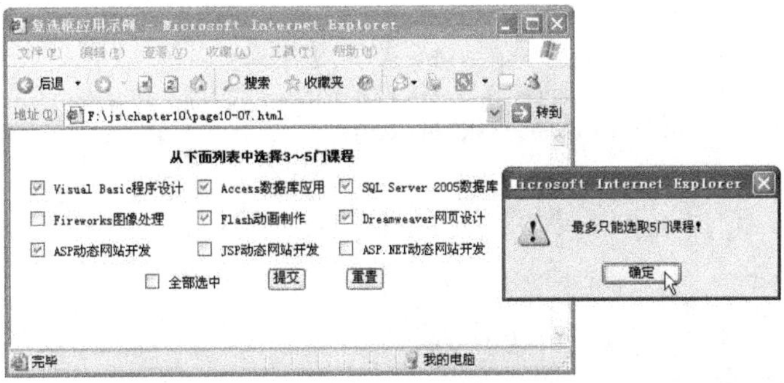

图 10.11 未满足最小选择数目

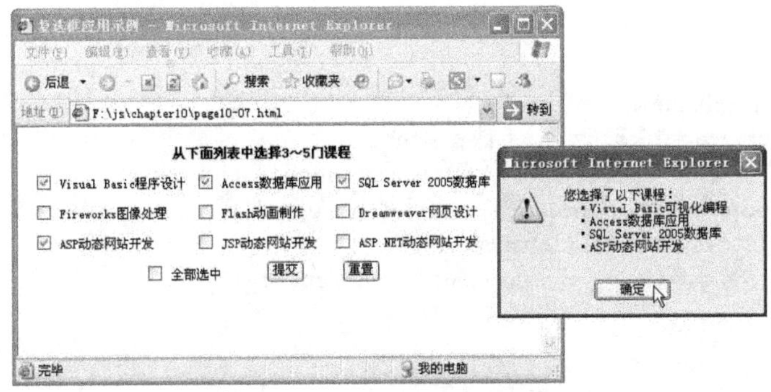

图 10.12 通过对话框显示提交结果

【代码清单】

```
<!-- F:\js\chapter10\page10-07.html -->
<html>
<head>
<title>复选框应用示例</title>
<script language="javascript" type="text/javascript">
<!--
  function selectAll(){
    if(document.form1.chkSelectAll.checked){
      for(var i = 0; i < document.form1.elements.length; i++){
        if(document.form1.elements[i].name = "chkCourse"){
          document.form1.elements[i].checked = true;
          document.getElementById("label1").innerHTML = "取消全选"
        }
      }
    }else{
      for(var i = 0; i < document.form1.elements.length; i++){
        if(document.form1.elements[i].name = "chkCourse"){
          document.form1.elements[i].checked = false;
```

```
                document.getElementById("label1").innerHTML = "全部选中"
            }
        }
    }
}
function checkData(){
    var iSelected = 0;
    for(var i = 0; i < document.form1.elements.length; i++){
        if(document.form1.elements[i].name = "chkCourse"){
            if(document.form1.elements[i].checked){
                iSelected++;
            }
        }
    }
    if(iSelected < 3){
        alert("至少需要选取 3 门课程！");
        return false;
    }else if(iSelected > 5){
        alert("最多只能选取 5 门课程！");
        return false;
    }
}
function doSubmit(){
    var sSelected = "您选择了以下课程：\n";
    for(var i = 0; i < document.form1.elements.length; i++){
        if(document.form1.elements[i].name = "chkCourse"){
            if(document.form1.elements[i].checked){
                sSelected += "    ·" + document.form1.elements[i].value + "\n";
            }
        }
    }
    alert(sSelected);
}
//-->
</script>
</head>
<body>
<form name="form1" id="form1" method="post" action="javascript:doSubmit()"
        onsubmit="return checkData()">
    <table cellpadding="3">
        <tr>
            <th colspan="3" scope="col">从下面列表中选择 3～5 门课程</th>
        </tr>
        <tr>
            <td><input type="checkbox"  name="chkCourse"id="chkVB"
                    value="Visual Basic 可视化编程" />Visual Basic 程序设计 </td>
            <td><input type="checkbox"  name="chkCourse"id="chkACC"
                    value="Access 数据库应用" />Access 数据库应用</td>
            <td><input type="checkbox"  name="chkCourse"id="chkSQL"
                    value="SQL Server 2005 数据库" />SQL Server 2005 数据库</td>
        </tr>
        <tr>
            <td><input type="checkbox"  name="chkCourse"id="chkFW"
```

```
                    value="Fireworks 图像处理" />Fireworks 图像处理</td>
      <td><input type="checkbox"   name="chkCourse"id="chkFL"
                    value="Flash 动画制作" />Flash 动画制作</td>
      <td><input name="chkCourse" type="checkbox" id="chkDW"
                    value="Dreamweaver 网页设计" />Dreamweaver 网页设计</td>
    </tr>
    <tr>
      <td><input name="chkCourse" type="checkbox" id="chkASP"
                    value="ASP 动态网站开发" />ASP 动态网站开发</td>
      <td><input name="chkCourse" type="checkbox" id="chkJSP"
                    value="JSP 动态网站开发" />JSP 动态网站开发</td>
      <td><input name="chkCourse" type="checkbox" id="chkNET"
                    value="ASP.NET 动态网站开发" />ASP.NET 动态网站开发</td>
    </tr>
    <tr>
      <td colspan="3" align="center">
        <input type="checkbox" name="chkSelectAll" id="chkSelectAll"
             onclick="selectAll();" />
        <span id="label1">全部选中</span>
              
        <input type="submit" name="btnSubmit" id="btnSubmit" value="提交" />
            
        <input type="reset" name="btnReset" id="btnReset" value="重置" /></td>
    </tr>
  </table>
</form>
</body>
</html>
```

10.4　列表框

使用单选按钮或复选框可以在网页上提供一组选项，供访问者进行单项选择或多项选择，所提供的选项越多，占用的空间就越大。为了使用有限空间来展示丰富的信息，通常也使用列表框来提供一组选项。列表框分为下拉式列表框和滚动式列表框，前者默认情况下只占据一行，但通过单击向下箭头时可弹出一个选项列表；后者不需要滚动即可显示指定数目的选项，当所包含的选项超过其高度时会自动出现滚动条。下面介绍如何通过 JavaScript 脚本来访问列表框。

10.4.1　列表框概述

在 HTML 中，列表框用 select 和 option 标记来定义，select 标记用于设置整个列表框对象的大多数特性，option 标记用于设置单个选项的特性。默认情况下浏览器把 select 元素呈现为下拉式列表框。例如：

```
<select name="lstColor" id="lstColor">
  <option value="red" selected="selected">红</option>
  <option value="green">绿</option>
```

```
    <option value="blue">蓝</option>
    <option value="white">白</option>
    <option value="black">黑</option>
</select>
```

其中，option 元素的 value 属性指定选项的值，<option>与</option>标记之间的文本指定显示在列表框中的文本。如果对某个选项设置了 selected，则当加载网页时该选项将处于选中状态。访问者只能从下拉式列表框选择一个选项。

如果希望把 select 元素呈现为滚动式列表框，则需要使用 size 属性来设置列表框的高度，也就是同时可见的选项个数。例如：

```
<select name="lstColor" id="lstColor" size="3">
    <option value="red" selected="selected">红</option>
    <option value="green">绿</option>
    <option value="blue">蓝</option>
    <option value="black">黑</option>
    <option value="white">白</option>
</select>
```

默认情况下，访问者只能从滚动式列表框中选择一个选项。如果要从滚动式列表框中选择多个选项，则需要对 select 元素设置 multiple 属性。

在 JavaScript 脚本中，可以使用 document.getElementById()方法或 document.forms 集合来访问列表框对象。例如：

```
oListBox = document.getElementById("lstColor");
oListBox = document.forms["form1"].lstColor;
oListBox = document.form1.lstColor;
```

select 对象的常用属性如下。

（1）disabled：获取或设置列表框是否被禁用。

（2）form：获取列表框所在表单的引用。

（3）length：设置或获取列表框包含的选项数目。

（4）multiple：设置或获取一个 Boolean 值，表明是否可在列表框中选中多个选项。

（5）name：设置或获取列表框的名称。

（6）selectedIndex：设置或获取选中的选项在列表框中的索引（第一个选项的索引为 0）。如果列表框允许进行多项选择，则 selectedIndex 属性值表示第一个选中项的索引。如果没有选择任何选项，则 selectedIndex 属性值为-1。

（7）size：设置或获取列表框的高度（行数）。

select 对象的常用方法如下。

（1）add：向 select 对象的 options 集合中添加一个 option 元素，语法如下：

```
oListBox.add(oOption[, iIndex]);
```

其中，参数 oOption 表示要添加的 option 元素；参数 iIndex 是可选的，表示要把 option 元素添加到 options 集合中的索引位置，如果省略，则添加到该集合的末尾。

（2）remove：从 select 对象的 options 集合中移除一个 option 元素，语法如下：

```
oListBox.remove(iIndex);
```

其中，参数 iIndex 为整数，用于指定要从 options 集合中移除的元素的索引值（第一个元素的索引为 0）。

select 对象的常用事件是 onchange，该事件在用户从列表框中选择不同选项时发生。

10.4.2　访问列表项

select 对象有一个 options 集合，该集合由列表框中的所有 option 对象组成。通过 options 集合可以对列表框中的选项进行访问。如果某个选项在 options 集合中的索引为 i，则可以通过 options[i]形式来获取该选项，并对其以下属性进行访问。

（1）options[i].defaultSelected：返回一个 Boolean 值，表明该选项初始化时是否被选中。

（2）options[i].length：返回一个整数，表示 options 集合包含的选项个数。该属性值等于 select 对象的 length 属性值。

（3）options[i].selected：返回一个 Boolean 值，表明该选项是否被选中。

（4）options[i].text：显示在列表框中的文本。

（5）options[i].value：选项的值。当用户提交表单时，select 对象的 name 属性值和选中项的 value 属性值将一起被发送到服务器端。

若要获取访问列表框中的列表项的文本和值，可以通过 select 对象的 options 集合来实现。假如某个列表项在 options 集合中的索引为 iIndex，则该列表项的文本和值分别为：

```
oListBox.options[iIndex].text
oListBox.options[iIndex].value
```

由于当前选中的列表项的索引值可以通过 select 对象的 selectedIndex 属性来获取，因此，很容易得到当前选中项的文本和值：

```
oListBox.options[oListBox.selectedIndex].text
oListBox.options[oListBox.selectedIndex].value
```

利用 option 对象的 selected 属性可以判断某个选项是否被选中。在允许多项选择时，可以通过遍历 options 集合以获取所有选中项的索引。为此，可以定义以下函数：

```
function getSelectedSIndexes(oListBox){
  var aIndexes = new Array();
  for(var i = 0; i < oListBox.length; i++){
    if(oListBox.options[i].selected){
      aIndexes.push(i);
    }
  }
  return aIndexes;
}
```

调用 getSelectedSIndexes 函数时，应将 select 对象作为参数传递到该函数中，该函数的返回值是一个数组，其中包含所有选中项的索引。

10.4.3　添加和删除列表项

在 HTML 中，通过 option 标记可以定义列表框包含的选项。在 JavaScript 脚本中，可以通过调用 option 对象的构造函数来创建新的 option 对象，语法如下：

```
var oOption = new Option(sText, sValue);
```

其中，sText 为该选项在列表框中显示的文本，sValue 为该选项的值。

创建 option 对象后，还需要通过调用 select 对象的 add()方法来把 option 对象添加到 options 集合中。例如：

```
var oOption = new Option("magenta", "洋红");
oListBox.add(oOption);
```

默认情况下 option 对象将被添加到 options 集合的末尾。若要把 option 对象添加到列表框的指定位置，则必须在调用 add()方法时设置第二个参数。例如：

```
var oOption = new Option("magenta", "洋红");
oListBox.add(oOption, 2);
```

若要从列表框中删除具有指定索引值的选项，可以通过以下两种方式来实现。

（1）把要删除的选项设置为 null 值。例如：

```
oListBox.options[2] = null;
```

（2）调用 select 对象的 remove()方法。例如：

```
oListBox.remove[2];
```

若要从列表框中删除所有选项，可以通过对每个选项调用 remove()方法来实现。为此，可以定义以下函数：

```
function clear(oListBox){
  for(var i =  oListBox.length –1; i >= 0; i—){
    oListBox.remove(i);
  }
}
```

【例 10.8】 本例说明如何使用列表框制作一个简单的选课系统。当从“专业”列表中选择一个专业时，“可选课程”列表中列出该专业可选的课程，并清空“已选课程”列表；当从“可选课程”列表中选择一门或多门课程并单击“>”按钮时，可将所选课程移动到“已选课程”列表中；若单击“>>”按钮，则把所有可选课程添加到“已选课程”列表中；当从“已选课程”列表中选择一门或多门课程并单击“<”按钮时，可把所选课程移动到“可选课程”列表中；若单击“<<”按钮，则把所有已选课程移动到“可选课程”列表中；当单击“提交”按钮时，将通过对话框显示所选择的课程，运行效果如图 10.13 所示。

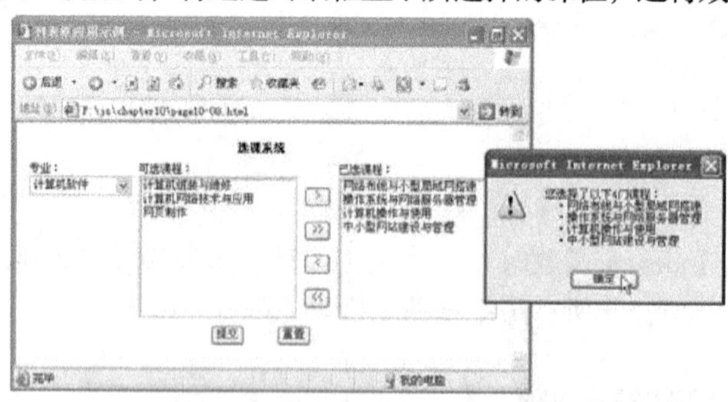

图 10.13　列表框应用示例

【代码清单】

```
<!-- F:\js\chapter10\page10-08.html -->
<html>
<head>
```

```
<title>列表框应用示例</title>
<style type="text/css">
<!--
body, td, th, input, select {font-size: 9pt;}
.btn {width:28px;}
.list {width:98px;}
-->
</style>
<script language="javascript" type="text/javascript">
<!--
  var aMajor = ["计算机软件","多媒体技术应用","计算机网络技术"];
  var aCourse1 = ["计算机操作与使用", "计算机网络技术与应用", "基于过程的程序设计",
        "网页制作","数据库应用开发","桌面应用程序开发","软件开发实训"];
  var aCourse2 = ["计算机操作与使用", "美术设计", "多媒体技术应用", "计算机图形图像处理",
        "二维动画制作", "三维动画制作", "音频视频编辑处理", "平面设计", "影视制作",
        "多媒体制作"];
  var aCourse3 = ["计算机操作与使用", "计算机组装与维修", "操作系统与网络服务器管理",
        "计算机网络技术与应用","网络布线与小型局域网搭建","网页制作","中小型网站建设与管理"];
  function clear(oListBox){
    for(var i =   oListBox.length -1; i >= 0; i—){
      oListBox.remove(i);
    }
  }
  function fillList(oListBox, aItems){
    clear(oListBox);
    for(var i = 0; i < aItems.length; i++){
      var oOption = new Option(aItems[i], aItems[i]);
      oListBox.add(oOption);
    }
    clear(document.form1.lstSelected);
  }
  function init(){
    fillList(document.form1.lstMajor, aMajor);
    fillList(document.form1.lstCourse, aCourse3);
  }
  function fillCourse(iMajorIndex){
    switch(iMajorIndex){
      case 0:
        fillList(document.form1.lstCourse, aCourse1);
        break;
      case 1:
        fillList(document.form1.lstCourse, aCourse2);
        break;
      case 2:
        fillList(document.form1.lstCourse, aCourse3);
        break;
      }
  }
  function getSelectedSIndexes(oListBox){
    var aIndexes = new Array();
    for(var i = 0; i < oListBox.length; i++){
      if(oListBox.options[i].selected){
        aIndexes.push(i);

      }
    }
```

```
        return aIndexes;
    }
    function add(){
        var iCourseIndex = document.form1.lstCourse.selectedIndex;
        if(document.form1.lstCourse.length > 0 && iCourseIndex == -1){
            alert("请选择要添加的课程！ ");
        }
        var aIndexes = getSelectedSIndexes(document.form1.lstCourse);
        for(var i = aIndexes.length -1; i >=0; i—){
            var oOption = document.form1.lstCourse.options[aIndexes[i]];
            document.form1.lstCourse.remove(aIndexes[i]);
            document.form1.lstSelected.add(oOption);
        }
    }
    function addAll(){
        for(var i = document.form1.lstCourse.length -1; i >= 0; i—){
            var oOption = document.form1.lstCourse.options[i];
            document.form1.lstCourse.remove(i);
            document.form1.lstSelected.add(oOption);
        }
    }
    function remove(){
        var iCourseIndex = document.form1.lstSelected.selectedIndex;
        if(document.form1.lstSelected.length > 0 && iCourseIndex == -1){
            alert("请选择要删除的课程！ ");
        }
        var aIndexes = getSelectedSIndexes(document.form1.lstSelected);
        for(var i = aIndexes.length -1; i >=0; i—){
            var oOption = document.form1.lstSelected.options[aIndexes[i]];
            document.form1.lstSelected.remove(aIndexes[i]);
            document.form1.lstCourse.add(oOption);
        }
    }
    function removeAll(){
        for(var i = document.form1.lstSelected.length -1; i >= 0; i—){
            var oOption = document.form1.lstSelected.options[i];
            document.form1.lstSelected.remove(i);
            document.form1.lstCourse.add(oOption);
        }
    }
    function checkData(){
        if(document.form1.lstSelected.length == 0){
            alert("请在列表框中选择课程！ ");
            return false;
        }
    }
    function doSubmit(){
        var sMsg = "您选择了以下" + document.form1.lstSelected.length + "门课程：\n";
        for(var i = 0; i < document.form1.lstSelected.length; i++){
            sMsg += "    ·" + document.form1.lstSelected[i].value + "\n";
        }
        alert(sMsg);
    }
//-->
</script>
</head>
```

```
<body onload="init();">
<form id="form1" name="form1" method="post" action="javascript:doSubmit()"
        onsubmit="return checkData()" onreset="init();">
  <table cellpadding="3">
    <tr>
      <th colspan="4" scope="col">选课系统</th>
    </tr>
    <tr>
      <td valign="top">专业：<br />
        <select name="lstMajor" id="lstMajor"
                onchange="fillCourse(this.selectedIndex);">
        </select></td>
      <td>可选课程：<br />
        <select name="lstCourse" size="10" multiple="multiple" id="lstCourse">
        </select></td>
      <td valign="middle"><br />
        <input type="button" name="btnAdd" id="btnAdd" value="&gt;" class="btn"
               onclick="add();" /><br />
        <input type="button"   name="btnAddAll" id="btnAddAll" class="btn"
               onclick="addAll();" value="&gt;&gt;" /><br />
        <input type="button"   name="btnRemove" class="btn" id="btnRemove"
               value="&lt;" onclick="remove();"/>
        <br />
        <input type="button" name="btnRemoveAll" id="btnRemoveAll"
               class="btn" onclick="removeAll();" value="&lt;&lt;" /></td>
      <td valign="top">已选课程：<br />
        <select name="lstSelected" id="lstSelected" size="10" multiple="multiple">
        </select></td>
    </tr>
    <tr>
      <td colspan="4" align="center">
        <input type="submit" name="btnSubmit" id="btnSubmit" value="提交" />
            
        <input type="reset" name="btnReset" id="btnReset" value="重置" /></td>
    </tr>
  </table>
</form>
</body>
</html>
```

习题 10

一、填空题

1. 表单的＿＿＿＿属性设置或获取表单内容要发送到并进行处理的 URL。
2. 表单的＿＿＿＿属性用于检索表单中的表单域的数目。
3. 当表单域失去焦点时发生＿＿＿＿事件。
4. 当表单域获得焦点时发生＿＿＿＿事件。
5. 如果未指定一个表单域 name 属性和 id 属性，可通过＿＿＿＿＿＿＿＿来获取该表单域。

6. 提交表单的三种方式：____________________；____________________；____________________。

7. 表单提交的目的地：____________________；____________________；____________________。

8. 重置表单的两种方式：____________________；____________________。

9. 文本框对象的________________属性用于设置或获取用户可在文本框中输入的最多字符数。

10. 文本区域的__________属性用于设置或获取其宽度，__________属性用于设置或获取其高度。

11. 若要使用一系列单选按钮构成一个选项组，则必须把这些单选按钮的______属性设置成相同的值。

12. 对于单选按钮和复选框，都可以通过_______属性来设置或获取其状态。

13. 下拉式列表框和滚动式列表框均使用________和________标记来创建，它们之间的区别在于是否设置________属性。

二、选择题

1. 假设表单的名称和 id 均为 form1，则不能获取表单对象的是（　　）。

A. document.getElementById("form1")　　B. document.forms["form1"]

C. document.form1　　D. document.forms.form1

2. 关于表单的提交和重置，错误的是（　　）。

A. 调用 reset()方法，可把表单中的表单域重置为它们的默认值但不会触发表单的 onreset 事件

B. 调用 submit()方法，可提交表单但不会触发表单的 onsubmit 事件

C. 单击“提交”按钮可提交表单并触发表单的 onsubmit 事件

D. 单击“重置”按钮可重置表单但不会触发表单的 onreset 事件

上机实验 10　表单与表单域应用

【实验目的】

1. 掌握访问表单和表单域的各种方法。
2. 掌握文本框和文本区域的常用属性、方法和事件并能加以应用。
3. 掌握单选按钮和复选框的常用属性、方法和事件并能加以应用。
4. 掌握列表框的常用属性、方法和事件并能加以应用。

【实验内容】

1. 创建一个网页，在表单中添加文本框、文本区域、单选按钮、复选框、提交按钮和重置按钮，用于填写用户信息，要求检查文本框和文本区域是否为空，若为空，则取消表单提交并显示警告信息；当单击“提交”按钮时在网页中显示所提交的表单数据，表单只允许提交一次。

2. 创建一个网页，在表单中添加一个文本框和一个文本区域，分别用于输入留言的标题和内容，要求限制在文本区域输入的最多字符数为 300 并为该文本区域添加一个计数器，当单击“提交”按钮时通过对话框显示所提交的表单数据。

3. 创建一个网页，利用复选框制作一个简单的选课系统，要求至少要选择 3 门课程，最多只能选择 5 门课程，当单击“提交”按钮时通过对话框显示所提交的表单数据。

4. 创建一个网页，利用列表框制作一个简单的选课系统，用一个下拉式列表框列出专业名称，用两个滚动式列表框分别列出可选课程和已选课程。当从下拉式列表框中选择一个专业时，通过滚动式列表框显示出该专业可选择的课程，并且可以通过按钮可以在两个滚动式列表框之间移动课程。

第 11 章 XMLHttpRequest 对象

前面各章介绍了 JavaScript 语言的基本内容，并讨论了如何通过 JavaScript 客户端编程实现网页与 Web 浏览器进行交互。本章介绍 JavaScript 在 Ajax 开发中的应用，讨论如何通过 XMLHttpRequest 对象以异步方式向服务器发送请求并接收和处理服务器响应，主要内容包括 HTTP 请求/响应基础、使用 XMLHttpRequest 对象、发送异步请求以及处理服务器响应等。

11.1 HTTP 请求/响应基础

HTTP 是整个 Web 的基础，它通过 Internet 或 Intranet 把网页、图像和其他资源传输到 Web 浏览器。当在浏览器中输入一个以“http://”开始的 URL 地址时，该地址指示将使用 HTTP 协议来访问给定位置上的信息。

HTTP 由浏览器对服务器的请求和服务器对浏览器的响应两个部分组成。当在浏览器中输入一个 URL 时，浏览器将创建并发送一个请求，该请求包含所输入的 URL 以及有关浏览器本身的一些信息。服务器接收该请求并发回一个响应，响应包含有关该请求以及数据位于该 URL（如果有的话）处的信息。浏览器解释响应并显示该网页或其他资源。

11.1.1 HTTP 请求

当用户通过浏览器向服务器发出 HTTP 请求时，将向服务器传递一个数据块，这就是请求信息。HTTP 请求信息格式如下：

```
<请求行>
<标头行>
<空行>
[<请求正文>]
```

在一个 HTTP 请求中，第一行必须是一个请求行，它指示请求的类型、要访问的资源和所使用的 HTTP 版本。接下来，标头的一部分表示可能用到服务器的其他信息。标头后是一个空行，其后可以跟着其他数据（称为正文）。

在 HTTP 中定义了多种请求类型，但 Web 开发人员感兴趣的只有两种请求类型，即 GET 请求和 POST 请求。无论何时，只要在 Web 浏览器中输入一个 URL，浏览器就会向服务器发送一个 GET 请求，它告知服务器要获得资源并将其发送回。

一个对 www.phei.com.cn 的 GET 请求看起来可能是下面的形式：

```
GET / HTTP/1.1
```

```
Host: www.phei.com.cn
User-Agent: Mozilla/5.0 (Windows; U; Windows NT 5.1; zh-CN; rv:1.8.1.3)
Gecko/20080311 Firefox/2.0.0.13
Connection: Keep-Alive
```

第一行是请求行，该行由三部分组成：第一部分指定这是一个 GET 请求；第二部分是一个正斜杠（/），指示该请求是对域的根的请求；第三部分指定使用 HTTP 1.1。

第二行给出请求中的主机标头，表示请求的目标。将主机标头与第一行中的正斜杠组合在一起告知服务器，该请求为 www.phei.com.cn/。主机标头是 HTTP 1.1 的要求；较早的版本 HTTP 1.0 不需要主机标头。

第三行包含用户代理标头，服务器和客户端脚本都可以访问它，这是大多数浏览器检测逻辑的基础。此信息是由正在使用的浏览器（在此例中为 Firefox 2.0.0.13）定义的，将在每个请求中自动发送。

第四行是连接标头，对于浏览器操作，它通常设置为保持活动。注意最后一个标头后面有一个单个空行。尽管没有请求的正文，空行还是需要的。

若要请求 www.phei.com.cn 域下的某个页面，例如 http://www.phei.com.cn/bookshop.asp，则该请求将包含以下信息：

```
GET /bookshop/bookshop.asp HTTP/1.1
Host: www.phei.com.cn
User-Agent: Mozilla/5.0 (Windows; U; Windows NT 5.1; zh-CN; rv:1.8.1.13)
Gecko/20080311 Firefox/2.0.0.13
Connection: Keep-Alive
```

在上述请求信息中，只有第一行（即请求行）发生了变化，这个请求行仅包含 URL 中跟在 www.phei.com.cn 之后的部分。

若要通过一个 GET 请求发送参数，则需要把额外信息附加到 URL 本身，格式如下：

```
URL?name1=value1&name2=value2&..&nameN=valueN
```

这个信息称为查询字符串，在 HTTP 请求中将被复制到请求行中，格式如下：

```
GET /bookshop/bookshop.asp?name=JavaScript%B6%AF%CC%AC%CD%F8%D2%B3%B1%E0%
B3%CC HTTP/1.1
Host: www.phei.com.cn
User-Agent: Mozilla/5.0 (Windows; U; Windows NT 5.1; zh-CN; rv:1.8.1.13)
Gecko/20080311 Firefox/2.0.0.13
Connection: Keep-Alive
```

在上述请求信息中，文本"JavaScript 动态网页编程"已进行编码处理，每个汉字都用%XX%XX 编码形式来替换，以便将其作为参数发送给该 URL。这个处理称为 URL 编码，在 HTTP 的许多部分都使用这种编码。在查询字符串中，如果有多个名称-值对，应使用&符号来分隔。大多数服务器端技术将自动解码请求正文并提供某种逻辑方式来访问这些值。例如，在 ASP 服务器端脚本中，可以通过 Request 对象的 QueryString 集合来获取 URL 参数。

除了 GET 请求之外，也经常通过 POST 请求在请求正文给服务器提供附加信息。一般来说，在填写联机表单并将其提交时，就是通过 POST 请求来发送表单数据。

典型的 POST 请求格式如下：

```
POST / HTTP/1.1
Host: www.phei.com.cn
User-Agent: Mozilla/5.0 (Windows; U; Windows NT 5.1; zh-CN; rv:1.8.1.13)
```

```
Gecko/20080311 Firefox/2.0.0.13
Content-Type: application/x-www-form-urlencoded
Content-Length: 86
Connection: Keep-Alive
name=JavaScript 动态网页编程&publisher=phei
```

应该注意 POST 请求与 GET 请求之间存在以下几个差别。

（1）请求行开头是 POST 而不是 GET，指示请求的类型。

（2）主机标头（Host）和用户代理标头（User-Agent）仍然存在，但在 POST 请求中又增加以下两个新的标头。

- Content-Type 标头：指示如何对请求正文进行编码。浏览器总是把发送的数据作为 application/x-www-form-urlencoded 进行编码，这是简单 URL 编码的 MIME 类型。
- Content-Length 标头：表示请求正文的字节长度。

（3）Connection 标头和空白行之后是请求正文。对于大多数浏览器来说，POST 请求由简单名称-值对组成，其中名称是“JavaScript 动态网页编程”，出版社是“phei”。这种格式是与 URL 中的查询字符串参数是相同的。

11.1.2　HTTP 响应

类似于 HTTP 请求，HTTP 响应信息也由三部分组成，其格式如下：

```
<状态行>
<标头行>
<空行>
[<响应正文>]
```

第一行是状态行，其中包含状态信息。状态行通过提供一个状态代码，告诉用户关于所请求资源的信息。

下面给出一个 HTTP 响应示例：

```
HTTP/1.1 200 OK
Date: Sun, 20 Apr 2008 09:59:59 GMT
Content-Type: text/html;charset=gb2312
Content-Length: 122
<html>
<head>
<meta http-equiv="Content-Type" content="text/html; charset=gb2312" />
<title>网页标题</title>
</head>
<body>
<!-- 这里是响应正文 -->
</body>
</html>
```

在本例中，状态行给出的 HTTP 状态代码是 200，状态消息为 OK。状态行总包含 HTTP 状态码和相应的简短消息。最常用的状态码如下。

- 200（OK）：服务器响应正常，找到了该资源，并且一切正常。
- 304（Not Modified）：在上次请求之后没有任何修改，该资源通常用于浏览器的缓存机制，使用 GET 请求时需要注意。

- 400（Bad Request）：无法找到请求的资源。这通常是因为语法错误，请求不能被服务器理解。
- 401（Unauthorized）：访问资源的权限不够，客户端无权访问该资源。这通常会使得浏览器要求用户输入用户名和密码，以登录到服务器。
- 403（Forbidden）：客户端未能获得授权，没有权限访问该资源。这通常是在 401 之后输入了不正确的用户名或密码。
- 404（Not Found）：在指定的位置不存在所请求的资源。
- 405（Method Not Allowed）：请求的方法不能被接受。
- 407（Proxy Authentication Requeired）：与 401 相似，但客户端需要通过代理验证。
- 414（Request-URI Too Long）：请求的 URL 太长，服务器拒绝处理。
- 500（Internal Server Error）：服务器内部错误。

在状态行之后有一些响应标头。通常，服务器会返回一个名为 Date 的首部，用来说明响应生成的日期和时间。此外，服务器通常还会返回一些关于其自身的信息，例如，Server 标头包含处理请求的服务器的软件信息。

接下来的是 Content-Type 和 Content-Length 两个标头，这与 POST 请求中是相同的。在本例中，标头 Content-Type 指定了 MIME 类型 HTML（text/html），其编码字符集为 gb2312（简体中文）。响应正文所包含的是所请求资源的 HTML 源文件，也可能包含纯文本或其他资源类型的二进制数据。浏览器将把这些数据显示给用户。

11.1.3 配置服务器端环境

为了接收用户通过 HTTP 请求发送的数据并进行处理，然后生成 HTTP 响应信息并返回客户端，通常还需要配置应用程序服务器。目前比较常用的服务器端技术有 ASP、JSP、PHP 以及 ASP.NET 等。下面以 ASP 技术为例说明如何配置服务器端开发环境。

ASP 是 Microsoft 公司开发的一种用来代替 CGI 程序的服务器端技术，可以用于创建和运行动态网页或 Web 应用程序。为了开发和运行 ASP 动态网站，需要在 Windows 平台上安装 IIS（Internet 信息服务）。IIS 提供了强大的 Internet 和 Intranet 服务功能，IIS 服务器既是 Web 服务器，也是 ASP 应用程序服务器。使用不同的 Windows 操作系统时，需要安装 IIS 的不同版本。

在 Winodows XP Professional 平台中安装配置 IIS 5.1 的过程如下。

（1）在“控制面板”窗口中，双击“添加或删除程序”项。

（2）当出现“添加或删除程序”窗口时，单击左侧的“添加/删除 Windows 组件”按钮，如图 11.1 所示。

（3）当出现“Windows 组件向导”对话框时，在“组件”列表框中选取“Internet 信息服务（IIS）”组件左边的复选框，然后单击“下一步”按钮，如图 11.2 所示。

（4）在组件向导提示下完成 IIS 的安装和配置，然后单击“完成”按钮。

完成 IIS 组件的安装后，可以在 IE 浏览器的地址栏输入“http://localhost”，如果此时可以看到如图 11.3 所示的测试页，则说明服务器配置正确。

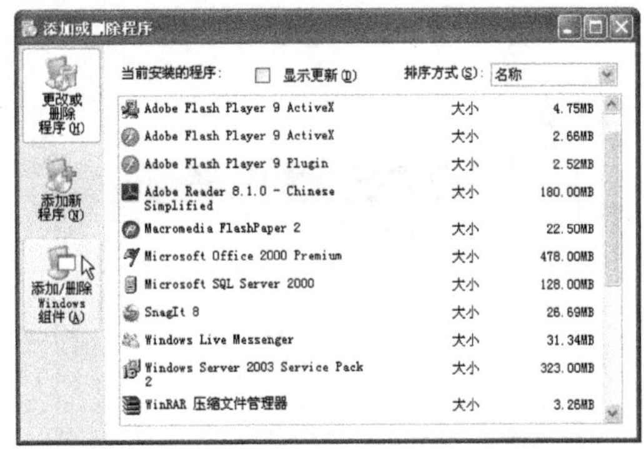

图 11.1　选择“添加/删除 Windows 组件”

图 11.2　选择安装 Internet 信息服务（IIS）组件

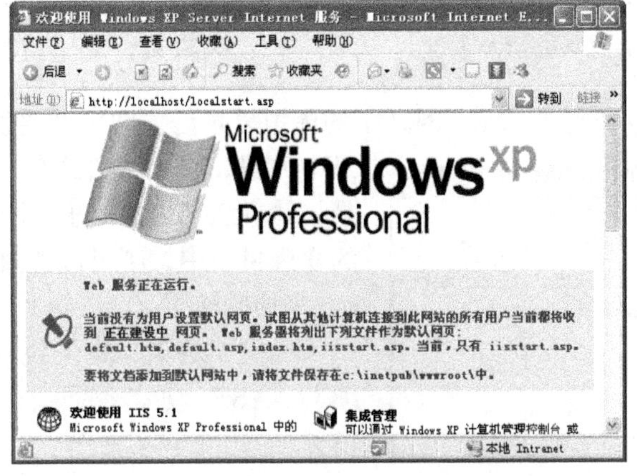

图 11.3　Windows XP 中的 IIS 测试页

Web 服务器将列出下列文件作为网站的默认网页：default.htm、default.asp、index.htm 以及 iisstart.asp。安装 IIS 后，只有 iisstart.asp。若要将文档添加到默认网站中，可将文件保存在 Windows 所在分区的\inetpub\wwwroot\文件夹中。

若要将文档保存到其他文件夹中，则必须把该文件夹设置为虚拟目录，操作方法如下。

（1）在 Windows 资源管理器中，用鼠标右键单击该文件夹并选择“共享和安全”命令。

（2）当出现“<文件夹名>－属性”对话框时，选择“Web 共享”选项卡，然后单击“共享文件夹”选项，如图 11.4 所示。

注意：

如果尚未在计算机上安装 IIS，则不会出现“Web 共享”选项卡。

（3）在“编辑别名”对话框中，对虚拟目录的属性进行以下设置，如图 11.5 所示。

- 在“别名”框中指定此虚拟目录的别名，可与物理目录相同或不相同。
- 设置访问权限，通常应选取“读取”复选框。
- 设置应用程序权限，通常应选取“脚本”复选框。

完成上述设置后，单击“确定”按钮。

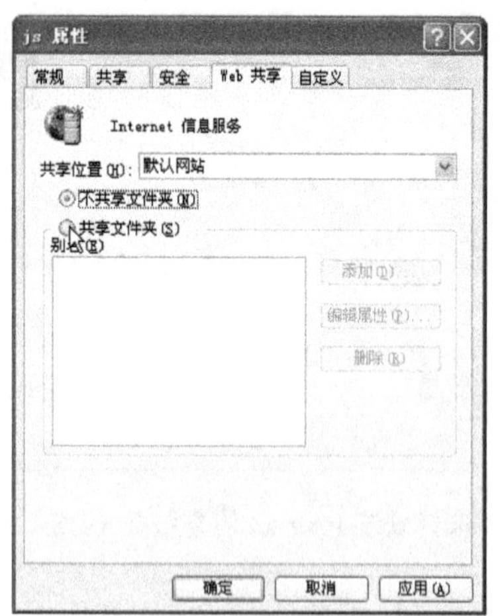

图 11.4　设置文件夹的 Web 共享属性

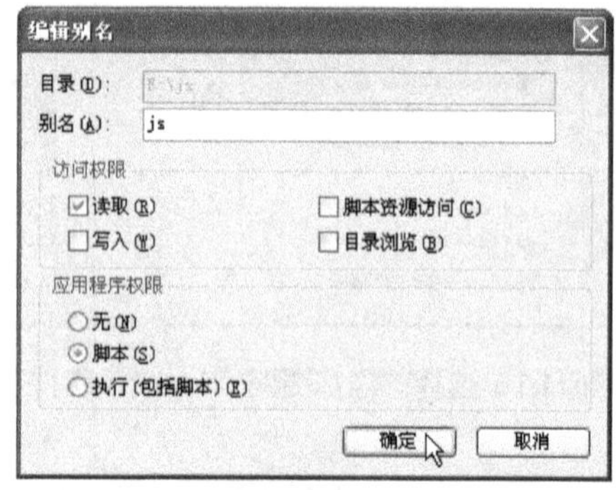

图 11.5　设置虚拟目录的属性

当把某个物理目录映射为 Web 网站中的虚拟目录后，即可把要发布的网页保存在该目录中。假如默认网站的有一个别名为 js 的虚拟目录，并且已把 ASP 动态网页 test.asp 保存在相应的物理目录中，则可以通过 http://localhost/js/test.asp 来访问该页。

图 11.6　ASP 测试页

【例 11.1】　本例说明如何使用 JavaScript 编写 ASP 动态网页，运行效果如图 11.6 所示。

【代码清单】

```
<!-- F:\js\chapter11\page11-01.asp -->
<%@LANGUAGE="JAVASCRIPT" CODEPAGE="936"%>
<html>
<head>
<meta http-equiv="Content-Type" content="text/html; charset=gb2312" />
<title>ASP 测试页</title>
</head>

<body>
<%
  var oDate = new Date();
  Response.Write("现在时间是：" + oDate.toLocaleString());
%>
</body>
</html>
```

说明：ASP 动态网页的文件扩展名为.asp。创建 ASP 动态网页时时，首先应设置所用脚本语言，为此在文档首行放置以下 ASP 处理指令：

```
<%@LANGUAGE="JAVASCRIPT" CODEPAGE="936"%>
```

其中，<% 和 %> 是 ASP 的定界符，LANGUAGE 关键字设置用于.asp 文件的脚本语言，可以是 JAVASCRIPT 或 VBSCRIPT；CODEPAGE 关键字设置.asp 文件的代码页（字符编码），936 表示简体中文。

在本例中，通过调用 ASP 内置对象 Response 的 Write()将指定的字符串直接写入到当前的 HTTP 响应正文中。每当刷新页面时，所显示的时间都会自动更新。

11.2　使用 XMLHttpRequest 对象

XMLHttpRequest 对象是 Ajax 技术的核心。利用 XMLHttpRequest 对象能够通过 JavaScript 客户端脚本来实现对服务器的异步请求，即在后台发送请求并接收服务器响应，通过动态获取响应数据来实现页面的局部更新。这样可以避免每次发送请求都要重新下载整个页面，既减轻了服务器的负担，又加快了响应速度，而且还缩短了用户的等待时间，在视觉上不中断用户体验。

11.2.1　创建 XMLHttpRequest 对象

Microsoft 在 Internet Explorer 5.0 浏览器中引入了 XML 支持，同时也推出了一个称为 MSXML 的 ActiveX 库，此库中提供的 XMLHttp 对象受到开发人员的青睐，很快就变得流行起来。

创建 XMLHttp 对象可以使开发人员从应用程序中的任何地方启动 HTTP 请求，这些请求可以用来返回 XML 数据。XMLHttp 对象为访问 XML 文档形式的信息提供了一种简便的方法。由于 XMLHttp 对象是一个 ActiveX 控件，因此不仅可以将其应用于网页中，也可以应用于任何基于 Windows 的桌面应用程序，不过，它在 Web 上流行的程度远远超过了在桌面应用程序上流行的程度。

看到 XMLHttp 对象的流行，Mozilla 也将其功能复制到其浏览器，如 Firefox。此后不久，Safari 1.2 和 Opera 7.6 浏览器也复制了 Mozilla 的 XMLHttp 实现。现在，XMLHttpRequest 是该技术的标准名称。目前，最流行的 4 个浏览器都在一定程度上支持 XMLHttpRequest 对象。Safari 和 Opera 的实现仍不完整，仅支持 GET 和 POST 请求类型，而不支持其他请求类型。

在不同的浏览器中创建 XMLHttpRequest 对象的方法有所不同。

在 Internet Explorer 5.0 和 6.0 中，XMLHttpRequest 是通过 ActiveX 控件来实现的。为此，必须在 JavaScript 脚本中使用专用的 ActiveXObject 类，并传入 XMLHttpRequest 控件的签名作为参数：

```
var oXmlHttpReq = new ActiveXObject("Microsoft.XMLHttp");
```

上述语句创建了 XMLHttpRequest 对象的第一个版本，这是随 Internet Explorer 5.0 一起安装的版本。随着 MSXML 库后续版本的发布，XMLHttpRequest 控件也有了一些新的版本。每个新版本都有更好的稳定性和更好的速度，为此，应当确保在用户计算机上始终使用可用的最新版本，这就需要对 XMLHttp 控件在不同版本中的签名有所了解。

XMLHttpRequest 控件各个版本的签名如下：Microsoft.XMLHttp；MSXML2.XMLHttp；MSXML2.XMLHttp.3.0；MSXML2.XMLHttp.4.0；MSXML2.XMLHttp.5.0；MSXML2.XMLHttp.6.0。

如何确定要使用的 XMLHttpRequest 控件的最佳版本呢？唯一的方法就是尝试创建每一

个版本。由于这是一个 ActiveX 控件，因此创建对象失败都将引发一个错误，这意味着必须把每次创建对象的尝试都放入 try...catch 块。

基于上述分析，可以定义下面的 JavaScript 函数来创建 XMLHttpRequest 对象：

```
function createXMLHttpReq(){
    var aVersions = ["MSXML2.XMLHttp.6.0",
        "MSXML2.XMLHttp.5.0", "MSXML2.XMLHttp.4.0",
        "MSXML2.XMLHttp.3.0", "MSXML2.XMLHttp","Microsoft.XMLHttp"];
    for(var i = 0; i < aVersions.length; i++){
        try{
            var oXmlHttpReq = new ActiveXObject(aVersions[i]);
            return oXmlHttpReq;
        }catch(oError){
            // 忽略引发的错误
        }
    }
    throw new Error("MSXML 库尚未安装。");
}
```

createXMLHttpReq()函数将各个 XMLHttpRequest 签名存储在一个数组中，而且最新的版本位于第一个。该函数遍历此数组并尝试使用每个签名来创建 XMLHttpRequest 对象。如果对象创建操作失败，则 catch 语句阻止由于一个 JavaScript 错误而停止执行；然后使用下一个签名进行尝试。当创建了一个对象时，就返回该对象。如果该函数执行结束而未创建一个 XMLHttpRequest 对象，将引发一个错误，指示创建失败。

以上定义的 createXMLHttpReq()函数适用于 Internet Explorer 5.0 和 6.0。

如果要在 Internet Explorer 7.0 以及其他浏览器中创建 XMLHttpRequest 对象，则要容易许多。在 Internet Explorer 7.0、Mozilla Firefox、Safari 以及 Opera 中，XMLHttpRequest 作为本地对象，都可以用以下方式来创建实例：

```
var oXmlHttpReq = new XMLHttpRequest();
```

如果要创建跨浏览器的 XMLHttpRequest 对象，就需要对前面定义的函数进行修改，以便把上述两种情况都考虑进去：

```
function createXMLHttpReq(){
  if(window.XMLHttpRequest){
    return new XMLHttpRequest();
  }else if(window.ActiveXObject){
  var aVersions = ["MSXML2.XMLHttp.6.0",
    "MSXML2.XMLHttp.5.0", "MSXML2.XMLHttp.4.0",
    "MSXML2.XMLHttp.3.0", "MSXML2.XMLHttp","Microsoft.XMLHttp"];
    for(var i = 0; i < aVersions.length; i++){
      try{
        var oXmlHttpReq = new ActiveXObject(aVersions[i]);
        return oXmlHttpReq;
      }catch(oError){
        // 忽略引发的错误
      }
    }
  }
  throw new Error("不能创建 XMLHttpRequest 对象。");
}
```

在上述函数定义中，首先检查 XMLHttpRequest 类是否被定义。如果该类已经存在，则用它来创建一个 XMLHttpRequest 对象；否则检查 ActiveXObject 类是否存在，如果已存在，则对 Internet Explorer 5.0 或 6.0 创建一个 XMLHttpRequest 对象。如果这两个测试都失败，则引发一个错误。为了重复使用该函数，可将其定义存放在一个单独的 JavaScript 脚本文件中。

【例 11.2】　创建一个跨浏览器的 XMLHttpRequest 对象，网页运行结果如图 11.7 所示。

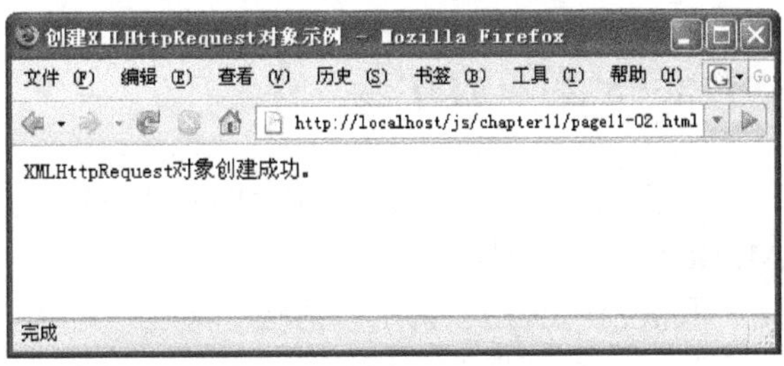

图 11.7　创建一个跨浏览器的 XMLHttpRequest 对象

【代码清单】

```
<!-- F:\js\chapter11\includes\ajax.js -->
function createXMLHttpReq(){
  if(window.XMLHttpRequest){
    return new XMLHttpRequest();
  }else if(window.ActiveXObject){
  var aVersions = ["MSXML2.XMLHttp.6.0",
    "MSXML2.XMLHttp.5.0", "MSXML2.XMLHttp.4.0",
    "MSXML2.XMLHttp.3.0", "MSXML2.XMLHttp","Microsoft.XMLHttp"];
    for(var i = 0; i < aVersions.length; i++){
      try{
        var oXmlHttpReq = new ActiveXObject(aVersions[i]);
        return oXmlHttpReq;
      }catch(oError){
        //Do nothing
      }
    }
  }
  throw new Error("不能创建 XMLHttpRequest 对象。");
}
<!-- F:\js\chapter11\page11-02.html -->
<html>
<head>
<title>创建 XMLHttpRequest 对象示例</title>
<script src="../includes/ajax.js" type="text/javascript"></script>
</head>

<body>
<script type="text/javascript">
<!--
  var oXmlHttpReq;
  try{
    oXmlHttpReq = createXMLHttpReq();
```

```
        }catch(oErr){
            document.writeln("脚本运行发生异常：" + oErr.toString());
        }
        if(oXmlHttpReq){
            document.writeln("XMLHttpRequest 对象创建成功。");
        }
    //-->
    </script>
    </body>
    </html>
```

11.2.2 XMLHttpRequest 对象的方法

创建 XMLHttpRequest 对象后，便可以通过该对象的一些方法和属性来实现与服务器的异步通信。下面介绍 XMLHttpRequest 对象的方法。

（1）abort 方法：用于取消当前 HTTP 请求，语法如下：

```
oXmlHttpReq.abort();
```

abort 方法没有返回值。

abort 方法中止一个在进行中的异步操作。通过在 open 方法中传递 true 给 bAsync 参数可以创建一个异步请求。

调用 abort 方法将重置对象，删除其 onreadystatechange 事件处理程序，并将 readyState 属性设置为 0（未初始化）。

（2）getAllResponseHeaders 方法：用于返回响应标头的完整列表，语法如下：

```
sHeaders = XMLHttpReq.getAllResponseHeaders();
```

getAllResponseHeaders 方法返回一个字符串，其中包含全部响应标头。每个名称-值对由回车符/换行符序列（CR/LF）分隔。

（3）getResponseHeader 方法：用于返回指定的响应标头，语法如下：

```
sH = oXmlHttpReq.getResponseHeader(sHeader);
```

其中，参数 bstrHeader 是必选的，其值是一字符串，指定响应标头的名称。

getResponseHeader 方法的返回值是一个字符串，其中包含指定响应标头的值。

（4）open 方法：用于初始化请求参数，即对一个挂起的请求设置方法、目标 URL 以及其他可选属性，语法如下：

```
oXmlHttpReq.open(sMethod, sUrl [, bAsync] [, sUser] [, sPassword]);
```

其中，参数 sMethod 是必选项，其值是一个字符串，指定打开连接所用的 HTTP 方法，例如，GET、POST 或 HEAD。该参数不区分大小写。

参数 sUrl 是必选项，其值是一个字符串，指定 XML 数据或服务器端 XML Web 服务的绝对或相对 URL。使用 GET 方法发送请求时，可把请求参数附加在该参数之后，URL 与参数之间用问号（?）分隔，参数名与参数值之间用等号（=）连接，不同名称-值对之间用符号&连接，例如，http://localhost/test.asp?name1=value1&name2=value2。

参数 bAsync 是可选项，其值为布尔值 true 或 false。若指定为 true，则为异步操作，调用 send 方法立即返回，脚本继续执行，无须等待响应；如果指定为 false，则在接收响应之前，脚本停止执行，并且冻结页面的功能。如果没有指定，则默认值为 true。可以将一个回调处理程序分配给该对象的 onreadystatechange 属性，以确定请求何时完成。

参数 sUser 是可选项，指定进行身份验证的用户名。如果该参数为空（""），或该参数未填但站点要求进行身份验证，则显示一个登录窗口。

参数 sPassword 是可选项，指定进行身份验证的密码。若用户名为空（""）或未填，则忽略该参数。

open 方法没有返回值。

使用 open 方法时，应注意以下几点。

- 使用 Internet Explorer 浏览器时，将在临时 Internet 文件夹中缓存 HTTP GET 请求的结果。在大多数情况下，对于不频繁更改的数据缓存可以提高性能。如果要保证不缓存结果，则使用 POST 方法。
- sUrl 参数只能指定在同一域中的文件，而且使用相同的端口和协议方法。不允许进行跨域、跨端口和混合协议请求。
- 尽管 open 方法通过参数接受凭据，但这些凭据在第一次请求时并不会自动发送到服务器。除非在状态码为 401（客户端无权访问该资源）的情况下服务器质询客户端的凭据，否则参数不传输 sUser 和 sPassword。
- 调用 open 方法后，可以使用 send 方法向服务器发送请求和数据（若有的话）。

（5）send 方法：用于向服务器发送 HTTP 请求并接收响应，语法如下：

```
oXmlHttpReq.send([varBody]);
```

其中，参数 varBody 是可选项，指定随请求发送的消息正文。

send 方法没有返回值。

使用 send 方法时，应注意以下几点。

- 调用 send 方法是同步的还是异步的，具体取决于调用 open 方法时参数 bAsync 的值。如果采用同步方式，则此调用不会返回，直到接收到整个响应或协议堆栈超时时间到期。如果采用异步方法，则此调用立即返回。
- 可选的 varBody 参数可以是 String 类型值、无符号字节数组，也可以是一个 XML DOM（文档对象模型）对象。
- 使用 GET 方法向服务器发送请求时，请求参数可以附加在 URL 后面，但在调用 send 方法时还是应该传递一个参数，此时使用 null 作为参数即可。如果直接使用无参数的 send 方法，在 Internet Exploer 中可以正常运行，在 Firefox 中则不能正常运行。

（6）setRequestHeader 方法：把自定义的 HTTP 标头添加到请求中，语法如下：

```
oXmlHttpReq.setRequestHeader(sName, sValue);
```

其中，参数 sName 和 sValue 都是必选项，分别指定标头的名称和值。

setRequestHeader 方法没有返回值。

【例 11.3】　本例说明如何通过 XMLHttpRequest 对象向服务器发出异步请求并获取所有响应标头和响应文本，网页运行结果如图 11.8 所示。

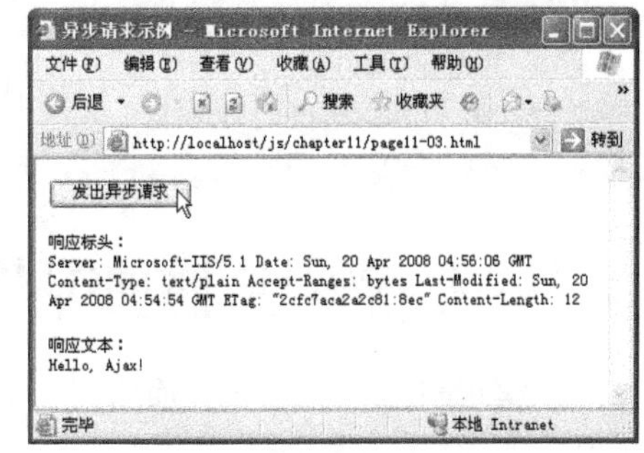

图 11.8　异步请求示例

【代码清单】

```
<!-- F:\js\chapter11\page11-03.html -->
<html>
<head>
<title>创建 XMLHttpRequest 对象示例</title>
<script src="../includes/ajax.js" type="text/javascript"></script>
<script type="text/javascript">
<!--
  var oXmlHttpReq = createXMLHttpReq();
  function process(){
  if(oXmlHttpReq){
        try{
          oXmlHttpReq.open("GET", "test.txt", true);
          oXmlHttpReq.onreadystatechange = callback;
          oXmlHttpReq.send(null);
        }catch(oErr){
          alert("无法连接服务器：" + oErr.toString());
        }
      }
  }
  function callback(){
    if(oXmlHttpReq.readyState == 4){
      if(oXmlHttpReq.status == 200){
        var sHeaders = oXmlHttpReq.getAllResponseHeaders();
        var sResponse = oXmlHttpReq.responseText;
        var oDiv = document.getElementById("div1");
        div1.innerHTML = "<p>响应标头：<br />"+sHeaders+"</p>";
        div1.innerHTML += "<p>响应文本：<br />"+sResponse+"</p>";
      }
    }
  }
//-->
</script>
</head>
<body>
<p align="left">
  <input name="btnSend" type="button" id="btnSend"
              onclick="process();" value="发出异步请求" />
</p>
<div align="left" id="div1"> </div>
</body>
</html>
<!-- F:\js\chapter11\test.txt -->
Hello, Ajax!
```

11.2.3 XMLHttpRequest 对象的属性

在实现与服务器的异步通信时，通常需要调用 XMLHttpRequest 对象的 open 方法来设置请求参数，使用 send 方法发送请求并接收响应。此外，还需要通过 XMLHttpRequest 对象的一些属性来设置异步请求的回调函数，检查该对象的处理状态和 HTTP 状态信息，并通过文本形式或 XML 文档对象形式获得服务器响应的数据。

XMLHttpRequest 对象的常用属性如下。

（1）onreadystatechange 属性：用于设置或检索异步请求的事件处理程序，语法如下：

```
[vCallback = ]oXmlHttpReq.onreadystatechange[ = vCallback];
```

onreadystatechange 属性是可读、可写的，它没有默认值，可以将其设置一个已定义的 JavaScript 函数的名称。该函数称为回调函数，当请求状态发生变化时将自动调用这个函数。

（2）readyState 属性：用于检索请求操作的当前状态，语法如下：

```
[iState = ]oXmlHttpReq.readyState;
```

其中，iState 是一个整型变量，可接收下列值之一。

- 0（Uninitialized）：该对象已被创建，但未初始化（尚未调用 open 方法）。
- 1（Open）：该对象已被创建，但尚未调用 send 方法。
- 2（Sent）：send 方法已被调用，但状态和标头仍然不可用。
- 3（Receiving）：已接收到一些数据。
- 4（Loaded）：所有数据均已收到，并且可用。

readyState 属性是一个只读属性，它没有默认值。

需要注意的是，当 readyState 属性值为 3 时，不能调用 responseBody 属性和 responseText 属性来获取部分结果。这样做将返回一个错误，因为状态和响应标头不完全可用，因此必须等收到所有数据。

（3）responseText 属性：用于检索服务器响应的文本，语法如下：

```
[sBody = ]XmlHttpReq.responseText
```

responseText 属性是一个只读属性，没有默认值。

（4）responseXML 属性：用于获取服务器响应的 XML 文档对象，语法如下：

```
[oXMLDocument = ]oXmlHttpReq.responseXML
```

responseXML 属性是一个只读属性，它没有默认值。

（5）status 属性：用于检索请求的 HTTP 状态码，语法如下：

```
[iStatus = ]oXmlHttpReq.status
```

其中，iStatus 是一个整型变量，可接收 HTTP 状态码。status 属性是一个只读属性，没有默认值。例如，200 表示服务器响应正常，401 表示访问被拒绝，404 表示所请求的资源不存在，500 表示服务器内部错误等。更多的 HTTP 状态码请参阅 11.1.2 节。

例如，以下脚本通过检查 HTTL 状态码来确定请求是否成功：

```
if(oXmlHttpReq.status == 401){
  alert("访问被拒绝。");
}else{
  alert(oXmlHttpReq.responseText);
}
```

（6）statusText 属性：用于检索 HTTP 请求的状态文本信息，语法如下：

```
[sStatus = ]oXmlHttpReq.statusText
```

statusText 属性是一个只读属性，它没有默认值。只有当服务器响应已经完成时，才会有该状态文本信息。

例如，以下脚本通过检查请求状态文本信息来确定请求是否成功：

```
oXmlHttpReq.open("GET", "test.xml", false);
oXmlHttpReq.send()
if(oXmlHttpReq.statusText == "OK"){
  alert(oXmlHttpReq.responseText);
}else{
  alert(oXmlHttpReq.statusText);
}
```

【例 11.4】　在本例中对异步请求状态的变化进行了检测并读取了服务器响应的文本信息，运行结果如图 11.9 所示。

图 11.9　HTTP 请求状态与服务器响应文本

【代码清单】

```
<!-- F:\js\chapter11\page11-04.html -->
<html>
<head>
<meta http-equiv="Content-Type" content="text/html; charset=gb2312" />
<title>HTTP 请求状态与服务器响应</title>
<script src="../includes/ajax.js" type="text/javascript"></script>
<script type="text/javascript">
<!--
  var oXmlHttpReq = createXMLHttpReq();
  function process(){
    if(oXmlHttpReq){
      try{
        oXmlHttpReq.open("GET", "test.html", true);
        oXmlHttpReq.onreadystatechange = callback;
        oXmlHttpReq.send(null);
      }catch(oErr){
          alert("无法连接服务器：" + oErr.toString());
      }
    }
  }
  function callback(){
    var div1 = document.getElementById("div1");
    if(oXmlHttpReq.readyState == 1){
      div1.innerHTML = "<p>请求状态：1（Open）<br />";
    }
```

```
        if(oXmlHttpReq.readyState == 2){
          div1.innerHTML+="请求状态：2（Sent）<br />";
        }
        if(oXmlHttpReq.readyState == 3){
          div1.innerHTML += "请求状态：3（Receiving）<br />";
        }
        if(oXmlHttpReq.readyState == 4){
          div1.innerHTML += "请求状态：4（Loaded）<br /></p>";
          if(oXmlHttpReq.status == 200){
              var sResponse = oXmlHttpReq.responseText;
              div1.innerHTML += "<p>服务器响应文本："+sResponse+"</p>";
          }
        }
    }
//-->
</script>
</head>

<body>
<p><input type="button" name="btnSend" id="btnSend"
                value="发送异步请求" onclick="process();"/>
</p>
<div id="div1"></div>
</body>
</html>
<!-- F:\js\chapter11\test.html -->
<table align="center" border="1" width="300">
<tr><th>JavaScript 动态网页编程</th></tr>
</table
```

说明：文件 test.html 的编码方式应设置为 UTF-8。若不设置编码方式，则可能出现乱码。

11.3　发送异步请求

如前所述，通过 XMLHttpRequest 对象可以通过 JavaScript 脚本对服务器发送 HTTP 请求，这种请求是在后台发送以异步方式的，在视觉上基本不中断用户体验，这也是 Ajax 应用与传统 Web 应用的主要区别所在。

11.3.1　发送简单请求

通过 XMLHttpRequest 对象发送 HTTP 请求时，主要包括以下步骤。

（1）初始化 XMLHttpRequest 对象。

（2）通过调用 open 方法设置请求方法、所请求服务器资源的 URL 以及是否采用异步方式等请求参数。如果用 GET 方法发送请求，还可以在 URL 后面附加请求参数。

（3）通过设置 onreadystatechange 属性指定请求状态改变时调用的事件处理程序。

（4）通过调用 send 方法发送请求并接收响应。如果用 POST 方法发送请求，还可以把请求参数传入 send 方法。

如果在调用 open 方法和 send 方法时都没有传入任何参数，则这种请求也称为简单请求。简单请求通常应用于自动刷新的场合，用于从服务器端获取公告性质的响应，例如股票行情等实时信息。由于发送简单请求时不需要向服务器端传递参数，使用 POST 方法或 GET 方法都是可以的。

在例 11.3 和例 11.4 中，单击按钮时发送的异步请求都属于简单请求，在这两个例子中请求的资源分别是位于服务器端的文本文件和 HTML 文档，它们的内容都是固定不变的，不需要传递请求参数。

【例 11.5】 在本例中通过 ASP 动态网页随机生成三个数字作为三支虚拟股票的价格，通过 HTML 网页以简单请求方式获取这些价格并以表格形式显示出来，要求每隔 1s 刷新一次数据显示，网页运行结果如图 11.10 所示。

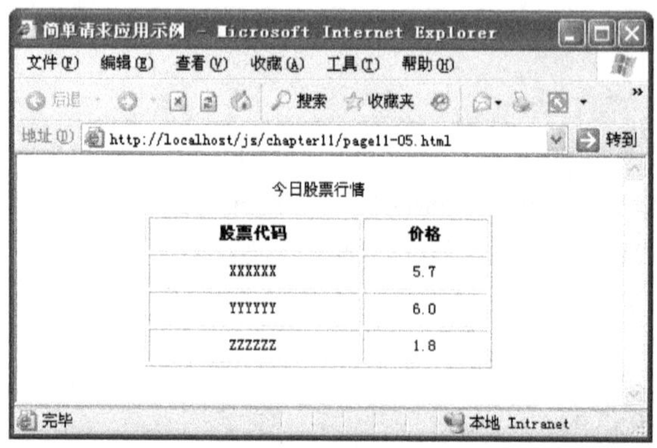

图 11.10 简单请求应用示例

【代码清单】

```
<!-- F:\js\chapter11\page11-05.asp -->
<%@LANGUAGE="JAVASCRIPT" CODEPAGE="936"%>
<%
  var x1 = (Math.random() * 10).toPrecision(2);
  var x2 = (Math.random() * 10).toPrecision(2);
  var x3 = (Math.random() * 10).toPrecision(2);
  Response.Write(x1 + "," + x2 + "," + x3)
%>
<!-- F:\js\chapter11\page11-05.html -->
<html>
<head>
<title>简单请求应用示例</title>
<script src="../includes/ajax.js" type="text/javascript"></script>
<script type="text/javascript">
<!--
  var oXmlHttpReq = createXMLHttpReq();
  function process(){
    if(oXmlHttpReq){
      try{
        oXmlHttpReq.open("POST", "page11-05.asp", true);
        oXmlHttpReq.onreadystatechange = callback;
        oXmlHttpReq.send(null);
      }catch(oErr){
```

```
                alert("无法连接服务器：" + oErr.toString());
            }
        }
    }
    function callback(){
        if(oXmlHttpReq.readyState == 4){
            if(oXmlHttpReq.status == 200){
                var sResponse = oXmlHttpReq.responseText;
                var aPrices = sResponse.split(",");
                // 通过表格的单元格显示服务器响应的数据以实现局部刷新
                document.getElementById("stock1").innerHTML = aPrices[0];
                document.getElementById("stock2").innerHTML = aPrices[1];
                document.getElementById("stock3").innerHTML = aPrices[2];
            }
        }
    }
    window.setInterval("process()", 1000);
//-->
</script>
</head>
<body>
<table width="268" border="1" align="center" cellpadding="5">
    <caption>今日股票行情</caption>
    <tr>
        <th scope="col">股票代码</th>
        <th scope="col">价格</th>
    </tr>
    <tr>
        <td align="center">XXXXXX</td>
        <td align="center" id="stock1"> </td>
    </tr>
    <tr>
        <td align="center">YYYYYY</td>
        <td align="center" id="stock2"> </td>
    </tr>
    <tr>
        <td align="center">ZZZZZZ</td>
        <td align="center" id="stock3"> </td>
    </tr>
</table>
</body>
</html>
```

11.3.2　发送 GET 请求

如果要使用 XMLHttpRequest 对象发送 GET 请求，调用 open 方法时把第一个参数设置为“GET”即可。此外，还需要注意以下几点。

（1）若要向服务器端发送请求参数，则应在调用 open 方法时把名称-值对象附加在第二个参数（所请求的服务器资源的 URL）的后面，例如：

```
http://localhost/js/process.asp?name1=value1&name2=value2
```

（2）调用 send 方法时，建议把 null 值作为传入参数，以便能够在 Firefox 中正常运行。

（3）如果在服务器端通过 ASP 页来接收客户端发送的异步请求，则可以通过 Request 对象的 QueryString 集合来获取客户端传递的请求参数。

（4）由于 URL 的长度限制在 8 192 个字符以内，所以不能通过 GET 方法请求来发送大量的数据。如果发送的数据量太大，数据可能被截断，将无法得到预期的处理结果，在这种情况下可以改用 POST 方法发送异步请求。

（5）使用 Internet Explorer 浏览器时，将在临时 Internet 文件夹中缓存 HTTP GET 请求的结果。如果要保证不缓存结果，可改用 POST 方法来发送异步请求，或者在服务器端中禁止页面缓存。在 ASP 脚本中，可以通过以下代码来禁止页面缓存：

```
<%
  Response.Expires = 0;
  Response.ExpiresAbsolute = "1980-1-1";
  Response.AddHeader("pragma", "no-cache");
  Response.AddHeader("cache-control", "private");
  Response.CacheControl = "no-cache";
%>
```

【例 11.6】 本例说明如何进行 Ajax 表单验证。当注册新会员时，一旦光标离开“用户名”文本框时，就以异步方式向服务器发送一个 GET 请求并传递输入的用户名，并在服务器上对数据库进行查询，以获取此用户名是否可用的信息，此信息即时显示出来，而不必等到单击“注册”按钮时。如果数据库中已包含该用户名，则以红色显示“用户名×××已被注册”，如图 11.11 所示；如果该用户名尚未占用，则以蓝色显示“用户名×××可用”，如图 11.12 所示。

图 11.11 录入的用户名已被注册

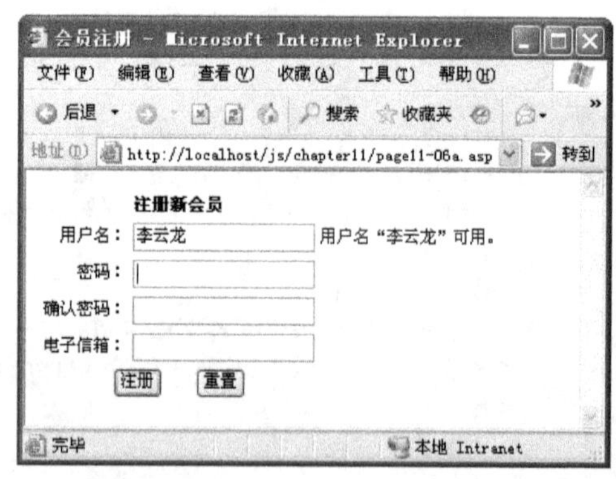

图 11.12 录入的用户名可用

【代码清单】

```
<!-- F:\js\chapter11\page11-06a.asp -->
<%
  var bReg = false;
  if(String(Request.Form("btnSubmit")) == "注册") {
    var cmd = Server.CreateObject ("ADODB.Command");
    cmd.ActiveConnection = "Driver={Microsoft Access Driver (*.mdb)};" +
          "DBQ=f:\\js\\data\\StudentInfo.mdb";
    cmd.CommandText = "INSERT INTO Users (Username, Password, Email) VALUES (?, ?, ?)";
    cmd.Parameters.Append(cmd.CreateParameter("param1", 202, 1, 20,
```

```
            Request.Form("txtUsername")));
        cmd.Parameters.Append(cmd.CreateParameter("param2", 202, 1, 20,
            Request.Form("txtPassword"))); // adVarWChar
        cmd.Parameters.Append(cmd.CreateParameter("param3", 202, 1, 50,
            Request.Form("txtEmail"))); // adVarWChar
        cmd.Execute();
        cmd.ActiveConnection.Close();
        bReg = true;
    }
%>
<html>
<head>
<title>会员注册</title>
<script src="../includes/ajax.js" type="text/javascript"></script>
<script type="text/javascript">
<!--
    var oXmlHttpReq = createXMLHttpReq();
    function sendRequest(){
        if(oXmlHttpReq){
            try{
                var sUsername = document.form1.txtUsername.value;
                oXmlHttpReq.open("GET", "page11-06b.asp?username=" + sUsername, true);
                oXmlHttpReq.onreadystatechange = callback;
                oXmlHttpReq.send(null);
            }catch(oErr){
                alert("无法连接服务器：" + oErr.toString());
            }
        }
    }
    function callback(){
        if(oXmlHttpReq.readyState == 4){
            if(oXmlHttpReq.status == 200){
                var sResponse=oXmlHttpReq.responseText;
                // 通过 td 元素显示服务器响应的数据，以实现页面局部刷新
                document.getElementById("msg").innerHTML=sResponse;
            }else{
                alert("访问服务器出现错误：" + oXmlHttpReq.statusText + "(" + oXmlHttpReq.status + ")");
            }
        }
    }
    function checkData(){
        for(var i = 0; i < document.form1.length; i++){
            if(document.form1.elements[i].type == "text" &&
                document.form1.elements[i].value == ""){
                alert("文本框不能为空！");
                document.form1.elements[i].focus();
                return false;
            }
        }
        if(document.form1.txtPassword.value != document.form1.txtConfirm.value){
            alert("两次输入的密码不一致！");
            return false;
        }
```

```
    }
//-->
</script>
</head>
<body>
<form method="POST" action="page11-06a.asp" name="form1" id="form1"
        onsubmit="return checkData()">
  <table width="346">
    <tr>
      <th colspan="2" scope="col">注册新会员</th>
    </tr>
    <tr>
      <td width="88" align="right">用户名：</td>
      <td width="246"><input type="text" name="txtUsername" id="txtUsername"
            onblur="sendRequest();" />
      <span id="msg"></span></td>
    </tr>
    <tr>
      <td align="right">密码：</td>
      <td><input type="password" name="txtPassword" id="txtPassword" /></td>
    </tr>
    <tr>
      <td align="right">确认密码：</td>
      <td><input type="password" name="txtConfirm" id="txtConfirm" /></td>
    </tr>
    <tr>
      <td align="right">电子信箱：</td>
      <td><input type="text" name="txtEmail" id="txtEmail" /></td>
    </tr>
    <tr>
      <td colspan="2" align="center"><input type="submit" name="btnSubmit"
            id="btnSubmit" value="注册" />  
      <input name="btnReset" type="reset" id="btnReset" value="重置" /></td>
    </tr>
  </table>
</form>
<% if(bReg){ %>
<script language="javascript" type="text/javascript">
<!--
alert("恭喜您注册成功！");
//-->
</script>
<% } %>
</body>
</html>
<!-- F:\js\chapter11\page11-06b.asp -->
<%@LANGUAGE="JAVASCRIPT" CODEPAGE="936"%>
<%
  if(String(Request.QueryString("username")) != "undefined" &&
    String(Request.QueryString("username")) != "") {
    username = String(Request.QueryString("username"));
  }
  var cmd = Server.CreateObject ("ADODB.Command");
```

```
    cmd.ActiveConnection = "Driver={Microsoft Access Driver (*.mdb)};" +
        "DBQ=f:\\js\\data\\StudentInfo.mdb";
    cmd.CommandText = "SELECT Username FROM Users WHERE Username = ?";
    cmd.Parameters.Append(cmd.CreateParameter("param1", 200, 1, 20, username));
    var rs = cmd.Execute();

    Response.Expires = 0;
    Response.ExpiresAbsolute = "1980-1-1";
    Response.AddHeader("pragma", "no-cache");
    Response.AddHeader("cache-control", "private");
    Response.CacheControl = "no-cache";
    Response.Charset = "gb2312";
    if(rs.EOF){
      Response.Write("<font color=\"blue\">用户名 “" + username + "” 可用</font>");
    }else{
      Response.Write("<font color=\"red\">用户名 “" + username + "” 已被注册</font>");
    }
    rs.Close();
%>
```

11.3.3　发送 POST 请求

使用 XMLHttpRequest 对象可以向服务器发送 POST 请求，为此调用 open 方法时需要把第一个参数设置为“POST”。此外，还需要注意以下几点。

（1）在调用 open 方法之后，应调用 setRequestHeader 方法为 POST 请求设置适当的请求标头，通常要对 Content-Type 标头进行设置。

（2）如果要发送请求参数，可以在调用 send 方法时把请求正文作为传入参数，该参数通常是一个字符串，而且必须采用“name1=value1&name2=value2”形式。

（3）如果在服务器端用 ASP 脚本来接收异步请求，则可以通过 Request 对象的 Form 集合来获取所传递的请求参数。

（4）通过 send 方法发送请求参数时，如果参数值包含中文信息，则有可能出现乱码现象。解决的方法是，调用 send 方法之前用 escape 函数对参数值进行编码，在 ASP 脚本中再用 unescape 函数对该参数值进行解码。

（5）向服务器发送 POST 请求时，除了通过 send 方法传递请求参数外，仍然可以通过 open 方法传递请求参数，还可以同时使用两种方式传递参数。在 ASP 脚本中，用 send 方法传递的请求参数通过 Request 对象的 Form 集合来获取；用 open 方法传递的请求参数通过 Request 对象的 QueryString 方法来获取，而且不必进行编码-解码处理。

【例 11.7】　本例中说明使用 XMLHttpRequest 对象发送 POST 请求。在会员注册页上，当输入用户名并使光标离开此文本框时，将通过异步方式向服务器发送一个 POST 请求并传递输入的用户名，并在服务器上对数据库进行查询，以获取此用户名是否可用的信息，此信息即时显示出来，而不必等到单击“注册”按钮时。如果数据库中已包含该用户名，则“此用户名×××已被注册”，如图 11.13 所示；如果该用户名尚未占用，则显示“用户名×××可用”，如图 11.14 所示。

图 11.13　录入的用户名已被注册

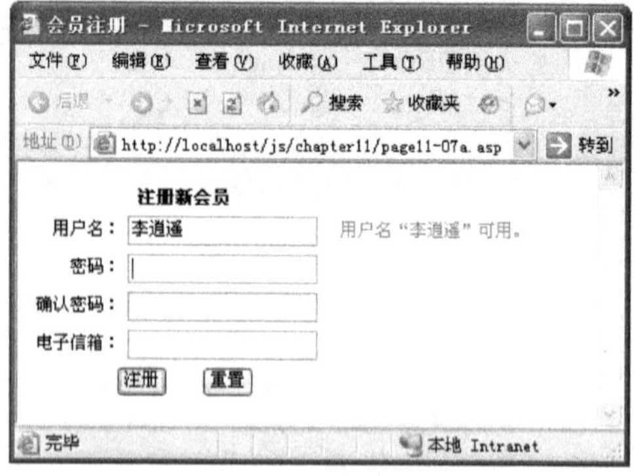

图 11.14　录入的用户名可用

【代码清单】

```
<!-- F:\js\chapter11\page11-07a.asp -->
<%
  var bReg = false;
  if(String(Request.Form("btnSubmit")) == "注册") {
     var cmd = Server.CreateObject ("ADODB.Command");
    cmd.ActiveConnection = "Driver={Microsoft Access Driver (*.mdb)};" +
         "DBQ=f:\\js\\data\\bbs.mdb";
    cmd.CommandText = "INSERT INTO Users (Username, Password, Email) VALUES (?, ?, ?)";
    cmd.Parameters.Append(cmd.CreateParameter("param1", 202, 1, 20,
         Request.Form("txtUsername")));
    cmd.Parameters.Append(cmd.CreateParameter("param2", 202, 1, 20,
         Request.Form("txtPassword")));
    cmd.Parameters.Append(cmd.CreateParameter("param3", 202, 1, 50,
         Request.Form("txtEmail")));
    cmd.Execute();
    cmd.ActiveConnection.Close();
    bReg = true;
  }
%>
<html>
<head>
<title>会员注册</title>
<script src="../includes/ajax.js" type="text/javascript"></script>
<script type="text/javascript">
<!--
  var oXmlHttpReq = createXMLHttpReq();
  function sendRequest(){
    if(oXmlHttpReq){
      try{
        var sUsername = document.form1.txtUsername.value;
        var sData = "username=" + escape(sUsername);
        oXmlHttpReq.open("POST", "page11-07b.asp", true);
        oXmlHttpReq.setRequestHeader("Content-Type", "application/x-www-form-urlencoded");
        oXmlHttpReq.onreadystatechange = callback;
        oXmlHttpReq.send(sData);
      }catch(oErr){
        alert("无法连接服务器：" + oErr.toString());
```

```
            }
        }
    }
    function callback(){
        if(oXmlHttpReq.readyState == 4){
            if(oXmlHttpReq.status == 200){
                var sResponse=oXmlHttpReq.responseText;
                // 通过 td 元素显示服务器响应的信息，以实现页面局部刷新
                document.getElementById("msg").innerHTML=sResponse.fontcolor("gray");
            }else{
                alert("访问服务器出现错误：" + oXmlHttpReq.statusText + "(" + oXmlHttpReq.status + ")");
            }
        }
    }
    function checkData(){
        for(var i = 0; i < document.form1.length; i++){
            if(document.form1.elements[i].type == "text"
                    && document.form1.elements[i].value == ""){
                alert("文本框不能为空！");
                document.form1.elements[i].focus();
                return false;
            }
        }
        if(document.form1.txtPassword.value != document.form1.txtConfirm.value){
            alert("两次输入的密码不一致！");
            return false;
        }
    }
//-->
</script>
</head>
<body>
<form method="POST" action="page11-07a.asp" name="form1" id="form1"
        onsubmit="return checkData()">
    <table>
        <tr>
            <th colspan="2" scope="col">注册新会员</th>
            <th scope="col"> </th>
        </tr>
        <tr>
            <td width="60" align="right">用户名：</td>
            <td width="144"><input type="text" name="txtUsername" id="txtUsername"
                    onblur="sendRequest();" /></td>
            <td width="158" id="msg"> </td>
        </tr>
        <tr>
            <td align="right">密码：</td>
            <td><input type="text" name="txtPassword" id="txtPassword" /></td>
            <td> </td>
        </tr>
        <tr>
            <td align="right">确认密码：</td>
            <td><input type="text" name="txtConfirm" id="txtConfirm" /></td>
```

```
            <td> </td>
        </tr>
        <tr>
            <td align="right">电子信箱：</td>
            <td><input type="text" name="txtEmail" id="txtEmail" /></td>
            <td> </td>
        </tr>
        <tr>
            <td colspan="2" align="center"><input type="submit" name="btnSubmit"
                    id="btnSubmit" value="注册" />  
            <input name="btnReset" type="reset" id="btnReset" value="重置" /></td>
            <td align="center"> </td>
        </tr>
    </table>
</form>
<% if(bReg){ %>
<script language="javascript" type="text/javascript">
<!--
    alert("恭喜您注册成功！");
//-->
</script>
<% } %>
</body>
</html>
<!-- F:\js\chapter11\page11-07b.asp -->
<%@LANGUAGE="JAVASCRIPT" CODEPAGE="936"%>
<%
    if(String(Request.Form("username")) != "undefined" &&
        String(Request.Form("username")) != ""){
        username = String(Request.Form("username"));
    }
    var cmd = Server.CreateObject ("ADODB.Command");
    cmd.ActiveConnection = "Driver={Microsoft Access Driver (*.mdb)};" +
            "DBQ=f:\\js\\data\\bbs.mdb";
    cmd.CommandText = "SELECT Username FROM Users WHERE Username = ?";
    cmd.Parameters.Append(cmd.CreateParameter("param1", 200, 1, 20, username));
    var rs = cmd.Execute();

    Response.Expires=0;
    Response.ExpiresAbsolute="1980-1-1";
    Response.AddHeader("pragma", "no-cache");
    Response.AddHeader("cache-control", "private");
    Response.CacheControl="no-cache";
    Response.Charset="gb2312";
    if(rs.EOF){
        Response.Write("用户名“" + unescape(username) + "”可用。");
    }else{
        Response.Write("用户名“" + unescape(username) + "”已被注册！");
    }
    rs.Close();
%>
```

11.3.4 发送 XML 请求

在 GET 请求中，调用 open 方法时可把请求参数以名称-值对形式附加在 URL 之后发送；在 POST 请求中，调用 send 方法时可把请求参数以名称-值对象形式作为请求正文的一部分发送。但是，使用这两种方式都不足以向服务器发送大量的结构化数据。更好的解决方案是把 XML 作为请求正文的一部分发送到服务器，这就是 XML 请求。

通过 XMLHttpRequest 对象发送 XML 请求时，需要注意以下几点。

（1）调用 open 方法时，把第一个参数设置为“POST”。

（2）调用 send 方法时，把请求参数封装成 XML 字符串形式传入该方法。

（3）若用 ASP 服务器脚本接收异步请求，可通过以下步骤来读取和解析 XML 数据。

➢ 通过调用 Server 对象的 CreateObject 方法来创建一个 XML 文档对象：

```
var xmlDoc=Server.CreateObject("Microsoft.XMLDOM");
```

➢ 通过 XML 文档对象来加载通过 XMLHttpRequest 对象发送的 XML 数据：

```
xmlDoc.load(Request);
```

➢ 通过文档对象模型对 XML 数据进行解析。

【例 11.8】 在本例中通过异步请求向服务器端发送用 XML 封装的请求参数，在服务器端通过 ASP 脚本接收和解析 XML 数据并返回客户端，网页运行结果如图 11.15 所示。

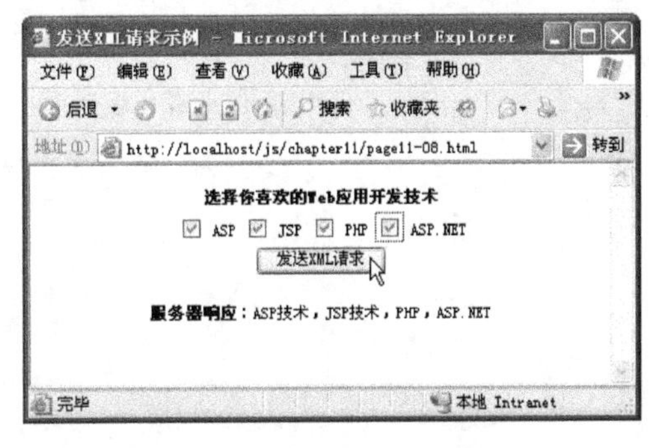

图 11.15　发送 XML 请求示例

【代码清单】

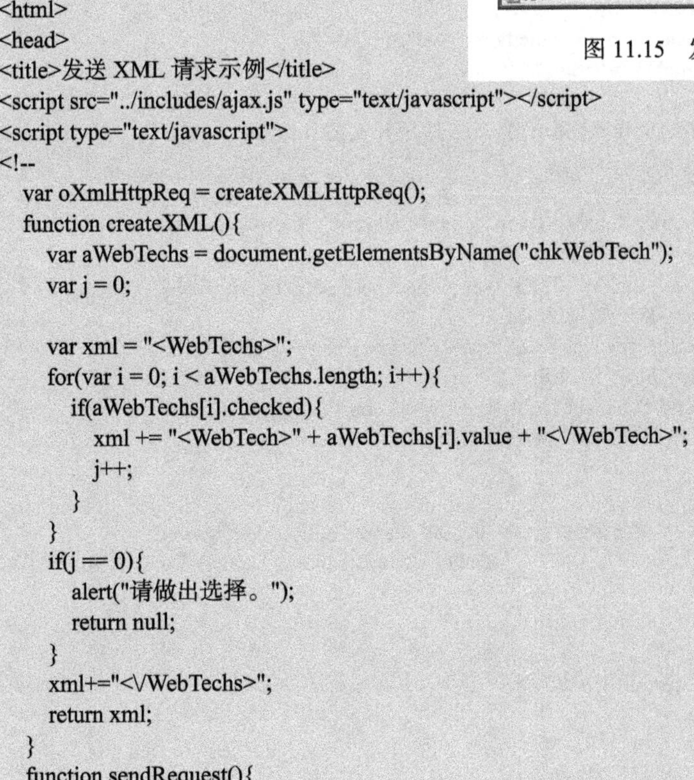

```
<!-- F:\js\chapter11\page11-08.html -->
<html>
<head>
<title>发送 XML 请求示例</title>
<script src="../includes/ajax.js" type="text/javascript"></script>
<script type="text/javascript">
<!--
  var oXmlHttpReq = createXMLHttpReq();
  function createXML(){
    var aWebTechs = document.getElementsByName("chkWebTech");
    var j = 0;

    var xml = "<WebTechs>";
    for(var i = 0; i < aWebTechs.length; i++){
      if(aWebTechs[i].checked){
        xml += "<WebTech>" + aWebTechs[i].value + "<\/WebTech>";
        j++;
      }
    }
    if(j == 0){
      alert("请做出选择。");
      return null;
    }
    xml+="<\/WebTechs>";
    return xml;
  }
  function sendRequest(){
    if(oXmlHttpReq){
```

```
            try{
                var xml=createXML();
                if(!xml)return;
                oXmlHttpReq.open("POST", "page11-08.asp", true);
                oXmlHttpReq.setRequestHeader("Content-Type", "application/x-www-form-urlencoded");
                oXmlHttpReq.onreadystatechange = callback;
                oXmlHttpReq.send(xml);
            }catch(oErr){
                alert("无法连接服务器：" + oErr.toString());
            }
        }
    }
    function callback(){
        if(oXmlHttpReq.readyState ==4){
            if(oXmlHttpReq.status == 200){
                var sResponse=oXmlHttpReq.responseText;
                document.getElementById("div1").innerHTML="<b>服务器响应</b>："+sResponse;
            }else{
                alert("访问服务器出现错误：" + oXmlHttpReq.statusText + "(" + oXmlHttpReq.status + ")");
            }
        }
    }
//-->
</script>
</head>

<body>
<form id="form1" name="form1" method="post" action="">
    <table align="center" id="table1">
        <tr>
            <th scope="col">选择你喜欢的 Web 应用开发技术</th>
        </tr>
        <tr>
            <td><input name="chkWebTech" type="checkbox" id="chkWebTech"
                    value="ASP 技术" />ASP
                <input name="chkWebTech" type="checkbox" id="chkWebTech"
                    value="JSP 技术" />JSP
                <input name="chkWebTech" type="checkbox" id="chkWebTech"
                    value="PHP" />PHP
                <input name="chkWebTech" type="checkbox" id="chkWebTech"
                    value="ASP.NET" />ASP.NET</td>
        </tr>
        <tr>
            <td align="center"><input type="button" name="button" id="button"
                                        onclick="sendRequest();" value="发送 XML 请求" /></td>
        </tr>
    </table>
</form>
<div align="center" id="div1"></div>
</body>
</html>
<!-- F:\js\chapter11\page11-08.asp -->
<%@LANGUAGE="JAVASCRIPT" CODEPAGE="936"%>
```

```
<%
  var xmlDoc = Server.CreateObject("Microsoft.XMLDOM");
  xmlDoc.load(Request);

  if(xmlDoc.parseError.errorCode != 0){
    var oErr = xmlDoc.parseError;
    Response.Write("读取数据出现错误：" + oErr.reason);
  }else{
    var webTechs = xmlDoc.getElementsByTagName("WebTech");
    var res="";
    for(var i = 0; i < webTechs.length; i++){
      res += webTechs(i).text + "，";
    }
    res = res.substr(0, res.length -1);
    Response.ContentType = "text/xml";
    Response.Charset = "gb2312";
    Response.Write(res);
  }
%>
```

11.4　处理服务器响应

通过 XMLHttpRequest 对象向服务器发送异步请求之后，一旦服务器处理结束并正确地生成了响应，就可以通过该对象的 responseText 或 responseXML 属性访问服务器响应的数据，responseText 属性把服务器回送的响应正文提供为一个字符串，responseXML 属性则把响应正文提供为一个 XML 对象。获取服务器响应的数据后，还需要在 JavaScript 脚本中对数据进行处理，以便实现页面的局部更新。

11.4.1　处理文本响应

文本响应通常应用于响应相对简单的场合，此时服务器响应的数据只是普通文本，一般不会包含很多格式信息，但也可以包含一些 HTML 标记。

处理文本响应的编程要点如下。

（1）初始化 XMLHttpRequest 对象。

（2）通过调用 open 方法设置请求方法、目标 URL 以及是否异步操作等。如果需要，还可以把请求参数附加在目标 URL 后面。

（3）把一个 JavaScript 函数设置为异步请求的事件处理程序，在请求状态发生变化时将自动调用该函数（回调函数）。

（4）通过调用 send 方法发送请求并接收响应。如果需要，可以以普通字符串或 XML 形式作为请求正文的一部分传入该方法。

（5）在回调函数中，对 XMLHttpRequest 对象的 readyState 属性进行检测，若该属性值为 4，则表明服务器处理结束、响应已经生成；此时还需要通过 XMLHttpRequest 对象的 status 属性来获取 HTTP 响应的状态码，若状态码为 200，则表明服务器响应正常，并且找到了该资源，在这种情况下，可以通过 XMLHttpRequest 对象的 getResponseHeader 方法获取响应的内容类型，若为 text/plan 或 text/html，则通过 responseText 获取响应文本。如果需要，还可以进一步对响应文本进行解析，例如，通过调用 split 方法以指定的分隔符（如逗号 “,”）把字符串解析为字符串数组。

（6）通过获取的响应文本对页面进行更新。例如，对于很简单的提示词语，可以通过调用 alert 方法在警告框中显示响应文本；对于稍微复杂一些的内容（如包含各种 HTML 标记），则可以考虑通过 HTML 元素的 innerHTML 属性来显示响应文本。

【例 11.9】 在本例中创建了一个学生成绩查询页面。当在文本框中输入 8 位学号时将通过异步请求把学号传递到服务器端，在服务器端从数据库中检索指定学生的成绩并以表格形式（包含 HTML 标记的字符串）把成绩数据回送到客户端，如图 11.16 所示；如果输入的学号不存在，则会显示相应的提示信息，如图 11.17 所示。

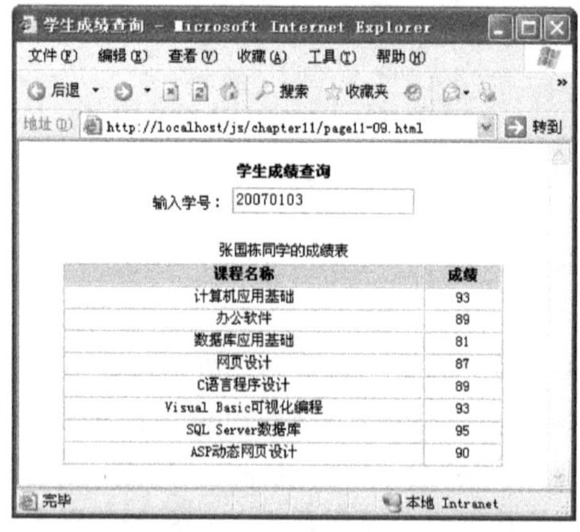

图 11.16 显示学生成绩

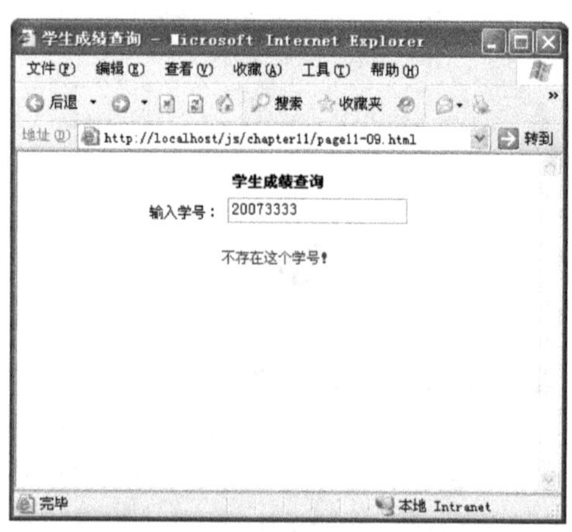

图 11.17 输入的学号不存在

【代码清单】

```
<!-- F:\js\chapter11\page11-09.html -->
<html>
<head>
<title>学生成绩查询</title>
<script src="../includes/ajax.js" type="text/javascript"></script>
<script type="text/javascript">
<!--
  var oXmlHttpReq = createXMLHttpReq();
  function sendRequest(sid){
    if(oXmlHttpReq){
      try{
        oXmlHttpReq.open("POST", "page11-09.asp", true);
        oXmlHttpReq.setRequestHeader("Content-Type", "application/x-www-form-urlencoded");
        oXmlHttpReq.onreadystatechange = callback;
        oXmlHttpReq.send("sid="+sid);
      }catch(oErr){
        alert("无法连接服务器： " + oErr.toString());
      }
    }
  }
```

```
        function callback(){
          if(oXmlHttpReq.readyState == 4){
            if(oXmlHttpReq.status == 200){
              if(oXmlHttpReq.getResponseHeader("Content-Type").indexOf("text/plain") != -1 ||
                  oXmlHttpReq.getResponseHeader("Content-Type").indexOf("text/html") != -1){
                var sResponse=oXmlHttpReq.responseText;;        // 获取服务器响应的文本信息
                // 用 div 元素显示响应数据信息（包含成绩数据的的 HTML 表格）
                document.getElementById("div1").innerHTML=sResponse;
              }
            }else{
              alert("访问服务器出现错误：" + oXmlHttpReq.statusText + "(" + oXmlHttpReq.status + ")");
            }
          }
        }
      //-->
      </script>
      </head>
      <body>
      <form id="form1" name="form1" method="post" action="">
        <table align="center">
          <tr>
            <th scope="col">学生成绩查询</th>
          </tr>
          <tr>
            <td>输入学号：
              <input name="txtStudentId" type="text" id="txtStudentId"
                  onkeyup="if(this.value.length == 8) {sendRequest(this.value)} else
{ document.getElementById('div1').innerHTML=''}" /></td>
          </tr>
        </table>
      </form>
      <div id="div1"></div>
      </body>
      </html>
      <!-- F:\js\chapter11\page11-09.asp -->
      <%@LANGUAGE="JAVASCRIPT" CODEPAGE="936"%>
      <%
      var sid = "";
        if(String(Request.Form("sid")) != "undefined" &&
          String(Request.Form("sid")) != "") {
          sid = String(Request.Form("sid"));
        }
        var cmd = Server.CreateObject ("ADODB.Command");
        cmd.ActiveConnection =    "Driver={Microsoft Access Driver (*.mdb)};" +
            "DBQ=f:\\js\\data\\StudentInfo.mdb";
        cmd.CommandText = "SELECT s.StudentId, s.StudentName, c.CourseName, r.Result FROM
(Results AS r INNER JOIN Students AS s ON r.StudentId = s.StudentId) INNER JOIN Courses AS c ON
r.CourseNo = c.CourseNo WHERE r.StudentId=?";
        cmd.Parameters.Append(cmd.CreateParameter("param1", 200, 1, 255, sid));
        var rs = cmd.Execute();
        Response.Charset="gb2312";
      %>
```

```
<table width="368" border="1" align="center" cellpadding="1" cellspacing="0">
  <caption><%=(rs.Fields.Item("StudentName").Value) %>同学的成绩表</caption>
  <tr bgcolor="#CCCCCC">
    <th>课程名称</th>
    <th>成绩</th>
  </tr>
  <% while (!rs.EOF) { %>
  <tr align="center">
    <td><%=(rs.Fields.Item("CourseName").Value) %></td>
    <td><%=(rs.Fields.Item("Result").Value) %></td>
  </tr>
  <% rs.MoveNext(); }%>
</table>
<% rs.Close();%>
```

11.4.2 处理 XML 响应

如前所述，对于不太复杂的数据，可以将服务器响应作为简单文本发送到客户端浏览器，此时可以通过 XMLHttpRequest 对象的 responseText 属性来获取服务器响应文本，并借助于 HTML 元素的 innerHTML 属性在页面上显示响应文本。如果响应数据的结构比较复杂，而且数据量很大，建议通过 XML 格式发送服务器响应，并在 JavaScript 脚本中通过 W3C DOM API 实现对 XML 文档的搜索、解析和处理。

处理 XML 响应的编程要点如下。

（1）初始化 XMLHttpRequest 对象。

（2）通过调用 open 方法设置请求方法、目标 URL 以及是否异步操作等。如果需要，还可以把请求参数附加在目标 URL 后面。

（3）把一个 JavaScript 函数设置为异步请求的事件处理程序，在请求状态发生变化时将自动调用该函数（回调函数）。

（4）通过调用 send 方法发送请求并接收响应。如果需要，可以以普通字符串或 XML 形式作为请求正文的一部分传入该方法。

（5）在回调函数中，对 XMLHttpRequest 对象的 readyState 属性进行检测，若该属性值为 4，则表明服务器处理结束、响应已经生成，然后通过 XMLHttp 对象的 status 属性来获取 HTTP 响应的状态码，若状态码为 200，则表明服务器响应正常，并且找到了该资源。接着通过 XMLHttp 对象的 getResponseHeader 方法获取响应的内容类型，若内容类型为 text/xml，则通过 responseXML 获取服务器响应的 XML 文档。

（6）通过 DOM 元素的相关方法和属性对 XML 文档进行解析处理，以抽取所需数据。

（7）完成 XML 文档解析后，使用 DOM 对象的方法动态生成页面内容。

【例 11.10】 在本例中通过异步请求向服务器端发送一个班级信息，在服务器端从数据库中检索该班学生信息，将查询结果以 XML 文档形式回送到客户端，通过解析 XML 文档并结合 DOM 在页面上动态生成一个表格，用于显示该班的学生信息，如图 11.18 所示；如果输入的班级不存在，则显示相应的提示信息，如图 11.19 所示。

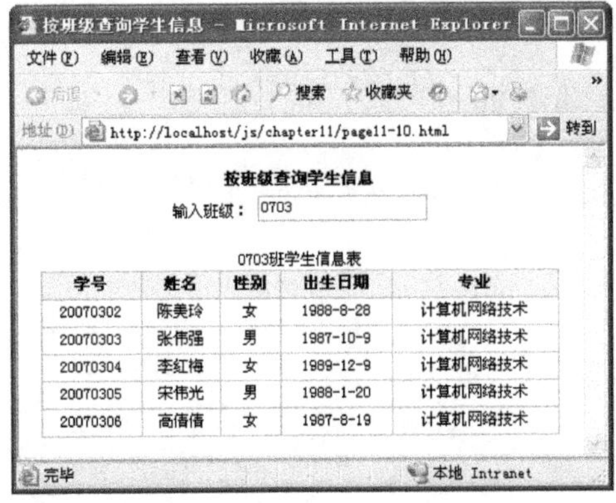

图 11.18　解析 XML 响应

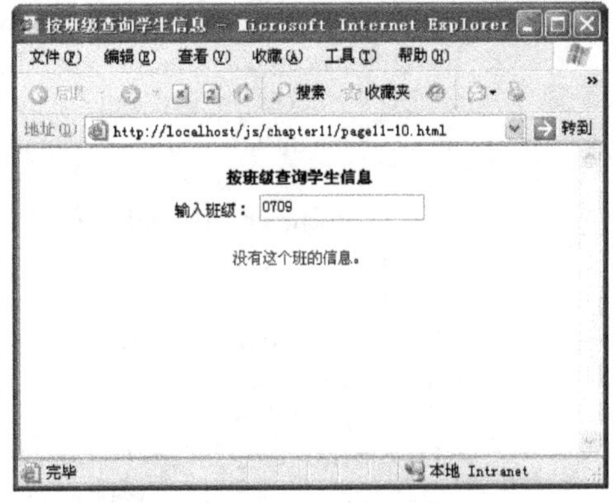

图 11.19　指定的班级不存在

【代码清单】

```
<!-- F:\js\chapter11\page11-10.html -->
<html xmlns="http://www.w3.org/1999/xhtml">
<head>
<meta http-equiv="Content-Type" content="text/html; charset=gb2312" />
<title>按班级查询学生信息</title>
</style>
<script src="../includes/ajax.js" type="text/javascript"></script>
<script type="text/javascript">
<!--
  var oXmlHttpReq = createXMLHttpReq();
  function sendRequest(sClass){
    if(oXmlHttpReq){
      try{
        oXmlHttpReq.open("POST", "page11-10.asp", true);
        oXmlHttpReq.setRequestHeader("Content-Type", "application/x-www-form-urlencoded");
        oXmlHttpReq.onreadystatechange = callback;
        oXmlHttpReq.send("class=" + sClass);
      }catch(oErr){
        alert("无法连接服务器：" + oErr.toString());
      }
    }
  }

  function callback(){
    if(oXmlHttpReq.readyState == 4){
      if(oXmlHttpReq.status == 200){
        if(oXmlHttpReq.getResponseHeader("Content-Type").indexOf("text/xml") != -1){
          parseXML();
        }
      }else{
        alert("访问服务器出现错误：" + oXmlHttpReq.statusText + "(" + oXmlHttpReq.status+")");
      }
    }
  }

  function parseXML(){
    var oXmlDoc = oXmlHttpReq.responseXML;
```

```
        var oTable = document.getElementsByTagName("table")[1];
        if(oTable)document.body.removeChild(oTable);
        var oDiv = document.getElementsByTagName("div")[0];
        if(oDiv)document.body.removeChild(oDiv);

        oTable = document.createElement("table");
        oTable.align = "center";
        oTable.border = "1";
        oTable.borderColor = "#66DD33";
        oTable.cellPadding = "3";
        oTable.width = "96%";
        oTable.style.borderCollapse = "collapse";
        var oCaption = oTable.createCaption();
        var sClass = document.form1.txtClass.value;
        oCaption.innerText = sClass + "班学生信息表";
        var oStudents = oXmlDoc.getElementsByTagName("Student");
        if(oStudents.length > 0){
          var oRow = oTable.insertRow(0);
          var iRowNum = oStudents.length;
          var iColNum = oStudents[0].childNodes.length;
          var aFldName = ["学号", "姓名", "性别", "出生日期", "专业"];

          for(var i = 0; i < iColNum; i++){
            var oTh = document.createElement("th");
            oTh.bgColor = "#CCFFCC";
            oTh.innerHTML = aFldName[i];
            oRow.appendChild(oTh);
          }
          for(i = 1; i < iRowNum; i++){
            oRow = oTable.insertRow(i);
            for(j = 0; j < iColNum; j++){
              var oCell = oRow.insertCell(j);
              oCell.align = "center";
              oCell.innerHTML = oStudents[i-1].childNodes[j].firstChild.nodeValue;
            }
          }
          document.body.appendChild(oTable);
        }else{
          var oDiv = document.createElement("div");
          oDiv.align = "center";
          oDiv.style.color = "red";
          var oText = document.createTextNode("没有这个班的信息。");
          oDiv.appendChild(oText);
          document.body.appendChild(oDiv);
        }
      }
//-->
</script>
</head>
<body>
<form method="post" name="form1" id="form1">
  <table align="center">
    <tr>
```

```
            <th scope="col">按班级查询学生信息</th>
        </tr>
        <tr>
            <td>输入班级：
                <input type="text" name="txtClass" id="txtClass"
                    onkeyup="if(this.value.length==4)sendRequest(this.value);" /></td>
        </tr>
    </table>
</form>
</body>
</html>
<!-- F:\js\chapter11\page11-10.asp -->
<?xml version="1.0" encoding="gb2312"?>
<%@LANGUAGE="JAVASCRIPT" CODEPAGE="936"%>
<%
    var sClass = "";
    if(String(Request.Form("class")) != "undefined" &&
        String(Request.Form("class")) != ""){
        sClass = String(Request.Form("class"));
    }
    var cmd = Server.CreateObject ("ADODB.Command");
    cmd.ActiveConnection = "Driver={Microsoft Access Driver (*.mdb)};" +
        "DBQ=f:\\js\\data\\StudentInfo.mdb";
    cmd.CommandText = "SELECT StudentId, StudentName, Gender, BirthDate, Major FROM Students
WHERE [Class] = ?";
    cmd.Parameters.Append(cmd.CreateParameter("param1", 200, 1, 4, sClass));
    var rs = cmd.Execute();
    Response.ContentType = "text/xml";
    Response.Charset = "gb2312";
%>
<Students>
<% while(!rs.EOF){ %><Student>
<StudentId><%= rs.Fields.Item("StudentId") %></StudentId>
<StudentName><%= rs.Fields.Item("StudentName") %></StudentName>
<Gender><%= rs.Fields.Item("Gender") %></Gender>
<BirthDate><%= rs.Fields.Item("BirthDate") %></BirthDate>
<Major><%= rs.Fields.Item("Major") %></Major>
</Student>
<% rs.MoveNext();}%></Students>
<% rs.Close();%>
```

习题 11

一、填空题

1. 在 HTTP 请求信息中，第一行是________，第二行是________，第三行是________，其后可以是__________。

2. 常用的两种 HTTP 请求类型是________请求和________请求。

3. 通过 GET 请求发送参数时，URL 与参数名之间用___连接，若包含多个名称-值对，则用___连接。

4. 与 GET 请求相比，POST 请求增加了______________标头和______________标头。

5. 在 HTTP 响应信息中，第一行是_________，第二行是_________，第三行是_________，其后可以是__________。

6. 如果 HTTP 状态代码是 200，状态消息为 OK，则表示________________________________。

7. 若要在 Internet Explorer 5.0 和 6.0 中创建 XMLHttpRequest 对象的第一个版本，可以使用以下语句：

var oXmlHttpReq = new ActiveXObject("Microsoft.___________");

8. 若要通过异步方式发送 HTTP 请求，调用 XMLHttp 对象的 open()方法时应将第三个参数设置为____。

9. XMLHttpRequest 对象的_______方法用于向服务器发送 HTTP 请求并接收响应。

10. XMLHttpRequest 对象的 onreadystatechange 属性用于设置或检索__________________________。

11. XMLHttpRequest 对象的________________属性用于检索服务器响应的文本。

12. XMLHttpRequest 对象的 responseXML 属性用于获取________________________________。

二、选择题

1. 如果 HTTP 状态码为 500，则表示（　　）。

A. 无法找到请求的资源　　B. 访问资源的权限不够，客户端无权访问该资源

C. 在指定的位置不存在所请求的资源　　D. 服务器内部错误

2. 如果 XMLHttpRequest 对象的 readyState 属性为 4，则表明（　　）。

A. 该对象已被创建但尚未调用 send 方法　　B. send 方法已被调用，但状态和标头仍然不可用

C. 已接收到一些数据　　D. 所有数据均已收到，并且可用

上机实验 11　XMLHttpRequest 对象应用

【实验目的】

1. 掌握 HTTP 请求/响应信息的基本格式。

2. 掌握创建 XMLHttp 对象的方法。

3. 掌握 XMLHttp 对象的常用属性和方法并能发送异步请求。

【实验内容】

1. 创建一个网页，通过 XMLHttpRequest 对象向服务器发出异步请求并获取所有响应标头和响应文本。

2. 创建一个会员注册页面，要求通用异步请求方式对用户名进行检查。

3. 创建一个网页，要求通过异步请求向服务器端发送用 XML 封装的请求参数，在服务器端通过 ASP 脚本接收和解析 XML 数据并返回客户端。

4. 创建一个学生成绩查询页面。当在文本框中输入 8 位学号时将通过异步请求把学号传递到服务器端，在服务器端从数据库中检索指定学生的成绩并以表格形式把成绩数据回送到客户端；如果输入的学号不存在，则显示相应的提示信息。

5. 创建一个按班级查询学生信息的页面，要求通过异步请求向服务器端发送一个班级信息，在服务器端从数据库中检索该班学生信息，将查询结果以 XML 文档形式回送到客户端并以表格形式列出该班的学生信息；如果指定的班级不存在，则显示相应的提示信息。

读者意见反馈表

书名：JavaScript 动态网页编程　　**主编：**赵增敏　　**策划编辑：**施玉新

> 谢谢您关注本书！烦请填写该表。您的意见对我们出版优秀教材、服务教学，十分重要。如果您认为本书有助于您的教学工作，请您认真地填写表格并寄回。**我们将定期给您发送我社相关教材的出版资讯或目录，或者寄送相关样书。**

个人资料

姓名________年龄____联系电话__________（办）__________（宅）__________（手机）

学校____________________专业________职称/职务__________

通信地址____________________邮编________E-mail__________

您校开设课程的情况为：

本校是否开设相关专业的课程　□是，课程名称为____________________　□否

您所讲授的课程是____________________课时__________

所用教材____________________出版单位__________印刷册数______

本书可否作为您校的教材？

□是，会用于____________________课程教学　□否

影响您选定教材的因素（可复选）：

□内容　□作者　□封面设计　□教材页码　□价格　□出版社

□是否获奖　□上级要求　□广告　□其他____________________

您对本书质量满意的方面有（可复选）：

□内容　□封面设计　□价格　□版式设计　□其他__________

您希望本书在哪些方面加以改进？

□内容　□篇幅结构　□封面设计　□增加配套教材　□价格

可详细填写：____

____

您还希望得到哪些专业方向教材的出版信息？

____

感谢您的配合，可将本表按以下方式反馈给我们：

【方式一】电子邮件：登录华信教育资源网（http://www.hxedu.com.cn/resource/OS/zixun/zz_reader.rar）下载本表格电子版，填写后发至 ve@phei.com.cn

【方式二】邮局邮寄：北京市万寿路 173 信箱华信大厦 902 室　中等职业教育分社　（邮编：100036）

如果您需要了解更详细的信息或有著作计划，请与我们联系。

电话：010-88254591

反侵权盗版声明